光纤通信技术与应用

柳春郁　张昕明　杨九如　王　颖　编著

科学出版社
北　京

内 容 简 介

本书系统讲述了光纤通信技术的基本原理、系统组成和应用，主要包括光纤通信器件与光纤通信技术两部分内容。本书首先概述光纤通信系统的发展与基本组成，介绍通信光纤/光缆的基本结构与传输特性。其次，针对光纤通信系统中所使用的关键无源器件、有源器件进行详细阐述。再次，系统地介绍典型光纤通信系统的传输、交换与复用技术，展示光孤子通信技术与光接入网技术。最后，以 OptiSystem 光纤通信系统仿真软件为基础，列举其在无源器件、有源放大器和高速光纤通信技术中的仿真方法与应用示例。

本书力求从基础知识出发，循序渐进，结合理论知识与仿真应用实例，做到深入浅出、融会贯通。本书可作为高等院校光电信息科学与工程、通信工程、电子信息科学与技术、电子信息工程、电子科学与技术、微电子科学与工程等专业的本科生教材，也可作为相关专业研究生或工程技术人员的专业参考书。

图书在版编目(CIP)数据

光纤通信技术与应用/柳春郁等编著. —北京：科学出版社，2022.7

ISBN 978-7-03-069412-6

Ⅰ. ①光… Ⅱ. ①柳… Ⅲ. ①光纤通信 Ⅳ. ①TN929.11

中国版本图书馆 CIP 数据核字（2021）第 146469 号

责任编辑：姜 红 狄源硕 / 责任校对：杨聪敏

责任印制：赵 博 / 封面设计：无极书装

科学出版社 出版

北京东黄城根北街 16 号

邮政编码：100717

http://www.sciencep.com

中煤（北京）印务有限公司印刷

科学出版社发行 各地新华书店经销

*

2022 年 7 月第 一 版 开本：787×1092 1/16

2025 年 1 月第三次印刷 印张：14 1/2

字数：344 000

定价：58.00 元

（如有印装质量问题，我社负责调换）

前　言

光纤通信自 20 世纪 70 年代诞生以来，逐步取代传统电缆载波通信，成为长距离传输网络的首选方案。近年来，随着单纤超高速光传输能力的不断提升，光纤通信更是成为下一代无线通信网络、泛在网络的重要支撑。光纤通信技术已成为我国高等院校电子信息类专业重要的专业课程之一。值得说明的是，光纤通信是一门综合性的应用技术，涉及多专业基础理论知识；并且，实际的光纤通信系统/网络十分庞大，具有复杂和高成本特性。因此，在课程学习过程中，学生往往是管中窥豹、纸上谈兵，难以真正熟悉和掌握光纤通信技术的实质与特征。

基于此，本书的编著目的是，在讲述光纤通信技术基础知识和系统组成的同时，引入先进的专业光纤通信仿真手段，结合应用实例，帮助学生完成对应关键光纤无源器件、有源器件、高速光纤传输系统的设计与优化，令光纤通信技术课程的讲授与学习做到点面结合、循序渐进、深入浅出。

本书的章节分布及主要内容如下。

第 1 章，概述光纤通信系统的发展与基本组成。以贝尔光电话为起点，介绍光纤通信的诞生、商用化和发展，并对光纤通信的基本概念与系统组成、特点与应用展开介绍。

第 2 章，介绍通信光纤的基本结构与传输特性。通信光纤作为光纤通信网络的传输介质与通道，了解和掌握其基本结构、分类、制作过程是必要的。此外，光纤的损耗与色散特性亦是影响通信系统传输性能的关键参量。

第 3 章，介绍光纤通信系统所使用的关键无源器件。一个完整的光纤通信系统，除光纤、光源和光电探测器外，还需要大量其他无源器件。无源器件对于光纤通信系统的构成、功能的扩展或性能的提高，都是不可缺少的。本章所涉及的无源器件包括：光纤连接器、光纤耦合器、光纤隔离器与光环行器、可调谐滤波器、光开关、光衰减器和光纤光栅。

第 4 章，介绍光纤通信系统所使用的有源器件，主要讨论激光二极管的发展现状、工作原理，以及光纤激光器和光纤放大器。另外，对光电探测器进行介绍，同时涵盖了直接检测和相关检测技术。

第 5 章，分别介绍模拟光纤通信系统和数字光纤通信系统的基础知识，涉及线路的码型、系统的性能指标及系统的设计。

第 6 章，介绍同步数字系列光纤通信系统的基础知识，主要包括同步数字系列的产生、同步数字系列中的关键设备和同步数字系列的自愈网、网同步。

第 7 章，介绍光纤通信中的关键技术，以光复用技术为引领，深入介绍从“分组”到“波带”的多种智能光交换技术，展示光纤技术在光接入网络中的应用示例。

第 8 章，介绍基于 OptiSystem 的光纤通信系统仿真应用。在光纤通信工业中，低成本、高效率系统的成功设计至关重要。OptiSystem 可以在光纤通信系统、连接和元件的设计中最小化所需时间并降低成本。

由于本书英文缩写较多，为方便读者查阅，作者在本书最后的附录中附了英文缩写表。

本书相关研究内容受到国家自然科学基金项目（项目编号：61302075）及黑龙江大学省级重点学科物理电子学的资助，在此深表感谢。本书的第 1～3 章由柳春郁编写，第 4 章、第 7 章由杨九如编写，第 5、6 章由张昕明编写，第 8 章由王颖编写。柳春郁负责全书的统稿工作。本书编撰过程中，江升旭、冷硕、苏杭、赵纯龙同学做了大量的文字录入、图片处理工作，在此深表感谢。

由于作者水平有限，本书中难免会有不妥之处，敬请广大读者批评指正，多提宝贵意见。

作　者

2021 年 10 月

目　录

第1章

光纤通信系统导论

1.1 光纤通信发展过程

1.1.1 探索时期的光通信

光纤通信作为光通信中的一个重要分支，给人类的生活带来无限的便利。人类在很早的时候就开始对光通信进行探索，其历史可以追溯到《史记·周本纪》："幽王为烽燧大鼓，有寇至则举烽火。"公元前11世纪，西周王朝，烽火台白天点狼粪、晚上燃柴火，以此来传递边关战事。

欧洲人发明的旗语也是典型的光通信案例。旗语，在古代是一种主要的通信方式，现在则是世界各国海军通用的语言。不同旗组表达不同的意思。事实上，如今的海军和陆军都在用旗语，所不同的是，陆军使用的旗语相对简单些，海军使用的旗语与莫尔斯电码一样，由26个英文字母组成，与海军夜间使用的灯光通信一样。即使在通信技术不断进步的今天，有时演习与作战仍要保持无线电静默，因此白天也要用旗语。

上述可以看作是原始形式的光通信。原始光通信的特点是以自然光作为光源（如太阳、火把），以大气作为光波传输的介质，以人眼作为探测器接收光波，因此这种光通信又可称为目视光通信。望远镜的出现，延长了这种目视光通信的距离。但是，这些却不是真正的意义上的光通信，更不是强大的光通信。

1880年，贝尔（Bell）发明了第一个光电话，这一大胆的尝试，可以说是现代光通信的开端。如图1-1-1所示，光电话系统主要由弧光灯、话筒、振动镜片、透镜、硅电池、抛物镜和受话器组成。

在这里，弧光灯发出的恒定光束投射在话筒的音膜上，随声音振动而得到强弱变化的反射光束，这个过程就是调制。这种光电话利用太阳光或弧光灯作光源，通过透镜把光束聚焦在话筒前的振动镜片上，使光强度随话音的变化而变化，实现话音对光强度的调制。在接收端，用抛物镜把从大气传来的光束反射到硅光电池上，使光信号变换为电流信号，传送到受话器。贝尔光电话仍然沿用大气作为光波的传输介质，加之当时没有理想的光源，这种光电话的传输距离很短，并没有实际应用价值，因而发展很慢。然而，光电话第一次采用了人造光源弧光灯作为光源、光电探测器代替人眼作为光波的接收器件，仍是一项伟大的发明，它证明了用光波作为载波传送信息的可行性。因此，可以说贝尔光电话是现代光通信的雏形。1881年，贝尔将这一成果以题为《关于利用光线进行声音的产生与复制》的论文进行了发表。

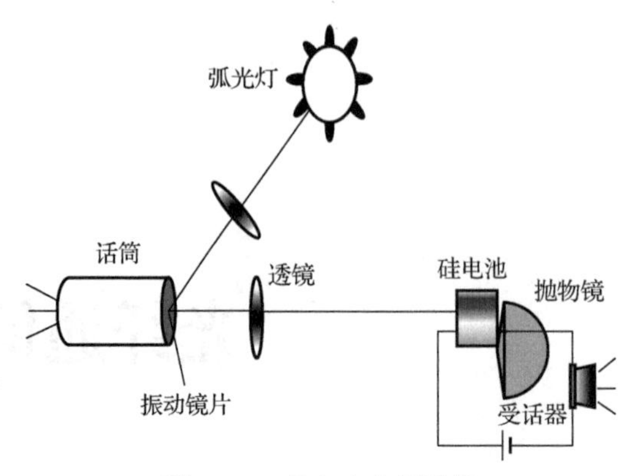

图 1-1-1 贝尔光电话系统

1960 年，美国人梅曼（Maiman）发明了第一台红宝石激光器，给光通信带来了新的希望。激光是一种高度相干光，它的特性与无线电波相似，是一种理想的光载波。激光器的发明和应用，使沉睡了 80 年的光通信进入一个崭新的阶段。与普通光相比，激光具有波谱宽度窄、方向性极好、亮度极高，以及频率和相位较一致的良好特性。

激光器一经问世，人们就模拟无线电通信进行了大气激光通信的研究。以红宝石激光器作为光源在很大程度上延长了光通信的传输距离，明显优于弧光灯系统的传输距离。实验证明：用承载信息的光波，通过大气的传播，实现点对点的通信是可行的，但是通信能力和质量受天气影响十分严重。在大雾天气，它的可见距离很短，遇到雨雪天气也有影响，雨水能造成 30dB/km 的损耗，浓雾导致的损耗高达 120dB/km；即便是在晴朗的天气，大气的密度和温度不均匀，也会造成折射率的变化，使光束位置发生偏移；而且大气通信会受到飞鸟、昆虫及任何可能出现光通道路径上的物体对光路的阻断，造成通信中的误码，影响通信质量。

大气激光通信与贝尔光电话和烽火报警一样，依旧是以大气作为光通道，光传播易受天气的影响。在大气光通信受阻之后，人们将研究的重点转入地下光通信，先后出现过反射波导和透镜波导等地下通信的实验。

在一圆管内安装一系列透镜和反射镜，使光束限制在一定范围内并沿确定路线传播，这就构成了一种波导。

在透镜波导中，当圆管内不是真空时，管内气体受重力作用在其上部和下部形成密度差，光线在传播过程中向密度大的方向弯曲。若环境温度有变化，则在其上部和下部还会形成温度差。当管内上部和下部的温度差为 0.01℃时，气体的折射率差是 0.00028，这个数字非常小，虽然折射率的这种变化对于传输光线单次后的角度偏转较小，但是当光线在圆管内多次反射后，光束也会发生弯曲。为此，在圆管中心处的透镜的上下边缘放置两个光电导，当挪动透镜的位置使这两个光电导的输出相等时，光束恰好通过透镜的中心，这样就能正常地进行光传输。

透镜波导形成的光束称为高斯光束。用透镜波导的优点是光能集中在有限的范围内，同时，位于圆管中心部位沿直线前进的光线通过透镜中心较厚的部位，而偏离中心的光线虽然传播路径较长，但由于通过透镜较薄的部位，其光程和中心部位通过的光的光程相同，这样就消除了由于光程差而形成的光脉冲时间之差。

气体透镜的结构如图 1-1-2 所示。将气体泵入圆管之内，同时用电炉丝缠绕圆管从外围给它加热，在稳定的情况下，气体的流动保持层流而不是紊流。圆管中流过的气体呈中心凉而周围热的状态，因而中心的折射率大，周围的折射率小。一旦其中有光束通过，不论在什么情况下光束都向中心折射，这相当于有透镜的情形。与介质透镜波导相比，气体透镜波导可以消除介质透镜的介质吸收损耗及透镜表面的反射损耗。但是，保持气体流动的稳定性是相当困难和麻烦的。

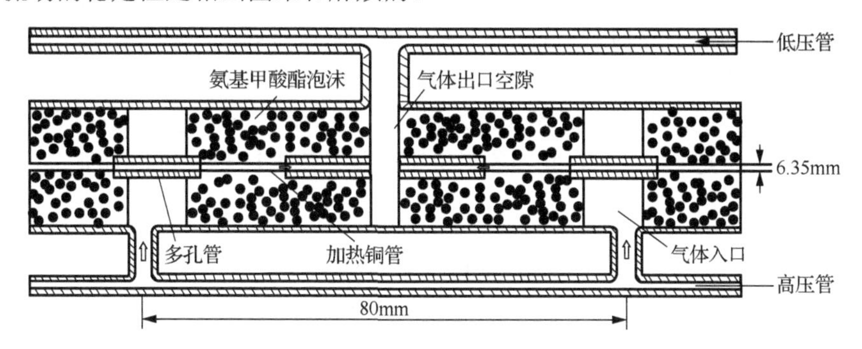

图 1-1-2　气体透镜的结构图

反射波导和透镜波导造价昂贵，调整、维护困难。由于没有找到稳定可靠和低损耗的传输介质，对光通信的研究曾一度走入了低潮。

1.1.2　现代光纤通信

现代光纤通信的模型与贝尔光电话的模型一致。光纤通信系统由光源、调制、传输和接收四个基本部分组成。现代光纤通信的发展可以从两条主线来论述：一是光源的发展，即激光器的发明与发展；二是传输介质——光纤的发明与发展。激光器提供了人造的、可控的、性能优良的光载波发生器，光纤为调制后的光波提供了稳定的低损耗传输通道。

首先来看光纤的发展。在光纤出现以前，人们一直在追寻一种性能稳定的、廉价的、可方便使用的介质来传输光信号。

早在古希腊时期，玻璃制作工人就发现玻璃可以传输可见光。他们利用玻璃的这种性质，制作了各种流光溢彩的玻璃工艺品。19 世纪中期，英国的廷德尔（J. Tyndall）利用实验证明光的全反射原理，光线在水中可以实现弯曲传播。1927 年，英国的贝尔德（J. G. Baird）提出利用光的全反射现象制成石英光纤，自此人们把注意力集中到了石英这种材料上。早期的光纤只有纤芯，利用空气-石英构成的界面实现光线的全反射。受限于这种开放性结构，经常引起光线的泄漏。为解决这一问题，人们试着在玻璃纤维上涂覆塑料，以降低光线的泄漏，同时也对玻璃芯起一定的保护作用。这时，初步形成了光纤纤芯-包层结构，但由于塑料包层难以做到均匀一致，而且塑料包层与玻璃纤芯之间界面不够平滑理想，光能量损失很大。1955 年，美国人西斯乔威兹（B. I. Hirschowitz）把高折射率的玻璃棒插在低折射率的玻璃管中，将它们放在高温炉中拉制，得到玻璃（纤芯）-玻璃（包层）结构的光纤，解决了光纤的泄漏问题。随后这一结构被广泛采用，也就是今天的光纤结构的雏形。但这时光纤的损耗依然非常大，高于 1000dB/km，即使是利用优质的光学玻璃制作也无法得到低损耗的光纤。人们曾经一度对玻璃这种材料产生怀疑，转向塑料光纤、液芯光纤的研制。直到英籍华裔科学家高锟（K. C. Kao）和霍克哈姆（G. A. Hockham）深入研究了光在石英玻璃纤维中的严重损耗问题。他们发现了这种玻璃纤维引起光能损耗的主要原因：首先是其中含有过量的铬、铜、铁与锰等金属离子和其他杂质；其次是拉制光纤时的工艺技术造成了芯、包层分界面不均匀及其所引起的折射率不均匀。他们还发现一些玻璃纤维在红外光区的损耗较小。1966 年，高锟和霍克哈姆发表了题目为《用于光频的光纤表面波导》的论文，指明“通过原材料的提纯制造出适合于长距离通信使用的低损耗光纤”这一发展方向，为现代光通信——光纤通信奠定了基础。

1970 年，以高锟、霍克哈姆的理论为基础，美国康宁公司的 Maurer 等首先制备出损耗为 17dB/km 的光纤。之后，世界各国纷纷开展了低损耗光纤制备的研究。光纤的发展如表 1-1-1 所示。

表 1-1-1　光纤的发展

时间	公司	光纤类型	工作波长/nm	损耗/(dB/km)
1970 年	美国康宁公司	多模光纤	800～850	17.00
1972 年	美国康宁公司	多模光纤	800～850	4.000
1974 年	美国贝尔实验室	多模光纤	800～850	1.100
1978 年	日本电报电话公司	单模光纤	1550	0.200
1986 年	日本住友集团	单模光纤	1550	0.154
2002 年	日本住友集团	单模光纤	1550	0.148

单模光纤（single mode fiber, SMF）的损耗接近光纤最低损耗的理论极限——瑞利散射理论值。

相较于大气波导和平面型介质波导（如介质透镜、反射镜波导、气体透镜波导等），光纤的制作成本低、工艺简单、适于大量铺设，令光信号可以低损耗、廉价地稳定传输，并使得长距离的光纤通信成为可能。

自此，光通信进入了崭新的局面——光纤通信。发展至今形成了各种各样的光纤。

光纤经历了结构的确定、损耗的降低、折射率的分布调整，发展为现阶段的通信用标准光纤。通信用光纤经过二十几年的发展形成了一系列标准。

国际电信联盟（International Telecommunication Union, ITU）目前将通信用光纤分为 G.651、G.652（G.652A、G.652B、G.652C 和 G.652D）、G.653（G.653A 和 G.653B）、G.654（G.654A、G.654B 和 G.654C）、G.655（G.655A、G.655B 和 G.655C）及用于 S+C+L 三波段传输的 G.656 光纤。

（1）G.651 光纤，1976 年美国贝尔实验室在华盛顿至亚特兰大之间建立的世界上第一个实用的光纤通信系统，其传输速率为 45Mbit/s，采用的是多模光纤。国际电信联盟-电信标准部（International Telecommunication Union-Telecommunication Standardization Sector, ITU-T）建议将 50/125μm 多模光纤定义为 G.651 光纤，光源为工作波长为 850nm 发光二极管。G.651 光纤标准建议是 ITU-T 第 15 组（1997～2000 年研究期）创建的第一个版本，此后几乎没有修改，但国际电工委员会（International Electrotechnical Commission, IEC）标准对多模光纤的分类不断进行细分和优化，目前有 50/125μm（A1a）、62.5/125μm（A1b）和 100/140μm（A1d）3 个子类。

（2）G.652 光纤，1310nm 波长性能最佳的单模光纤（也称为非色散位移光纤），是目前较常用的单模光纤之一。由于此种光纤在 1310nm 具有零色散特性，所以无须进行色散补偿，但损耗>0.2dB/km，主要应用在 1310nm 波长区中长距离 622Mbit/s 波分复用系统，以及中短距离、中低容量的通信线路。G.652 光纤在 1550nm 波段有零损耗特性（0.2dB/km）。是否可以设计一种光纤既具有零色散，又有零损耗呢？G.653 光纤出现了。

（3）G.653 光纤，1550nm 波长性能最佳单模光纤［也称为色散位移光纤（dispersion-shifted fiber, DSF）］。为了在 1550nm 同样得到零色散，人们改变光纤的结构，加大光纤的波导色散，使得光纤的材料色散和波导色散在 1550nm 处相互抵消。在日本通信干线敷设使用了 DSF。这种光纤虽然避免了长距离传输时色散补偿问题，但是波分复用（wavelength division multiplexing, WDM）系统中出现严重的四波混频，因此 DSF 也并非光纤通信的首选光纤。既要降低 1550nm 处的色散，又要抑制光纤中的非线性，这就给光纤提出了新的标准，零色散必须出现在 1550nm 窗口以下或以上，窗口内必须存在适当量的正色散或负色散，色散能够有效地抑制四波混频。这就是后来诞生的 G.655 光纤。

（4）G.654 光纤，为了实现跨洋洲际海底光纤通信，人们又在 G.652 单模光纤基础上进一步研制出了截止波长位移单模光纤，这种光纤折射率剖面结构形状与 G.652 单模光纤基本相同。它是通过采用纯二氧化硅（SiO_2）纤芯来降低光纤损耗，靠包层掺杂氟元素使折射率下降，从而获得所需要的折射率差。与 G.652 光纤相比，这种光纤在性能上的突出特点是：在 1550nm 工作波长处损耗系数极小，仅为 0.15dB/km 左右；通过截止波长位移法，大大改善了光纤的弯曲附加损耗。ITU-T 建议将截止波长位移单模光纤定义为 G.654 光纤。

（5）G.655 光纤，非零色散光纤（non-zero dispersion fiber, NZDF），同时克服了 G.652 光纤在 1550nm 波长色散大和 G.653 光纤在 1550nm 波长产生的非线性效应、不支持波分复用系统的缺点。目前，已经研究出的特种光纤有美国康宁公司的 NZDF 和大有效面积光纤（large effective area fiber, LEAF），以及 Lucent 公司的 True Wave 光纤。此种光纤主要用于在 1550nm 波长区开通高于 10Gbit/s 的高速波分复用传输系统。

（6）G.656 光纤，G.656V2.0（11/2006）定义的宽带光传送的非零色散光纤，在 1460～1624nm 波长范围具有大于非零值的正色散系数值，能有效抑制密集波分复用系统的非线性效应。其最小色散值在 1460～1550nm 波长区域为 1.00～3.60ps/(nm·km)，在 1550～1625nm 波长区域为 3.60～4.58ps/(nm·km)；最大色散值在 1460～1550nm 波长区域为 4.60～9.28ps/(nm·km)，在 1550～1625nm 波长区域为 9.28～14ps/(nm·km)。这种光纤非常适合于 1460～1624nm 波长范围的粗波分复用和密集波分复用。与 G.652 光纤比较，G.656 光纤支持更小的色散系数；与 G.655 光纤比较，G.656 光纤支持更宽的工作波长。G.656 光纤可保证通道间隔 100GHz、40Gbit/s 系统至少传输 400km。显然，G.656 光纤可能成为继 G.652 和 G.655 之后又一被广泛应用的光纤。全波段光纤的发展正朝着大容量、低损耗、低色散方向发展，这同时也是光纤通信对光纤器件的要求。

随着制备技术的成熟和大规模产业的形成，光纤价格不断下降，应用范围不断扩大。目前，光纤已成为信息宽带传输的主要介质，光纤通信系统已成为国家信息基础设施的支柱。在许多发达国家，光纤通信产品的生产行业已在国民经济中占重要地位。

光纤的发展、标准化为光载波提供了良好的传输介质，激光器的发展则为光纤通信提供了可靠的光源。

在激光器出现之前，人们使用自然光（如太阳）、人造光源（如卤钨灯）作为光源。这类光源最大的缺点是光能量低、出射光线发散角大，直接影响光波的传输距离，难以实现长距离的光纤通信。

1960 年红宝石激光器诞生后，激光二极管（laser diode, LD）在 1962 年被成功研发。1970 年，美国贝尔实验室、日本电气公司和苏联科学院约飞物理技术研究所先后研制成功室温下连续振荡的镓铝砷（GaAlAs）双异质结 LD。虽然寿命只有几个小时，但它为 LD 的发展奠定了基础，光纤通信用光源取得了实质性的进展。

1973 年，LD 寿命达到 7000 小时。1976 年，日本电报电话公司研制成功发射波长为 1.3μm 的铟镓砷磷（InGaAsP）激光器。1977 年，美国贝尔实验室研制的 LD 寿命达到 10 万小时。

1979 年美国电报电话公司和日本电报电话公司成功研制出发射波长为 1550nm 的连续振荡 LD。光纤通信中使用的激光器由最初的 850nm、1310nm 到 1550nm，对应的光纤通信使用的光纤由多模发展到单模，由零色散发展到零损耗，再到色散位移光纤、非零色散位移光纤。

LD 具有效率高、体积小、重量轻等优点，多重量子阱型的效率有 20%～40%，PN 型也达到 10%～25%，LD 连续输出波长涵盖了红外线到可见光范围。LD 光源的成功研制推动了光纤通信的发展，同时这种光源也可以广泛应用在激光存储、激光雷达、激光打印机、激光扫描器等领域。

LD 的发展将在第 4 章详细论述。

1.1.3 国内外光纤通信发展的现状

光纤通信的发展历史，由 1976 年美国在亚特兰大进行的现场试验作为开端，亚特兰大现场试验标志着光纤通信从基础研究发展到了商业应用的新阶段。此后，光纤通信技术不断创新，光纤传输模式从多模发展到单模，工作波长从 850nm 发展到 1310nm 和 1550nm，传输速率从几十兆比特每秒发展到几十、甚至上百吉比特每秒。

（1）第一代光纤通信，1966～1979 年，从基础研究到商业应用的开发时期。GaAs 激光器波长 0.8μm，多模光纤，最大中继距离 10km（当时的同轴电缆系统中继距离为 1km），传输速率在 10～100Mbit/s。与同轴电缆通信系统相比，中继间距长，投资和维护费低，是工程和商业运营追求的目标。这个时期多模色散和损耗是限制中继距离的关键。

（2）第二代光纤通信，20 世纪 80 年代早期，是以提高传输速率和增加传输距离为研究目标，并大力推广应用的发展时期。第一代光纤通信使用 0.8μm 作为工作波长，但是光纤中 0.8μm 光波传输损耗不是最小，在 1.3μm 波长处光纤损耗更低，而且色散为零。所以，随着 1977 年 1.3μm 的 InGaAs LD 的诞生，光纤通信进入第二代。实验室比特率可达 2.0Gbit/s，最大中继距离 50km。1987 年 1.3μm 单模第二代光纤通信系统开始投入商业运营。这一阶段限制中继距离的是光纤损耗，当时的光纤损耗约为 0.5dB/km。

（3）第三代光纤通信，20 世纪 80 年代后期至 90 年代初，进一步提高传输速率和增加传输距离的时期。石英光纤最低损耗在1550nm附近，当1550nm波长激光器（InGaAsP）诞生后，人们开发了单模（色散位移）光纤，这使得 1550nm 波长工作的光纤通信系统同时兼具了低损耗和零色散的优点。1990 年，工作于 2.5Gbit/s、1550nm 的第三代光纤通信系统已能提供通信商业业务。其传输速率后来达到了 10Gbit/s，中继距离达到了 100km。这个阶段的缺点是采用电的方式中继，传输速率受电中继电路响应时间的限制。

（4）第四代光纤通信，20 世纪 90 年代以后，是以提高传输速率和增加传输距离为研究目标，并大力发展下一代光纤通信系统的时期。随着掺铒光纤放大器（erbium-doped fiber amplifier, EDFA）的发明与实现，光放大器增加中继距离，光频分复用（optical frequency division multiplexing, OFDM）与波分复用增加了传输速率。第四代光纤通信系统采用激光器（InGaAsP）波长 1550nm，单模光纤，应用波分复用技术和光放大技术，单个波长信道传输速率 2.5～10Gbit/s，传输距离 14000km。

目前，光纤通信的工作波长已扩展为 1350～1650nm，单路速率有 40Gbit/s、160Gbit/s、640Gbit/s，信道数有 8、16、64、128、1022，环网传输距离达到 27000km，线状网传输距离达到 6380km。

（5）第五代光纤通信，基于光纤非线性压缩抵消光纤色散展宽的新概念产生的光孤子，实现了光脉冲信号保形传输。光孤子通信作为高速长距离通信蕴含巨大潜力，引起各国实验室的关注。1990～1992 年，英国的实验室采用循环回路将 2.5Gbit/s 与 5Gbit/s 的数据传输 10000km 以上。日本的实验室则将 10Gbit/s 的数据传输 10^6km。1995 年，法国的实验室将 20Gbit/s 的数据传输 10^6km，中继距离达 140km。1995 年，线性试验也将 20Gbit/s 的数据传输 8100km，40Gbit/s 的数据传输 5000km。线性光孤子系统的现场试验也在日本东京周围的城域网中进行，分别将 10Gbit/s 与 20Gbit/s 的数据传输了 2500km 与 1000km。1994 年和 1995 年，80Gbit/s 的数据传输和 160Gbit/s 的高速数据也分别传输了 500km 和 200km。

光纤通信发展中有四大里程碑事件：1960 年，世界上第一台相干振荡光源——红宝石激光器问世；1970 年，美国康宁公司的卡普隆（Kapron）博士等拉制出损耗仅为 20dB/km 的光纤，这一年也是双异质结 LD 取得突破的一年；1985 年，英国南安普敦大学的 Mears 等制成了 EDFA；20 世纪 90 年代，光纤光栅、全光纤光子器件、平面波导器件及其集成器件的出现将光纤通信推向全光网时代。

实用光纤通信系统的发展：1976 年，美国在亚特兰大进行了世界上第一个实用光纤通信系统的现场试验；1976 年和 1978 年，日本先后进行了速率为 34Mbit/s 的突变型多模光纤通信系统及速率为 100Mbit/s 的渐变型多模光纤通信系统的试验；1980 年，美国标准化 FT-3 光纤通信系统投入商业应用；1983 年，敷设了纵贯日本南北的长途干线光缆；1988 年，由美国、日本、英国、法国发起的第一条横跨大西洋 TAT-8 海底光缆通信系统建成；1989 年，第一条横跨太平洋海底光缆通信系统建成。从此，海底光缆通信系统的建设得到了全面展开，促进了全球通信网的发展。

据前瞻产业研究院发布的《中国光纤光缆行业发展前景与投资预测分析报告》统计数据显示，2017 年我国光纤/光缆需求量占全球份额的 57%左右，我国光纤/光缆制造大国的地位已经确立。2011 年以来，我国光纤/光缆产量呈现逐年增长的趋势。2011 年，我国光纤/光缆行业产量仅仅为 0.95 亿芯千米。到了 2016 年我国光纤/光缆行业产量突破 2 亿芯千米，2011～2016 年年均增长率高达 16.7%。截至 2017 年，我国光纤/光缆行业产量达到了 2.09 亿芯千米。

2018 年，我国光纤/光缆市场从供不应求转向供过于求。从市场需求上看，光纤到户及 4G 持续建设在过去几年有力拉动了我国光纤/光缆市场的需求。2018 年，由于 5G 建设尚未正式开始，光纤到户和 4G 网络规模建设基本完成，市场上出现了需求量下滑的情况。同时，从供给方面看，在良好的市场预期下，过去几年光纤/光缆企业纷纷上马新建和扩容项目，产能在 2018 年陆续释放。

随着“宽带中国”“互联网+”等战略的落地，尤其是光纤到户和 4G 的持续建设，我国光纤/光缆市场在过去几年蓬勃发展，市场规模进一步扩大，领军企业的实力不断增强。现行的 5G 通信系统与光纤通信密不可分，以及“一带一路”倡议的持续推进，我国光纤/光缆产业将进一步发展。

1.2 光纤通信的基本概念与系统基本组成

1.2.1 光纤通信的基本概念

（1）电通信（electrical communication），广义的电通信是运用电波作为载体传送信息的所有通信方式的总称，而不管传输所使用的介质是什么。电通信又可分为有线电通信和无线电通信。

（2）光通信（optical communication），广义的光通信是运用光波作为载体传送信息的所有通信方式的总称，而不管传输所使用的介质是什么。光通信也可以分为利用大气进行通信的无线光通信和利用石英光纤或塑料光纤进行通信的有线光通信。

（3）光纤通信是以光波作为信息载体，以光纤作为传输介质的通信方式。光波实际上是一高频的电磁波。电磁波交变的电场会产生交变的磁场，交变的磁场又会激起交变的电场，这种电场、磁场无限地交变产生，合称电磁场。这种交变的电磁场会在空间以波的形式由近及远地传播下去。

光纤通信的波段在 1.67×10^{14}～3.75×10^{14}Hz，即波长在 0.8～1.8μm，属于红外波段。通常将 0.8～0.9μm 称为短波长，为第一代光纤通信中采用的波长，通常称其为第一窗口。1.26～1.67μm 波长用于单模光纤通信系统，ITU-T 将其划分为 O、E、S、C、L、U 五个波段。

1.2.2 光纤通信系统的基本组成

光纤通信系统是以光波作载波、以光纤为传输介质的通信系统。光纤通信点对点发射系统的基本构成如图 1-2-1 所示，由光发射机、光接收机、光纤/光缆、中继器和无源器件组成。

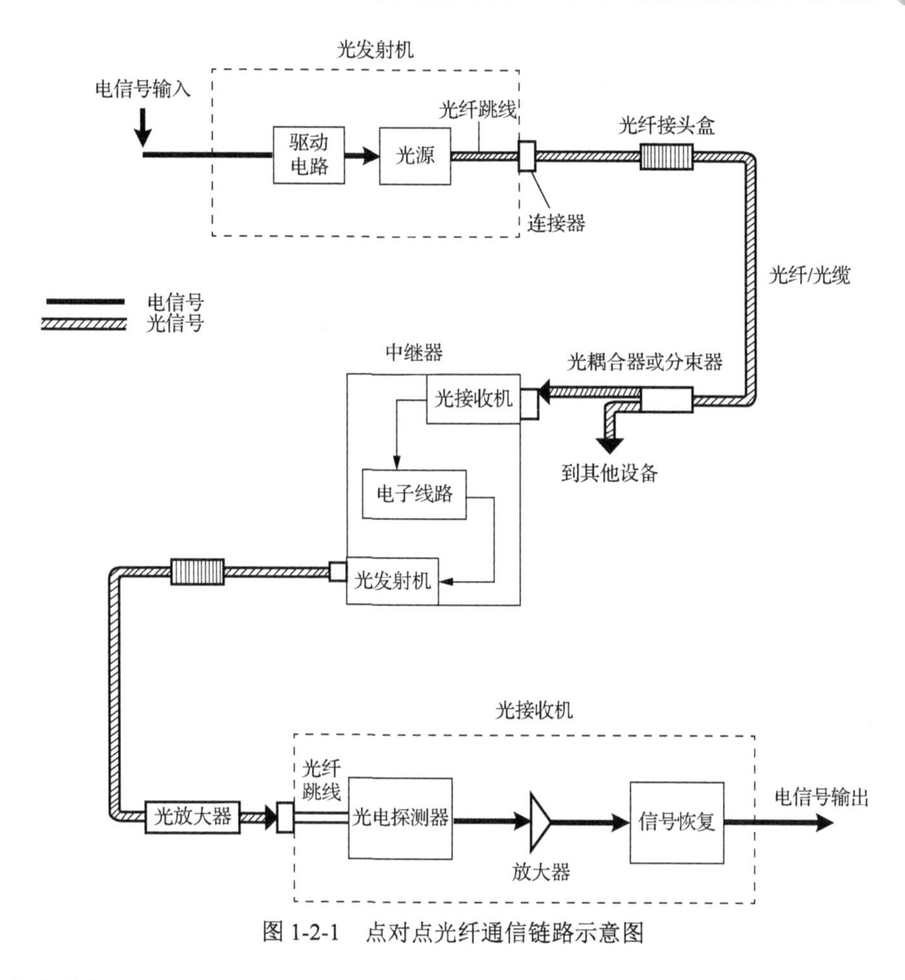

图 1-2-1　点对点光纤通信链路示意图

1. 光发射机

光发射机是实现电/光转换的光端机，由光源和驱动电路组成。其功能是将来自电端机的电信号对光源发出的光波进行调制，使其成为已调的光信号，然后再将已调的光信号耦合到光纤或光缆去传输。

2. 光接收机

光接收机是实现光/电转换的光端机，由光电探测器、放大器和信号恢复组成。其功能是将光纤或光缆传输来的光信号，经光电探测器转变为电信号，然后再将这微弱的电信号经放大电路放大到足够的电平，送到接收端的电端机。光检测一般由光电探测器和解调器组成，对于直接强度调制系统解调器可以省略。

3. 中继器

中继器由光接收机、电子线路和光发射机组成，作用有两个：一个是补偿光信号在光纤中传输时光能量的损耗；另一个是对波形失真的脉冲进行整形。中继器有再生中继器（电中继器）和光中继器（光放大器）两种，其主要作用是延长光信号的传输距离。

4. 光纤/光缆与无源器件

光纤的作用是为光信号的传送提供传送介质（信道），将光信号由一处送到另一处。光纤或光缆构成光的传输通路，其功能是将光发射机发出的已调光信号，经过光纤或光缆的远距离传输后，耦合到收信端的光电探测器上，完成传送信息任务。

由于光纤或光缆的长度受光纤拉制工艺和光缆施工条件的限制，且光纤的拉制长度也是有限度的（比如 1km），因此一条光纤线路可能存在多根光纤相连接的问题。于是，光纤间的连接、光纤与光端机的连接及耦合，对光纤连接器、光缆接头盒、光纤耦合器等无源器件的使用是必不可少的。

光纤通信系统将在第 5 章展开详细介绍。

1.3 光纤通信的特点和应用

1.3.1 光纤通信的优点

光纤通信的优点可以总结为如下几方面。

（1）容许频带很宽，传输容量很大。

如果把通信线路比作马路，那么应该说是通信线路的频带越宽，容许传输的信息越多，传输容量就越大。光纤的容量大，被称为信息的“超高速公路”，可以想象马路越宽，容许通过的车辆越多，交通运输能力也越大。

光纤通信是以光纤为传输介质，光波为载波的通信系统，其载波-光波具有很高的频率，约 10^{14}Hz，因此光纤具有很大的传输容量。几种主要传输方式的容量比较如表 1-3-1 所示。有文献报道，光纤通信的速率已到达三十多太比特每秒。

表 1-3-1 几种主要传输方式的容量比较

传输方式	可传输话路数
对称电缆	1～3000
无线电微波	5000～22000
同轴电缆	1000～52000
毫米波波导	30 万
光缆	100 万～1000 万

（2）损耗很小，中继距离很长且误码率很小。

石英光纤在 1310nm 和 1550nm 波长的传输损耗分别为 0.50dB/km 和 0.20dB/km，甚至更低。因此，用光纤比用同轴电缆或波导管的中继距离长得多。目前，采用外调制技术，波长为 1550nm 的色散位移光纤通信系统，若其传输速率为 2.5Gbit/s，则中继距离可达 150km，若其传输速率为 10Gbit/s，则中继距离可达 100km。

信号在传输线上传输，由于传输线本身的原因，强度将逐渐变弱，而且随着传输距离的增加，这种损耗会越来越严重。因此，长距离传输信息必须设立中继站，把损耗了的信号放大以后再传输。中继站越多，传输线路的成本越高，维护越不方便，运行越不可靠。中继站的多少取决于中继距离的长短，中继距离的长度又受传输线路损耗的限制。

目前，实用的光纤通信系统使用的光纤多为石英光纤，此类光纤在 1550nm 波长区的损耗可低至 0.148dB/km，比已知的其他通信线路的损耗都低得多，因此，由其组成的光纤通信系统的中继距离也较其他介质构成的系统长得多。例如，同轴电缆通信的中继距离只有几千米，最长的微波通信是 50km 左右，而光纤通信系统的最长中继距离已达 300km。如果今后采用非石英光纤，并工作在超长波长（波长大于 2μm），光纤的理论损耗系数可以下降到 10^{-3}～10^{-5}dB/km，此时光纤通信的中继距离可达数千甚至数万千米。这样在许多情况下，通信线路中就可以不设中继站了。这对越洋通信意义尤其重大，因为在海底设立中继站，不仅使线路成本大为提高，也大大增加了维修工作的困难。

（3）重量轻、体积小。

光纤重量很轻，直径很小。即使做成光缆，在芯数相同的条件下，其重量还是比电缆轻得多，体积也小得多。表 1-3-2 给出了铝-聚乙烯黏结的护套单元结构光缆和标准同轴电缆的重量与截面积的比较。

表 1-3-2　光缆和标准同轴电缆的重量与截面积比较

项目	8 芯		18 芯	
	光缆	电缆	光缆	电缆
重量/(kg/m)	0.42	6.3	0.42	11
重量比	1	15	1	26
直径/mm	21	47	21	62
截面积比	1	5	1	9.6

（4）抗电磁干扰性能好。

光纤由电绝缘的石英材料制成，光纤通信线路不受各种电磁场的干扰，也不会被闪电雷击损坏。无金属光缆非常适合在强电磁场干扰的高压电力线路周围、油田和煤矿等易燃易爆环境中使用。光纤复合架空地线是光纤与电力输送系统的地线组合而成的通信光缆，已在电力系统的通信中发挥重要作用。任何通信系统都应具有一定的抗干扰能力，否则无法保证通信工作的可靠和稳定。主要的干扰是电磁干扰，天然的电磁干扰包括雷电干扰、电离层的变化和太阳核子活动引起的干扰，人为的电磁干扰有电动机、高压电力线造成的干扰等。这些干扰都必须认真对待，但现有的电通信系统无法令人满意地解决这个问题。光纤通信为什么具有抗干扰能力呢？第一个原因是光纤属绝缘体，不怕雷电和高压；另一个原因是光纤中传输着频率极高的光波，各种干扰源的频率一般都比较低，干扰不了频率比它们高得多的光波。还有一种重要的干扰源是原子辐射，据专家测算，如果在美国本土中心上空 463km 处爆炸一颗原子弹，1s 内即可使全美国未暴露的通信电缆包括地面、飞机、舰艇等上面的通信电缆全部失效，通信中断，但光纤通信线路却可以照样畅通无阻，基本不受影响。

（5）泄漏小，保密性能好。

光纤通信是“安全保密员”。对通信系统的重要要求之一是保密性好。随着科学技术的发展，电通信方式很容易被人窃听，只要在明线或电缆附近，甚至几千米以外设置一个特别的接收装置，就可以获取明线或电缆中传送的信息。更不用说无线通信方式，因为无线电波在大气中传播，甚至充斥全球，很容易被人窃听，即使用了加密往往也无济于事，因为密码分析或密码破译已成为一门科学。

在光纤中传输的光信号泄漏非常微弱，即使在弯曲地段也无法窃听，这一理论我们将在光纤结构中进行讨论。没有专用的特殊工具，光纤不能分接，因此信息在光纤中传输非常安全。

（6）节约金属材料，有利于资源合理使用。

制造同轴电缆和波导管的铜、铝、铅等金属材料，在地球上的储存量是有限的，而制造光纤的石英（SiO_2）在地球上储存量极大。制造 8km 管中同轴电缆，每 1km 需要 120kg 铜和 500kg 铝；而制造 8km 光纤只需 320g 石英。所以，推广光纤通信，有利于地球资源的合理使用。

电线要用铜、铅等有色金属材料来制作，制作光纤的原材料却是普普通通的石英砂。铜是一种很重要的战略金属，按目前的开采速度，估计地球上的储量只够使用 50 年左右。而二氧化硅，在地壳的化学成分中占了一半以上，可以说是取之不尽、用之不竭的。

光纤还有其他一些优良特性，也为普通金属导线所不及。它不怕潮湿和腐蚀，可以架在空中，也可埋入地下；它具有较高的抗拉强度，与铁接近，比铜还高得多；它具有较强的耐高低温能力，从-65～200℃，在一般的飞机、舰艇和车辆上都可使用；它可实现多功能传输，同时传递话音、数据、传真、图像等各种信息。

1.3.2 光纤通信的缺点

任何事物的特性都需要从不同的角度去考虑，光纤通信有诸多优点，因而发展很快，但光纤通信也有以下不足。

抗侧压性能差，容易折断，经常被挖断；光纤连接困难，光纤的连接必须借助专用的仪器——光纤熔接机，设备的成本较电路连接的成本高，另外熔接技术要求高，断面是否垂直、焊接点是否有气泡等直接影响光纤连接的损耗值；光纤通信过程中怕水、怕冰，光纤吸收 OH^- 会增大光纤损耗；光纤怕弯曲，弯曲破坏传输光在光纤内的全反射，导致辐射损耗。曾有大雪导致光纤故障，这是由于光缆没有防护，被冰雪包裹，冰雪压力和热胀冷缩导致光纤弯曲，造成光信号损耗、通信出现故障。

1.3.3 光纤通信的应用

光纤可以传输数字信号，也可以传输模拟信号。

光纤在通信网、广播电视网与计算机网，以及其他数据传输系统中，都得到了广泛应用。光纤宽带干线传送网和接入网发展迅速，是当前研究开发应用的主要目标。

光纤在公用电信网中构成核心网、城域网。我国市内电话光缆传输试验从 1978 年开始。目前，公用电信网的传输线基本上均是采用光纤/光缆连接，包括光纤局域网、光纤宽带网、光接入网、无线通信网、海底光缆及洲际通信网，在沿海经济发达地区通信网更为密集。

光纤在能源、交通和其他电力系统的监视、控制和管理中也有应用。由于使用了光纤，不受强电磁干扰，不仅信息传输量增大，而且工作更加可靠。传输信息用的光纤，可以放在输电线、地线的中心，不受干扰，施工方便。用电设备观测雷击很困难，因为雷击对电设备也可能造成破坏。而光纤设备却可以直接观测雷击现象，观测装置由检测器、光纤和观测记录仪等组成。雷击时位于铁塔上的检测器产生瞬间高电压，由于是光纤传输，对观测记录仪不会造成影响。

在煤炭系统的监视、控制和管理中，电监控系统信号均为电信号，在瓦斯含量高的矿井中容易引起爆炸。因此，如果考虑安全因素，电信号功率不能太大，这又导致传输距离受限。而如果采用光纤系统，很多设备可以无源化，既保证了安全，又能实现远距离监控。

铁路通信网是直接为铁路运输调度服务的独立通信网。它具有节点多，分支、插入话路频繁，传输容量有大有小，传输距离长短不一，组网方式多种多样，传输信号种类各异等特点。电气化铁路对通信系统的要求：传输容量要大，不受电力机车强电磁干扰，传输电话、数据以外还要传输列车运行的长距离无人监控图像信号。除了光纤通信，没有哪一种通信方式能满足这些要求。

在地铁控制系统、高速公路监控系统中，同样使用了光纤通信。

军事上，战术通信主要有两种系统：一种是本地分配系统，包括战地指挥所的布线，兵器之间的连接，野战计算机的互连，以及基地信息传输系统等；一种是长距离战术通信系统，一般传输距离超过 1km。

水下通信系统是扫雷舰与浮游载体之间的数据传输线路。扫雷舰的主要任务是清扫航道上的水雷，而利用浮游载体扫雷最为安全可靠。扫雷舰与浮游载体之间连着 3 根光纤，一根光纤把水下浮游载体探测到的声呐信号和遥测信号（都是视频信号）传给舰船，另一根光纤用来传输舰船给水下浮游载体的控制信息，第三根光纤备用。光纤反潜战网络，也就是把光纤传输线路与水听器相连，把监测到的敌潜声音信号通过光纤传输到舰上或岸上的信息处理中心，以便确定作战方案。光纤用于水下通信，探测的灵敏度高，传输的信息量大，抗各种干扰的能力强，而且重量轻、浮力大。

光纤通信在航空母舰上可以用作机载通信和舰载通信。光纤制导武器主要包括光纤制导导弹和光纤制导鱼雷。它用光纤传输目标图像，制导精度高，导弹射程远，而且更安全可靠，是一种由射击手控制的人工智能武器。

■ 习题

1. 基于现代光通信的雏形，讨论现代光通信区别于古代光通信的原因和特点。
2. 比较光通信、光纤通信的基本概念。
3. 光纤通信商用系统可以划分为几代？每一代的特点是什么？
4. 讨论光纤通信的特点，请从优点、缺点两个方面讨论。
5. 画出光纤通信系统的基本组成，并讨论各个组成部分的功能。

第 2 章

光纤通信系统中光信号的传输特性

光纤通信系统的基本要求是能将任何信息无失真地从发送端传送到用户端。光纤通信利用光波作为载波，光纤作为传输介质，实现信息的传递。作为传输介质的光纤应具有均匀、透明的理想传输特性，这样光信号才能以相同速度无损无畸变地传输。

但实际光纤通信系统中所用的光纤都存在损耗和色散，当信号强度较高时还存在非线性效应。在实际系统中，光信号到底如何传输？光纤传输特性、传输能力究竟如何？本章主要讨论以上问题。

2.1 光学基础

从物理学的角度来讲，光可以被看成是电磁波或者是光子，也就是电磁能量子。对光最简单的认识常常是把光看成是在光学器件之间或内部沿直线传播的射线，光线在它们的表面发生反射或折射，并导致光线传输方向的改变。

光是电磁波，由电场和磁场组成，在考虑光的波动特性时常称其为光波，在空间运动时，其振幅不断变化。电场和磁场相互垂直，并且分别垂直于光的传播方向，如图 2-1-1 所示。它们的振幅像正弦三角函数一样随时间按正弦曲线变化，从零上升到波峰再回到零，然后降到波谷又返回零值。

在一个时间周期内，光传播的距离称为波长，常用希腊字母 λ 表示，波长是光波在传输过程中的空间周期，一个时间周期内光波的相位变化 0～2π。每秒钟重复的周期数称为频率，用赫兹（Hz）表示，这是为了纪念德国科学家赫兹（H. Hertz），他发现了电磁波。频率通常用希腊字母 ν 表示，光波的频率在 10^{13}～10^{14}Hz。

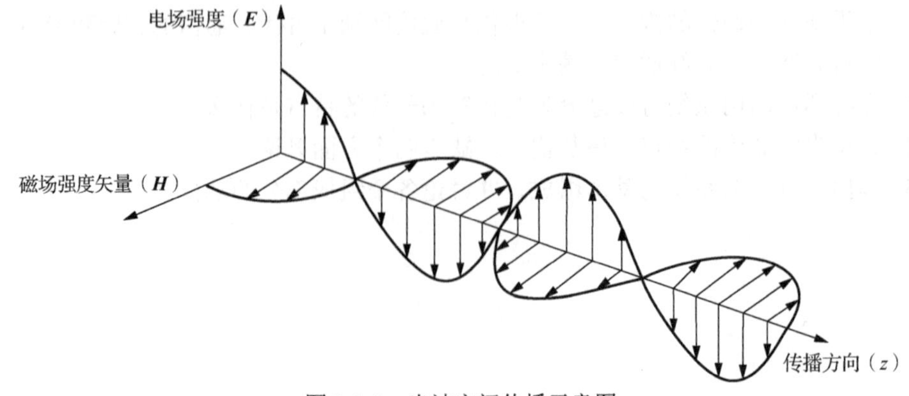

图 2-1-1　光波空间传播示意图

光波以肉眼无法分辨的高频振荡，振荡稳定在同一频率上。220V 民用电的频率是 50Hz，也就是每一秒钟振动 50 次，可见光波振动的频率比民用电频率高 10^{12} 倍。我们可以把它们看成是永远向前的正弦波，光子的能量大小由振荡频率或波长决定，光波的振荡频率越快，相当于波长越短，光子的能量值就越高。

2.1.1　电磁波

可见光波在电磁辐射频谱上只占一小部分。所有电磁辐射的本质属性都是一样的，真空中都以光速传播，即 299792458m/s。

电磁波波动的基本方程即麦克斯韦方程组，其微分形式为

$$\nabla \times \boldsymbol{H} = \boldsymbol{J} + \frac{\partial \boldsymbol{D}}{\partial t} \tag{2-1-1}$$

$$\nabla \times \boldsymbol{E} = -\frac{\partial \boldsymbol{B}}{\partial t} \tag{2-1-2}$$

$$\nabla \cdot \boldsymbol{D} = \rho \tag{2-1-3}$$

$$\nabla \cdot \boldsymbol{B} = 0 \tag{2-1-4}$$

式中，∇ 为哈密顿算子；$\times$ 为矢量场的旋度；$\cdot$ 为矢量场的散度；$\boldsymbol{H}$ 为磁场强度矢量；$\boldsymbol{E}$ 为电场强度；$\boldsymbol{D}$ 为电位移矢量；$\boldsymbol{B}$ 为磁感应强度；ρ 为自由电荷密度；$\boldsymbol{J}$ 为自由电荷的电流密度。

在已知电荷和电流分布的情况下，麦克斯韦方程组还需要由物质方程给予补充。物质方程是介质在电磁场作用下发生传导、极化和磁化现象的数学表达式，表示如下：

$$\boldsymbol{D} = \varepsilon \boldsymbol{E} + \boldsymbol{P} \tag{2-1-5}$$

$$\boldsymbol{B} = \mu \boldsymbol{H} \tag{2-1-6}$$

$$\boldsymbol{J} = \sigma \boldsymbol{E} \tag{2-1-7}$$

式中，ε 为介电常数；μ 为磁化率；σ 为介质的电导率。

利用式（2-1-2）～式（2-1-7）可以得出在介质中电磁场的场方程，从而得出电磁场的传输特性。在自由空间传播的电磁波具有以下性质。

（1）电磁波是横波，电场强度 $\boldsymbol{E}$ 与磁场强度矢量 $\boldsymbol{H}$ 垂直且都与电磁波传播方向垂直，即 $\boldsymbol{E} \perp \boldsymbol{k}$，$\boldsymbol{H} \perp \boldsymbol{k}$，并且 $\boldsymbol{E} \perp \boldsymbol{H}$。

（2）$\boldsymbol{E}$ 和 $\boldsymbol{H}$ 具有相同的相位。

（3）$\boldsymbol{E}$ 和 $\boldsymbol{H}$ 的幅值成正比，即

$$\sqrt{\varepsilon} \boldsymbol{E} = \sqrt{\mu} \boldsymbol{H} \tag{2-1-8}$$

（4）电磁波的传播速度与 $\sqrt{\varepsilon\mu}$ 成反比。

理论计算表明，电磁波的传播速度为

$$\text{电磁波速度} = \frac{1}{\sqrt{\varepsilon\mu}} \tag{2-1-9}$$

在真空中，电磁波速度等于 $3 \times 10^8 \mathrm{m/s}$，这个值正好与光在真空中的传播速度完全相等，这也是当年麦克斯韦预言光波也是一种电磁波的依据。

电磁频谱上不同部分辐射的区别在于它们的一些度量值不相同，度量方法有波长、光子能量和电磁场的振荡频率。

每一种度量方法（波长、能量、频率）都有自己特有的单位制，最佳单位制由所在频谱区域决定。在光学领域中，常用波长来描述不同频率的光，度量单位用米制单位米、微米（μm，或 10^{-6}m）和纳米（nm，或 10^{-9}m）。波长有时也用埃（$1\text{Å}=10^{-10}\text{m}$）来表示，但它不是标准单位，所以很少使用。千万不要用英寸（in）来表示波长（因为 $1\mu\text{m}=0.00003937\text{in}$，使用不便）。频率常用每秒的周数或赫兹（Hz）来表示，1MHz 表示一百万赫兹，1GHz 表示十亿赫兹。光子能量的度量单位很多，但目前最佳的单位是电子伏特（eV）：一个电子穿过 1 伏特（V）电场所获得的能量。

在频谱图中出现的所有度量单位实际上是衡量同一事物的不同比例尺，它们之间的转换很简单。波长对应于频率的转化公式为

$$\lambda=\frac{c}{\nu} \tag{2-1-10}$$

式中，c 为真空中光速；λ 为波长；ν 为频率。为了得到正确的结果，必须使用同一单位制。代入 c 的近似值，可以得到波长更有用的公式为

$$\lambda=\frac{3\times10^{8}\text{m/s}}{\nu} \tag{2-1-11}$$

很少有人讨论光子的能量 E_{k}，但是可以从普朗克定理中得到，公式为

$$E_{\text{k}}=h\nu \tag{2-1-12}$$

式中，h 为普朗克常数（$6.626\times10^{-34}\text{J}\cdot\text{s}$ 或 $4.136\times10^{-15}\text{eV}\cdot\text{s}$）。光子能量也可以用波长表示

$$E_{\text{k}}=\frac{1.2399}{\lambda} \tag{2-1-13}$$

式（2-1-13）给出了用微米（μm）表示波长时，以电子伏特（eV）为单位的光子能量。

其实人们更多关注的是多个光子体现出来的波动特性，因此通常使用光波一词。光波的特性中一个很有实用价值的重要特性是被称为相位的属性，它表明光波在周期变化中所处的位置。从图 2-1-1 中可以发现，在一个周期中，光波的振幅上升后又下降，然后返回起点。连续光源发出的光波无休止地重复着这一循环，重复循环就好像在转圆圈，所以相位用角度表示为 0°～360°（或者 0～2π）。

光波并不是都处于同一相位上，两个相同波长的光波的相位差可以是从 0°到 360°的任何值（大相位差并不是很重要，重要的是周期中的相对位置，而不是周期数）。相位的重要性表现在，它决定了光波叠加的结果，或者更准确地说，是光波彼此干涉的结果，相位相差 180°的光波会相互抵消。

我们所见到的光强正比于光波振幅的平方，振幅就是波的高度。如果在黑屋子里点亮两个灯泡，总光强是两个灯的光强之和，因为这种光包含了不同波长的光。但是如果把两个相同的光波叠加起来的话，它们的振幅将进行加减。如果两个光波的相位恰好都是同时增大或减小，也就是说相位差为零时，它们的振幅相加得到一个光亮点，称之为干涉相长。如果两个光波恰好波峰和波谷相对，即相位相差 180°，它们的振幅相互抵消，得到一个暗点，称之为干涉相消。如果两个波的相位不相同，那么它们叠加的强度在可能的最大值和最小值之间。

我们主要关心的是电磁频谱的一小部分，也就是光纤和光学器件工作的光谱区。光波覆盖了 200～20000nm，即 0.2～20μm 的波长范围。这一区域包括人眼可见的波长在

400～700nm 的可见光和邻近的红外线、紫外线，它们的性质相似。

用于石英玻璃光纤中通信的光波，其波长范围在近红外区域为 750～1700nm（即 0.75～1.7μm），石英在这一区间的透光性最好（因为损耗最低）。石英玻璃光纤传输可见光的距离要短得多，特种石英，通常叫熔融石英，能传输近紫外光，但距离很短。光纤通信系统可传输人眼不可见的近红外光。

塑料光纤非常适合传输可见光，比传输近红外光的效果要好，所以塑料光纤通信通常使用可见的红光作为载波。但是，塑料光纤不如石英光纤透明，石英光纤在传光的时候损耗较小，我们将在光纤的传输特性中讨论。也存在用其他各种材料制作的光纤比石英光纤更适合传输长波长红外光。

2.1.2　光的折射与反射

光速 c 一般被认为是宇宙中的速度极限，人们认为没有比光更快的事物了。这个速度极限就是真空光速。光穿越透明介质时往往传播得慢一些，减慢的程度取决于材料的属性和密度。

介质的折射率是真空光速和介质光速之比。光速在介质中减慢，减慢的程度由介质材料的性质决定，反映这种性质的参量被称为折射率，在光学里用字母 n 表示，折射率 n 等于真空光速 c 和介质中光速 c_{m} 之比，即

$$n = \frac{c}{c_{\mathrm{m}}} \tag{2-1-14}$$

在电磁频谱的光谱区，光学材料的折射率总是比 1.0 大。实际上，折射率是材料光速与空气中光速之比，而不是与真空光速之比。在一个大气压和室温的条件下，空气的折射率是 1.000293，非常接近 1.0，因此常将空气的折射率近似为 1.0。

尽管在光学介质中光线以直线传播，但在材料表面上情况会有所不同。光经过折射率改变的界面时会发生偏折，也就是说光在传播过程中介质折射率发生变化，其传播方向就会发生改变。所谓光沿直线传播是有条件的：介质的折射率保持不变，即在均匀折射率介质中传播。例如，光从空气进入玻璃，光线偏折的程度与两种介质的折射率及达到介质界面的角度有关。入射角和折射角不是光线和介质表面的夹角，而是与界面法线（垂直于界面的直线）的夹角。这一关系就是斯涅耳定律，公式为

$$n_1 \sin\theta_1 = n_2 \sin\theta_3 \tag{2-1-15}$$

式中，n_1 和 n_2 分别为初始介质和折射进入介质的折射率；θ_1 和 θ_3 分别为入射角和折射角，如图 2-1-2 所示（θ_2 为反射角）。

图 2-1-2 是光从空气进入玻璃的经典示例。波的频率没有改变，但是由于光在玻璃中的速度变慢，因此波长变短，造成光波偏折，无论界面是平面还是曲面都一样。可是，如果前后表面都是平角且入射角不变，那么净折射为零，当透过平板玻璃窗观察时就是这样。如果任何一个或两个表面是曲面，那么将看到净折射不为零，或光线发生弯曲，似乎是在透过透镜观察事物，也就是说，光线从透镜出射的角度和入射角度不同。

这与光纤有什么关系呢？想想看，当光从高折射率介质（比如玻璃，折射率约等于 1.5）进入低折射率介质（比如空气，折射率约等于 1）时，会发生什么事情呢？将玻璃的折射率 $n_{\mathrm{g}} = 1.5$ 和空气的折射率 $n_0 = 1.0$ 代入式（2-1-15）得

$$1.5\sin\theta_1 = 1.0\sin\theta_2 \tag{2-1-16}$$

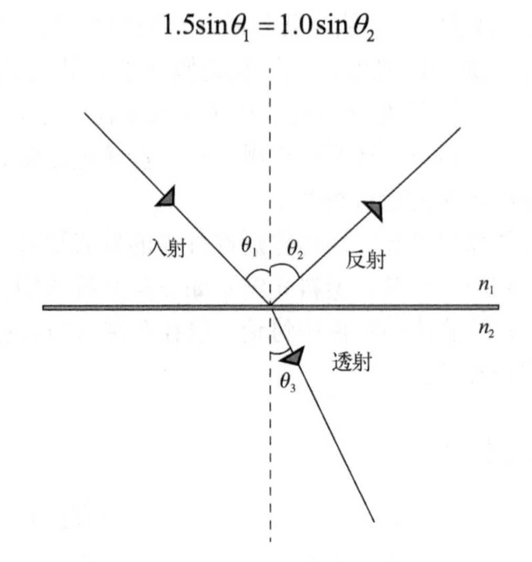

图 2-1-2　光在界面处的反射与折射

这意味着折射光不是如图 2-1-2 中的那样靠近法线，而是远离法线，如图 2-1-3 所示（θ_c 为全内反射的临界角）。

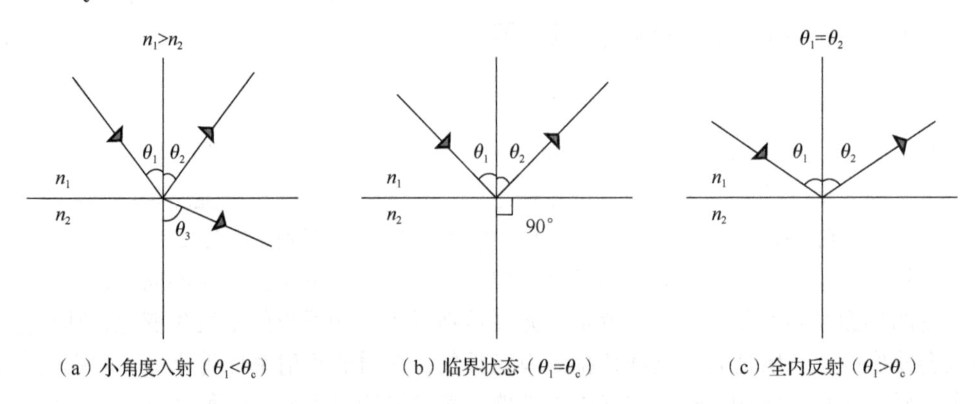

（a）小角度入射（$\theta_1<\theta_c$）　（b）临界状态（$\theta_1=\theta_c$）　（c）全内反射（$\theta_1>\theta_c$）

图 2-1-3　光密介质到光疏介质中光的全反射

当入射角比较小，如 $\theta_1 = 30°$ 时，$\sin\theta_1 = 0.5$，可求得 $\sin\theta_2 = 0.75$。但是当入射角比较大时，就会出现问题。如 $\theta_1 = 60°$ 时，$\sin\theta_1 = 0.866$，由斯涅耳定律可以得到 $\sin\theta_2 = 1.299$。没有一个角度的正弦值大于 1.0，显然这样的结果不正确，斯涅耳定律预言了入射角太大时折射不能发生，事实确实也是如此。如果入射角超过了某个特定值，光就不会传播到玻璃外，这个特定的角度称为临界角，它的正弦值为 1.0。根据三角函数知识可以得出，正弦函数在 90°处达到最大值 1.0，在这种情况下，光线沿界面表面传播，如图 2-1-3 所示。如果光以某个特殊的角度进入低折射率介质的界面，则光会反射到高折射率介质中，全内反射［图 2-1-3（c）］就是光纤中传光的基本理论。

全内反射的临界角 θ_c 可由斯涅耳定律推导得出。

$$\theta_c = \arcsin(n_2 / n_1) \tag{2-1-17}$$

例如，假设光从折射率 $n_2 = 1.5$ 的玻璃向折射率 $n_1 = 1$ 的空气入射时，临界角为 $\arcsin(1/1.5)$，即 $\theta_c = 41.8°$，这就是光线由玻璃向空气入射时的全内反射临界角。

2.2　光纤的传输特性

2.2.1　光纤的结构与分类

依靠全内反射原理，光纤这种光波导能够束缚光波，低损耗传输光波。下面以石英光纤为例，介绍光纤的结构。石英光纤由纤芯（core）和包层（cladding）构成，只有纤芯和包层的光纤被称为裸纤。其中纤芯可以是折射率略高于包层（纯石英或掺氟石英）的掺锗石英，光线在纤芯与包层构成的界面发生全反射。裸纤由光纤预制棒经复杂的工艺拉制而成，因此纤芯与包层不能被剥离，如图 2-2-1 所示。图中圆柱体中心深色的部分为纤芯，同心浅色的部分为包层。可以被剥离的部分为保护套（jacket），也称为涂覆层，多为树脂材料。

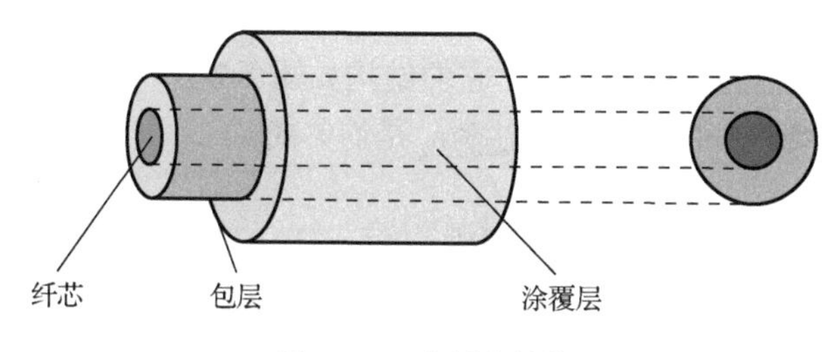

图 2-2-1　光纤的结构

纤芯：石英材质折射率较高，用来传输光信号。包层：石英材质折射率较低，与纤芯一起构成全反射界面。纤芯与包层是由光纤预制棒一次拉制而成的，即裸纤。保护套：聚合物材质强度大，能承受较大冲击，起保护裸纤的作用。

光纤中纤芯折射率 n_{core}（以下用 n_1 表示）大于包层折射率 n_{clad}（以下用 n_2 表示），对应 2.1 节中光密到光疏介质中光的传输，光在纤芯和包层之间的界面上将反复进行全反射。

光纤的分类有很多种，可以按照光纤传输模式、光纤截面折射率分布、光纤的材料、光纤的用途及国际电信联盟标准等进行分类。国际电信联盟标准分类在第 1 章中讨论过，此处不再赘述。

（1）按照光纤传输模式分类：单模光纤与多模光纤。模式是电磁场的一种场型结构分布形式，模式不同，其场型结构也就不同。光纤中不同的模式对应为麦克斯韦方程在光纤具体边界条件下的解，简化为在光纤中的某个传输波长条件下，可以容纳多少个不同传输方向的光线。所以光纤中的不同模式，可以用光线传播的不同角度来区分。

单模光纤的纤芯直径较小，通常其纤芯折射率 n_1 是均匀分布的。单模光纤只传输单一模式，只有一个近轴光线在其中传输，如图 2-2-2（a）所示。纤芯直径用 $2a$ 表示，包层直径用 $2b$ 表示。单模光纤纤芯的折射率 n_1 为一恒定值，光纤纤芯直径较小，$2a$ 在 8～12μm 不等，通信标准光纤的包层直径 $2b$ 均为 125μm。由于单模光纤只传输基模，从而完全避免了模式色散，使传输带宽大大增加。因此，单模光纤非常适用于大容量、长距离的光纤通信，单模光纤中的光线轨迹如图 2-2-2（a）所示。

所谓多模光纤是一种在一定的工作波长下可以传输多种模式的介质波导。其光波传播的轨迹如图 2-2-2（b）所示。多模光纤的纤芯直径为 50～200μm，模式色散的存在使多模光纤的传输带宽变窄。多模光纤的优点是制造、耦合、连接都比单模光纤容易。多模光纤在某工作波段可以传输多种模式，用麦克斯韦方程求解多模光纤中的光场存在多个解。通信标准光纤的包层直径 $2b$ 为 125μm，非通信标准光纤的包层直径 $2b$ 在 125～400 不等。多模光纤纤芯折射率可以是恒定的，也可以是渐变的。第一代光纤通信工作在 850nm 波段，使用的都是多模光纤。

（2）按照光纤截面折射率分布分类：阶跃型光纤（step-index fiber, SIF），可以是单模光纤也可以是多模光纤；渐变型光纤（graded-index fiber, GIF），也可称为梯度型光纤，只有多模光纤；W 型双包层光纤；三角分布-色散位移光纤（DSF，G.653）；非零色散位移光纤（NZ-DSF，G.655）等。

阶跃型光纤，又可称为均匀光纤，它的结构如图 2-2-2（a）、（b）所示。纤芯折射率 n_1 沿半径方向保持一定，包层折射率 n_2 沿半径方向也保持一定，且纤芯和包层的折射率在边界处呈现阶梯变化。

渐变型光纤，又称为非均匀光纤，它的结构如图 2-2-2（c）所示。纤芯折射率 n_1 随着半径加大而逐渐减小，而包层的折射率 n_2 是均匀的。

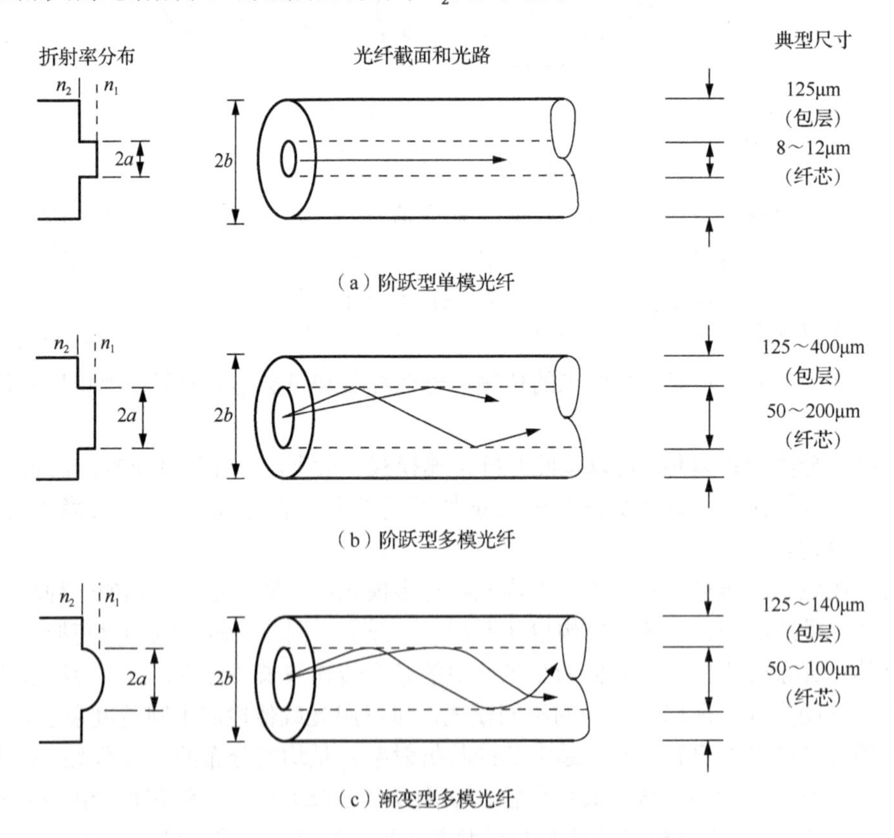

图 2-2-2 单模、多模光纤的结构及传光示意图

（3）按照光纤的材料分类：玻璃光纤、胶套硅光纤、多成分玻璃纤维、塑料光纤等。还有许多种材料可以用来制作光纤。

玻璃光纤，纤芯与包层都是玻璃，损耗小、传输距离长、成本高。

胶套硅光纤，纤芯是玻璃，包层为塑料，特性同玻璃光纤差不多，成本较低。

多成分玻璃纤维，一般由钠玻璃掺杂制成。

塑料光纤，也称为聚合物光纤，纤芯与包层都是塑料，损耗大，传输距离很短，价格很低。与玻璃光纤相比，塑料光纤有更大的信号损耗，但韧性好，更为耐用，纤芯直径大 10～20 倍，连接时允许存在一定的差错。塑料光纤系统的成本低，多用于家电、音响，以及短距离的图像传输。虽然石英光纤广泛用于远距离干线通信和光纤到户，但塑料光纤被称为“平民化”光纤，原因是塑料光纤相关的连接器件和安装的总成本比较低。在光纤到户、光纤到桌面整体方案中，塑料光纤是石英光纤的补充，可共同构筑一个全光网络。

（4）按照光纤的用途不同分类：普通通信光纤（例如 G.652、G.655 光纤）、保偏光纤（polarization maintaining fiber, PMF）、色散补偿光纤（dispersion compensating fiber, DCF）、掺铒光纤（erbium-doped fiber, EDF）等。

保偏光纤，双折射效应越强，波长越短，保持传输光偏振态越好。保偏光纤传输线偏振光，广泛用于航天、航空、航海、工业制造技术及通信等国民经济的各个领域，如干涉仪、激光器。我们常接触到的保偏光纤主要用于光源与外调制器之间的连接。

色散补偿光纤是具有大的负色散光纤。它是针对现已敷设的 1.3μm 标准单模光纤而设计的一种对色散进行补偿的新型单模光纤，以保证整条光纤线路的总色散近似为零，从而实现高速度、大容量、长距离的通信。

掺铒光纤是在石英光纤中掺入了少量的稀土元素铒离子（Er^{3+}）的光纤，掺杂铒离子使得光纤具有光增益特性，铒离子是 EDFA 的核心。掺铒光纤是光纤通信中伟大的发明之一，甚至可以说是当今长距离信息高速公路的“加油站”。掺铒光纤是掺稀土元素光纤的一种，光纤中可以掺的稀土元素离子还有 Nd^{3+}（钕）、Pr^{3+}（镨）、Ho^{3+}（钬）、Eu^{3+}（铕）、Yb^{3+}（镱）、Dy^{3+}（镝）、Tm^{3+}（铥）等。

2.2.2　光纤的相对折射率差和数值孔径

相对折射率差和数值孔径（numerical aperture, NA）是描述光纤性能的两个重要参数。

1. 相对折射率差

根据前文给出的光纤纤芯折射率（n_1）、包层的折射率（n_2），它们的相差程度可以用相对折射率差 Δ 来表示，即

$$\Delta=\frac{n_1^2-n_2^2}{2n_1^2} \tag{2-2-1}$$

对于阶跃型光纤，由于光纤的纤芯和包层采用相同的基础材料 SiO_2，只不过分别掺入不同的杂质，折射率略有差别，而且差别极小，这种光纤被称为弱导光纤。弱导光纤的相对折射率差Δ可近似表示为

$$\Delta = \frac{n_1 - n_2}{n_1} \tag{2-2-2}$$

2. 数值孔径

如图 2-2-3 所示，光线注入到光纤端面中心，它和端面法线之间的夹角为ϕ，光线从空气（折射率n_0）射向光纤端面遇到了两种不同介质的交界面，即发生折射。

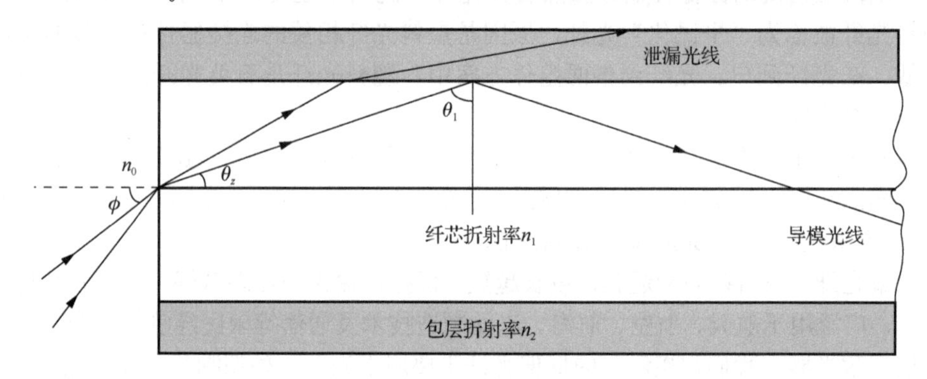

图 2-2-3 阶跃折射率光纤的导光原理

由于$n_0 < n_1$，光线由光疏介质射向光密介质，折射光线应向靠近法线方向折射，光线进入光纤后沿角度θ_z的方向前进，$\theta_z < \phi$。光线到达纤芯与包层界面处，与分界面法线夹角为θ_1，当$\theta_1 > \theta_c$（临界角）时，才可能发生全反射，这时临界角为

$$\theta_c = \arcsin\frac{n_2}{n_1} \tag{2-2-3}$$

即要求

$$\theta_1 > \arcsin\frac{n_2}{n_1} \tag{2-2-4}$$

或

$$\sin\theta_1 > \frac{n_2}{n_1} \tag{2-2-5}$$

根据斯涅耳定律，可以得到光从空气入射到纤芯的追迹公式为

$$n_0 \sin\phi = n_1 \cos\theta_z = n_1 \sin(90° - \theta_1) = n_1 \cos\theta_1 \tag{2-2-6}$$

则

$$\sin\phi = \frac{n_1}{n_2}\cos\theta_1 = \frac{n_1}{n_0}\sqrt{1 - \sin^2\theta_1} \tag{2-2-7}$$

为了在纤芯中产生全反射，θ_1必须大于θ_c，从图 2-2-3 中可以看出，如果θ_1增大，θ_z必减小，则外面激发的入射角ϕ也必减小，即式（2-2-7）改为

$$\sin\phi \leqslant \frac{n_1}{n_0}\sqrt{1-\left(\frac{n_2}{n_1}\right)^2} \tag{2-2-8}$$

由于 $n_0=1$，则

$$\sin\phi \leqslant \sqrt{n_1^2-n_2^2} \tag{2-2-9}$$

因此，只要能满足式（2-2-9）的光线，均可以在纤芯中形成导波。由上面分析可知，并不是由光源射出的全部光线都能在纤芯中形成导波，只有满足式（2-2-9）条件的子午线才可以在纤芯中形成导波，此时认为这些子午线被光纤捕捉到了。

数值孔径则是表示光纤捕捉光线能力的物理量，用 NA 表示。

$$\mathrm{NA}=\sin\phi_{\max} \tag{2-2-10}$$

式中，$\phi_{\max}$ 是光纤纤芯所能捕捉光线的最大入射角，意味着入射角小于 $\phi_{\max}$ 的所有射线均可被光纤所捕捉。NA 越大表示光纤捕捉光线的能力就越强。由于弱导光纤的相对折射率差 $\varDelta$ 很小，因此其 NA 也不大。

对于阶跃型光纤，NA 为常数。

$$\mathrm{NA}=\sqrt{n_1^2-n_1^2}=n_1\sqrt{2\varDelta} \tag{2-2-11}$$

对于渐变型光纤，由于纤芯中各处的折射率是不同的，因此各点的 NA 也不同。我们把射入点 r 处的 NA 称为渐变型光纤的本地 NA，这里不做论述。

2.3　光纤的损耗特性

2.3.1　损耗的定义

光纤损耗是传输距离的固有限制，在很大程度上决定着传输系统的中继距离，损耗的降低依赖于工艺的提高和对石英材料的提纯。

光纤损耗定义：若 P_{in} 是入射光纤的功率，则传输功率 P_{out} 为

$$P_{\mathrm{out}}=P_{\mathrm{in}}\exp(-\alpha L) \tag{2-3-1}$$

式中，α 为光纤损耗；L 为光纤长度。习惯上光纤的损耗通过式（2-3-2）用 dB/km 来表示：

$$\alpha=-\frac{10}{L}\lg\left(\frac{P_{\mathrm{out}}}{P_{\mathrm{in}}}\right) \tag{2-3-2}$$

对于理想的光纤，不会有任何的损耗，对应的损耗系数为 0dB/km，但在实际中这是不可能实现的。实际的低损耗光纤在 900nm 波长处的损耗为 3dB/km，这表示传输 1km 后信号光功率将损失 50%，2km 后光功率损失达 75%（损失了 6dB）。之所以可以这样进行运算，是因为用分贝表示的损耗具有可加性。

损耗特性与光纤工作波长有关，如图 2-3-1 所示，光纤损耗谱中有三个工作窗口：第一窗口工作波长 850nm，损耗稍大（2.3～3.4dB/km）；第二窗口工作波长 1310nm，损耗中等，（0.35～0.5dB/km）；第三窗口工作波长 1550nm，损耗最小（约为 0.2dB/km）。

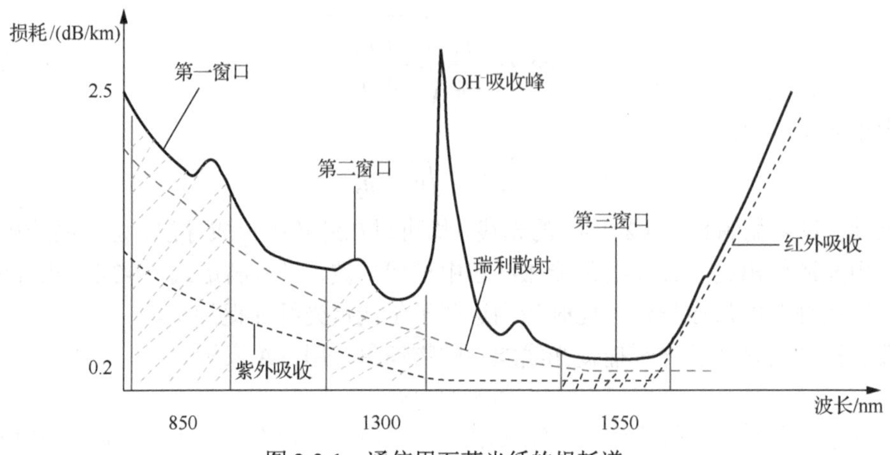

图 2-3-1　通信用石英光纤的损耗谱

2.3.2　光纤的损耗机理

引起光纤损耗的原因很多，与光纤材料有关的损耗主要有吸收损耗和散射损耗，与光纤的几何形状有关的损耗主要有弯曲损耗。

1. 材料的吸收损耗

吸收损耗包括紫外吸收、红外吸收和杂质吸收等，它是材料本身所固有的，因此是一种本征吸收损耗。

红外吸收和紫外吸收损耗如图 2-3-1 所示。光纤材料组成的原子系统中，一些处于低能级的电子会吸收光波能量而跃迁到高能级状态，这种吸收的中心波长在紫外的 0.16μm 处，吸收峰很强，其尾巴延伸到光纤通信波段，在短波长区，该值达 1dB/km，在长波长区则小得多，约 0.05dB/km。石英玻璃的 Si—O 键因振动吸收能量造成损耗，产生波长为 9.1μm、12.5μm 和 21μm 的三个谐振吸收峰，其吸收拖尾延伸至 1.5～1.7μm，形成石英系光纤工作波长的工作上限。

OH^- 吸收损耗。在石英光纤中，O—H 键的基本谐振波长为 2.73μm，与 Si—O 键的谐振波长相互影响，在光纤的传输频带内产生一系列的吸收峰，影响较大的是在 1.39μm、1.24μm 及 0.95μm 波长上，在峰之间的低损耗区构成了光纤通信的三个窗口。目前，由于工艺的改进，降低了 OH^- 浓度，这些吸收峰的影响已可忽略不计。

金属离子吸收损耗。光纤材料中的金属杂质，如 V、Cr、Mn、Fe、Ni、Co 等，它们的电子结构在 0.5～1.1μm 产生边带吸收峰，造成损耗。现在由于工艺的改进，它们的影响已可忽略不计。

2. 光纤的散射损耗

光在光纤中传输时会发生散射，散射会造成光功率的损耗。

（1）瑞利散射损耗。光纤在加热制造过程中，热扰动使原子产生压缩性的不均匀，造成材料密度不均匀，进一步造成折射率不均匀。这种不均匀性在冷却过程中固定并引起光的散射，称为瑞利散射。这正像大气中的尘粒散射了光，使天空变蓝一样。瑞利散射的大小与波长的四次方成反比，因此对短波长窗口的影响较大，如图 2-3-1 中瑞利散射曲线所示。

（2）波导散射损耗。当光纤的纤芯直径沿轴向不均匀时，产生导模和辐射模间的耦合，能量从导模转移到辐射模，从而形成附加的波导散射损耗。但目前的光纤制造水平使这项损耗已降到可忽略的程度。

（3）非线性散射损耗。当光纤中传输的光强大到一定程度时，就会产生非线性受激拉曼散射和受激布里渊散射，使输入光能部分转移到新的频率分量上。但在常规光纤通信系统中，LD 发射的光功率较弱，因此这项损耗很小。

3. 弯曲损耗

当理想的圆柱形光纤受到某种外力作用时，会产生一定曲率半径的弯曲，导致光线入射到纤芯与包层界面处的入射角发生变化，小于全反射临界角时能量会泄漏到包层中，这种由能量泄漏导致的损耗也称为辐射损耗。光纤受力弯曲有两类：①曲率半径比光纤纤芯直径大得多的弯曲，当光缆拐弯时就会发生这样的弯曲；②光纤成缆时产生的随机性扭曲，称为微弯，微弯引起的附加损耗一般很小，基本上观测不到。当弯曲程度增大，曲率半径减小时，损耗将随 $\exp(r/-r_{临界})$ 成比例增大，r 为光纤弯曲的曲率半径，$r_{临界}$ 为临界曲率半径。

$$r_{临界} = a(n_1^2 - n_2^2) \tag{2-3-3}$$

当曲率半径达到 $r_{临界}$ 时可观测到曲率损耗。对单模光纤，$r_{临界}$ 的经典值为 0.2～0.4mm。当曲率半径 $r > 5\text{mm}$ 时，弯曲损耗小于 0.01dB/km，这种弯曲损耗实际上可忽略。但是当弯曲的曲率半径 r 进一步减小到比 $r_{临界}$ 小得多时，损耗将变得非常大。

弯曲损耗源于延伸到包层中消逝场尾部的辐射，如图 2-3-2 所示。原来这部分场与纤芯中的场一起传输，共同携载能量，但当光纤发生弯曲时，位于曲率中心远侧消逝场尾部必须以较大的速度才能与纤芯中的场一同前进，但在离纤芯的距离为某临界距离 x 处，消逝场尾部必须以大于光速的速度运动，才能与纤芯中的场一同前进，这是不可能的。因此超过 x 外的消逝场尾部中的光功率就会辐射出去，所以弯曲损耗是通过消逝场尾部辐射产生的。为减小弯曲损耗，通常在光纤表面上模压一种压缩护套，当受外力作用时，护套发生变形，而光纤仍可以保持准直状态。对于纤芯半径为 a，包层半径为 b（不包括护套），相对折射率差为 $\varDelta$ 的渐变折射率光纤，有护套光纤的弯曲损耗低 F 倍，F 由式（2-3-4）给出。

$$F = [1 + \pi\varDelta^2 (b/a)^4 E_{\mathrm{j}} / E_{\mathrm{f}}]^{-2} \tag{2-3-4}$$

式中，E_{j}、E_{f} 分别为护套和光纤的杨氏模量。护套的存在可以降低光纤弯曲损耗。

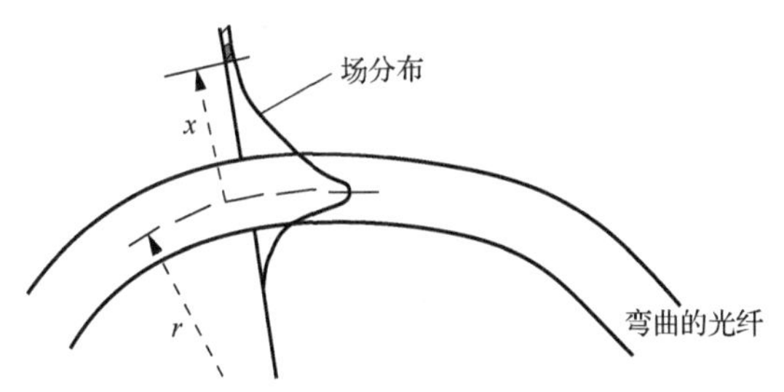

图 2-3-2 弯曲光纤与基模的消逝场分布

光纤损耗直接影响系统的传输中继距离，理论上光纤损耗越小，系统中继距离越大。

2.4 光纤的色散特性及色散限制

2.4.1 光纤的色散特性

什么是光纤色散？信号在光纤中是由不同的频率成分和不同模式成分携带的。这些不同的频率成分和模式成分有不同的传播速度，从而引起色散。也可以从波形在时间上展宽的角度去理解，即光波在通过光纤传播期间，其波形在时间上发生了展宽，这种现象就称为色散。

光纤色散是光纤通信的另一个重要特性，光纤的色散会使输入脉冲在传输过程中展宽，产生码间干扰，增加误码率，这样就限制了传输容量。因此制造优质的、色散小的光纤，对增加通信系统容量和加大传输距离是非常重要的。

引起光纤色散的原因很多，材料色散和波导色散是由信号不是单一频率引起的，模式色散是由信号不是单一模式所引起的。这些色散都会导致光波传输的时候产生时延差。

2.4.2 时延差

色散的程度用时延差来描述。光波以相速$V_p = \omega / \beta$传播，信号的群速度即调制包络的速度V_g定义为

$$V_g = \frac{d\omega}{d\beta} = c\left(\frac{d\beta}{dk_0}\right)^{-1} \tag{2-4-1}$$

$$k_0 = \frac{2\pi}{\lambda} \tag{2-4-2}$$

式中，β为传播常数；k_0为光波波长对应的波数。

光波沿光纤单位长度上传播的延迟时间称为群时延，计算公式为

$$\tau = \frac{1}{V_g} = \frac{1}{c}\frac{d\beta}{dk_0} \tag{2-4-3}$$

将式（2-4-1）和式（2-4-2）代入式（2-4-3）得

$$\tau(\lambda) = -\frac{\lambda^2}{2\pi c}\frac{d\beta}{d\lambda} \tag{2-4-4}$$

式（2-4-4）表明：①群时延$\tau(\lambda)$与波长λ有关，不同的波长，传输一定的距离，所需时间不同而产生时间差；②光波信号中不同光谱成分的时延差如果很大，就会产生码间干扰。因此窄谱线光源可降低色散的影响。

所以时延差可以表示光纤的色散程度：

$$D = \frac{d\tau(\lambda)}{d\lambda} \tag{2-4-5}$$

式中，D为色散系数，单位为ps/(nm·km)。

设光源谱宽为$\Delta\lambda$，则在单位长度的时延差$\Delta\tau$为

$$\Delta\tau = \frac{\mathrm{d}\tau(\lambda)}{\mathrm{d}\lambda}\Delta\lambda \tag{2-4-6}$$

由公式（2-4-6）可以看出，时延差越大，色散越严重。

2.4.3　材料色散和波导色散

1. 材料色散

材料色散是由材料折射率随波长非线性变化引起的。由于 $n = n(\lambda)$，所以传播常数 β 为

$$\beta = \frac{2\pi n(\lambda)}{\lambda} \tag{2-4-7}$$

最大色散为

$$D_{\mathrm{m}} = -\frac{\lambda}{c}\frac{\mathrm{d}^2 n}{\mathrm{d}\lambda^2} \tag{2-4-8}$$

最大时延差为

$$\Delta\tau_{\mathrm{m}} = -\frac{\lambda}{c}\frac{\mathrm{d}^2 n}{\mathrm{d}\lambda^2}\Delta\lambda \tag{2-4-9}$$

图 2-4-1 给出了 SiO_2 的折射率及材料色散系数与波长的关系。从图 2-4-1 中可以看出不同波长 λ 的色散系数不同，$\lambda = 1.31\mu\mathrm{m}$ 处，色散曲线与色散等于 0 的直线相交，因此在光纤通信第二低损耗窗口波段材料的色散较小。在 λ_0=1.27μm 时，时延差最小，这个波长称为材料的零色散波长。

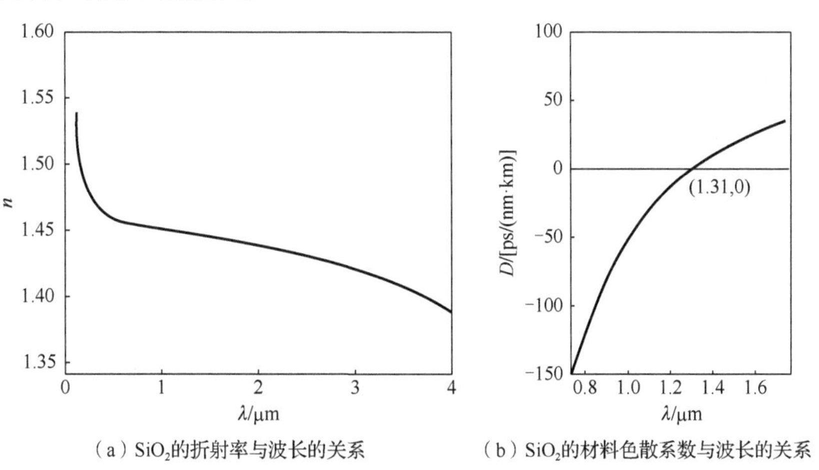

（a）SiO_2的折射率与波长的关系　　（b）SiO_2的材料色散系数与波长的关系

图 2-4-1　SiO_2 的折射率及材料色散系数与波长的关系

2. 波导色散

对于多模光纤，波导色散比材料色散小得多，常可忽略不计。但对于单模光纤，波导的作用则不能忽略。对不同频率的某模式电磁波而言，在弱导光纤中，β 不同，存在波导色散。光纤若 $\varDelta = 0.005$，$n_2 = 1.5$，则波导色散 $\Delta\tau_{\mathrm{W}}$ 为

$$\Delta\tau_{W} \approx -\frac{0.0015c^{-1}\cdot\Delta\lambda}{\lambda} \tag{2-4-10}$$

此时波导色散很小。因此在多模光纤中波导色散可以完全忽略不计。在单模光纤中，对于短波长区（850nm），材料色散很大，也可以近似忽略波导色散；对于长波长区（1310～1550nm），材料色散随波长的增大而减小至波导色散相当的量级，并出现与其极性相反、相互抵消的情形。

2.4.4 模式色散

模式色散是指光纤在不同模式时，群速不同而引起的色散，也称为模间色散。可以用光纤中传输的最高模式与最低模式之间的时延差来表示。

对多模光纤来说，纤芯中折射率分布不同时，其色散特性不同，下面分两种情况来讨论，即纤芯折射率呈均匀变化和呈渐变型变化的情况。

1. 多模阶跃型光纤的色散

图 2-2-2（b）画出了两条不同的子午线，它代表不同模式的传输路径，由于各射线的入射角度不同，其轴向的传输速度也不同，因此引起了模式色散。

光线形成导波的条件是$90°>\theta_1>\theta_2$，当$\theta_1=90°$时，光线与光纤轴线平行，此时轴向速度最快，在长度为L的光纤上传输时所用的时间τ_0最短，为

$$\tau_0=\frac{L}{V_1}=\frac{L}{\dfrac{c}{n_1}}=\frac{Ln_1}{c} \tag{2-4-11}$$

当$\theta_1=\theta_c$时，光线倾斜得最陡，此时轴向速度最慢，在长度为L的光纤上传输时所用的时间最长，为

$$\tau_{\max}=\frac{L}{V_1\sin\theta_c}=\frac{L}{V_1}\frac{n_1}{n_2}=\frac{Ln_1^2}{cn_2} \tag{2-4-12}$$

这两条光线的最大时延差为

$$\begin{aligned}\tau_{\max}-\tau_0&=\frac{Ln_1^2}{cn_2}-\frac{Ln_1}{c}=\frac{Ln_1^2-Ln_1n_2}{cn_2}\\&=\frac{Ln_1}{c}\left(\frac{n_1-n_2}{n_2}\right)\approx\frac{Ln_1}{c}\varDelta\end{aligned} \tag{2-4-13}$$

从式（2-4-13）中可以看出，多模阶跃型光纤的色散与相对折射率差$\varDelta$有关，而弱导光纤n_1趋近于n_2，$\varDelta$很小，因此，使用弱导光纤可以减小模式色散。

2. 多模渐变型光纤的色散

对于纤芯折射指数呈渐变的多模光纤，当折射指数分布不同时，其色散特性不同。渐变光纤的芯区折射率不是一个常数，从芯区中心的最大值逐渐降低到包层的最小值。光线以正弦振荡形式向前传播。如图 2-2-2（c）所示，入射角大的光线路径长，由于折射率的变化，光速沿路径变化，虽然沿光纤轴线传输路径最短，但轴线上折射率最大，

光传播最慢。通过合理设计折射率分布，光线同时到达输出端，降低模间色散。

色散同样会影响系统的中继距离，而且色散还会影响通信速率，进而影响传输容量。

2.5　光纤的物化特性

光纤的物理和化学特性，依据其材料与结构的不同而有很大差异。下面进行简要阐述。

1. 光纤的机械特性

二氧化硅材料的密度约为 2.2g/cm^3，1km 单模光纤仅重 27g。石英玻璃是一种硬度很高的无延展性的易碎材料，其强度由材料结构内的 Si—O 键合力所决定。理论上估算折断 Si—O 原子键所需的应力约为 2000～2500kg/mm^2，这相当于包层直径为 125μm 的光纤所能承受的抗张力达到 30kg。然而，光纤表面及内部不可避免地存在着一定数量的裂纹，使得光纤受到外力作用时，微小的裂纹会扩大、传输乃至引起断裂，使其抗拉强度大为降低，约为理论值的 1/4。尽管如此，光纤比起同样粗的钢丝的抗拉强度仍然要高 1 倍以上。

光纤的抗拉强度还与其他许多因素有关，首先材料的质量是对强度影响最大的因素，其次是制备过程中产生的表面污染或机械损伤。光纤的抗弯性能也是衡量光纤机械特性的一项重要指标，高质量光纤的无折断弯曲半径可小至 1～2mm。

为了增强光纤的机械性能，除了对裸光纤进行预涂覆形成涂覆保护层外，工程上一般还要对其进行套塑并制成光缆。而对于传感用光纤，有时则需要去除涂覆层以增强对外界参量的敏感性。

2. 光纤的温度特性

光纤的温度特性关系到光纤系统的可靠性与稳定性，也是衡量光纤性能的重要参数。纯二氧化硅在 1700℃左右软化，但光纤制作过程中为了获得纤芯与包层的相对折射率差而采用了元素掺杂，使得石英光纤的纤芯与包层耐热性仅为 400～500℃。石英光纤的膨胀系数较小，约为$3.4\times10^{-7}/℃$，可使用的温度范围取决于为保护光纤而外加的涂覆层和塑料层，一般都在-40～50℃。在低温环境中，只要包层能够保持可挠性，光纤的使用温度可低于-40℃，甚至到达-65℃。不过当温度过低时，光纤会因结冰而损坏。温度变化过大时，光纤会受到轴向力的作用而产生微弯，导致损耗增加。常用的聚氯乙烯涂覆层耐热性不高于 80℃；而塑料光纤基本上不具备耐热性，它在 50℃以上温度时，就会发黄变色失效了。

3. 光纤的耐电压性

石英玻璃是一种性能优良的绝缘介质，其电阻率高达$1\times10^{18}\Omega/\text{cm}$，因此能承受几十万伏的高压，具有抗电磁干扰、抗辐射、不易窃听等优异特性，特别适于在强电磁场区域应用，并且即使光纤处于电路短路中，因光纤是绝缘介质，也不会诱发火灾。

4. 光纤的耐水性

虽然石英光纤不溶于水，但会由于吸潮而受到侵蚀，从而降低其机械性能并增加传输损耗。光纤的耐水性取决于材料的质量，水是影响光纤老化特性的重要因素。研究表明，在常规环境下，当使用应力为 125MPa 时，光纤预期的使用寿命可达 10 年以上。采用密封涂覆措施，可使光纤寿命大为提高。

5. 光纤的耐酸碱性

尽管石英本身的化学稳定性比金属材料要好，但石英抗酸碱性能较差。一般而言，几乎所有的玻璃在氟酸和强碱中都会溶解，而对其他酸的耐腐蚀性则较好。

2.6 光纤/光缆的制作及光缆的结构、分类与识别

2.6.1 光纤/光缆的制作

通信用光纤的纤芯和包层都用石英作为基本材料，折射率差通过在纤芯和包层进行不同的掺杂来实现。各种不同的结构、特性参数和折射率分布的光纤，可分别用于不同的场合。

石英光纤/光缆的制作分为四个步骤：预制棒制作、拉丝、套塑、成缆。

首先采用气相沉积法制作预制棒，根据需要设计折射率分布，典型预制棒长 1m，直径 2cm。其次将获得的预制棒使用精密馈送机构以合适的速度送入拉丝炉中加热拉丝，获得裸纤。再次将拉制好的裸纤进行套塑。最后将完成套塑光纤成缆，制成光缆。

1. 预制棒制作

预制棒制作即熔炼过程，是把超纯的化学原料 $SiCl_4$ 和 O_2，经过高温化学反应合成低损耗的优质石英棒（称为光纤预制棒）。熔炼时，一般掺入少量杂质以控制折射率。如锗、磷、硼、氟等。

其化学反应如下：

首先沉积的是包层，其氧化反应化学过程为

$$SiCl_4 + O_2 \xrightarrow{\text{高温}} SiO_2 + 2Cl_2 \uparrow$$

$$2BCl_3 + 3H_2O \xrightarrow{\text{高温}} B_2O_3 + 6HCl \uparrow$$

然后沉积光纤的纤芯，其氧化反应化学过程为

$$SiCl_4 + O_2 \xrightarrow{\text{高温}} SiO_2 + 2Cl_2 \uparrow$$

$$GeCl_4 + O_2 \xrightarrow{\text{高温}} GeO_2 + 2Cl_2 \uparrow$$

其中，SiO_2 是石英，这就是化学合成法。原料 $SiCl_4$ 可以是气化的液体，它比固体容易提纯，故制作超纯石英不宜把固体天然石英提纯而宁可采用化学合成法。生成的 SiO_2 以粉末状沉积在石英坯管内管壁上，遇到高温即融成一层很薄的透明含锗的优质石英。火焰来回移动，管子均匀旋转，一层层的优质石英均匀地沉积在管内。图 2-6-1 给出了改良的化学气相沉积法（modified chemical vapor deposition, MCVD）熔炼工艺示意图。

当沉积的石英层有足够的厚度后，把火焰温度升高到 1700～2000℃，石英管被软化，由于它的表面张力，石英管自动收缩，而将管子的中心孔填没，成为一根用以制作光纤的实心石英棒，称为预制棒。预制棒的芯子是优质石英，用以导光，外表皮由一般石英构成，不作导光用，仅起保护作用。

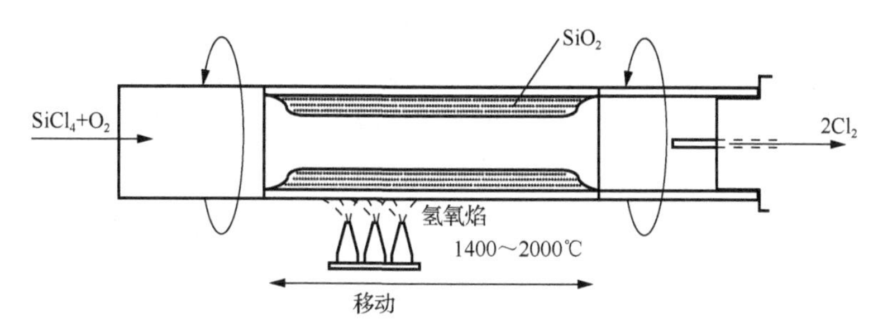

图 2-6-1　MCVD 熔炼工艺示意图

2. 拉丝

拉丝是把较粗的石英预制棒拉成细长的光纤。送料机构以一定的速度均匀地将预制棒送往环状加热炉中加热，当预制棒尖端的黏度下降，依靠自身的重力逐渐下垂变细而成纤维，由牵引辊绕到卷筒上。拉丝装置示意图如图 2-6-2 所示。

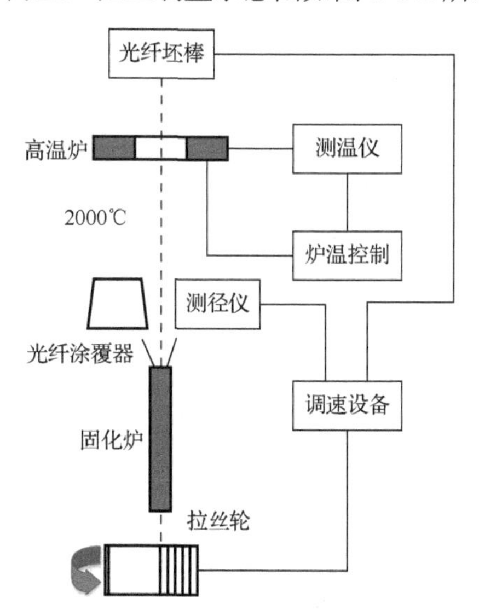

图 2-6-2　拉丝装置示意图

预制棒缓缓送入，高温下被软化，由拉丝轮拉成细丝。为保证光纤包层直径精度，采用激光测径仪检测包层直径，并按照偏差信号反馈控制炉温和拉丝温度等。为保护光纤表面不被外界污染而产生微裂纹，必须在光纤成形后马上涂敷一层保护涂料，并立即固化，最后卷绕在套筒上。

3. 套塑与成缆

为进一步保护光纤，提高光纤的机械强度，一般把带有涂敷层的光纤再套上一层尼龙。光纤的套塑方式有两种：松套结构，光纤可在尼龙管内松动，其涂敷材料一般为环氧树脂，环氧树脂本身的抗水性能不好，因此在松套结构中常填充半流质的油膏（jelly）来提高松套结构的抗水性能；紧套结构，其涂敷材料一般为硅橡胶，外面紧密无间隙地套上一层尼龙，光纤在尼龙管内不能松动。紧套光纤结构简单，操作方便，直接在石英光纤外进行二次、三次涂覆，光纤的纤芯、包层与涂覆层紧密地结合在一起。由于石英光纤是用掺杂材料制成的，所以其物理性能比金属材料稳定得多。但光纤在套塑后，由于套塑原料的膨胀系数较石英大得多，所以在低温时塑料收缩，形成光纤的微弯曲而增加了损耗。可以通过调整套塑材料工艺来改善光纤的温度特性。

套塑后的光纤称为光纤芯线，套塑后要进行筛选，选出机械强度满足要求的芯线进行成缆。光缆成缆方式与电缆基本相似，在这里不做论述。

2.6.2 光缆的结构、分类与识别

1. 光缆的基本结构

光缆的结构包括缆芯、护层和加强芯。

缆芯由光纤的芯数决定，可分为单芯型和多芯型两种。单芯型由单根经过二次涂覆处理后的光纤组成，多芯型由多根经过一次涂覆或者二次涂覆处理后的光纤组成，它又可分为带状结构和单位式结构。目前国内外对二次涂覆主要采用下列两种保护结构：①紧套结构，在光纤与套管之间有一个缓冲层，其目的是减小外力对光纤的作用，缓冲层一般采用硅树脂，二次涂覆用尼龙材料，这种光纤具有结构简单、使用方便的特点；②松套结构，将一次涂覆后的光纤放在一根管子中，管中填充油膏，形成松套结构，这种光纤具有机械性能好、防水性强、便于成缆的优势。

护层主要是对已成缆的光纤芯线起保护作用，避免受外界机械力和环境损坏。护层可分为内护层（多用聚乙烯或聚氯乙烯等）和外护层（多用铝带和聚乙烯组成的外护套加钢丝铠装等）。

加强芯主要承受敷设安装时所加的外力，在光缆中要加一根或多根加强芯，位于中心或分散在四周。加强芯的材料可以用钢丝也可以用非金属的纤维，例如增强塑料等。

2. 光缆的分类

光缆的分类如下：①按传输性能、距离和用途分为市话光缆、长途光缆、海底光缆和用户光缆；②按光纤的种类分为多模光缆、单模光缆；③按光纤套塑方法分为紧套光缆、松套光缆、束管式光缆和带状多芯单元光缆；④按光纤芯数多少分为单芯光缆、双芯光缆、4 芯光缆、6 芯光缆、8 芯光缆、12 芯光缆和 24 芯光缆等；⑤按加强件配置方法分为中心加强构件光缆（如层绞式光缆、骨架式光缆等）、分散加强构件光缆（如束管两侧加强光缆和带状式光缆）、护层加强构件光缆（如束管钢丝铠装光缆）和 PE 外护层加一定数量细钢丝的 PE 细钢丝综合外护层光缆；⑥按敷设方式分为管道光缆、直埋光缆、架空光缆和水底光缆；⑦按护层材料性质分为聚乙烯护层普通光缆、聚氯乙烯护层阻燃光缆和尼龙防蚁防鼠光缆；⑧按结构方式分为扁平结构光缆、层绞式光缆、骨架式光缆、铠装结构光缆（包括单、双层铠装）和高密度用户光缆等。

目前通信用光缆可分为：室（野）外光缆——用于室外直埋、管道、槽道、隧道、

架空及水下敷设的光缆；单芯软光缆——具有优良绕曲性能的可移动光缆；室（局）内光缆——用于室内布放的光缆；设备内光缆——用于设备内布放的光缆；海底光缆——用于跨海洋敷设的光缆；特种光缆——除上述几类之外，作特殊用途的光缆。

下面我们重点看一下典型结构的层绞式光缆、骨架式光缆、束管式光缆、带状式光缆和单芯软光缆。

层绞式光缆是把经过套塑的光纤绕在加强芯周围绞合而成的。层绞式光缆类似传统的电缆结构，故又称之为古典光缆。

图 2-6-3 为目前在市话中继和长途线路上经常采用的几种层绞式光缆结构图。

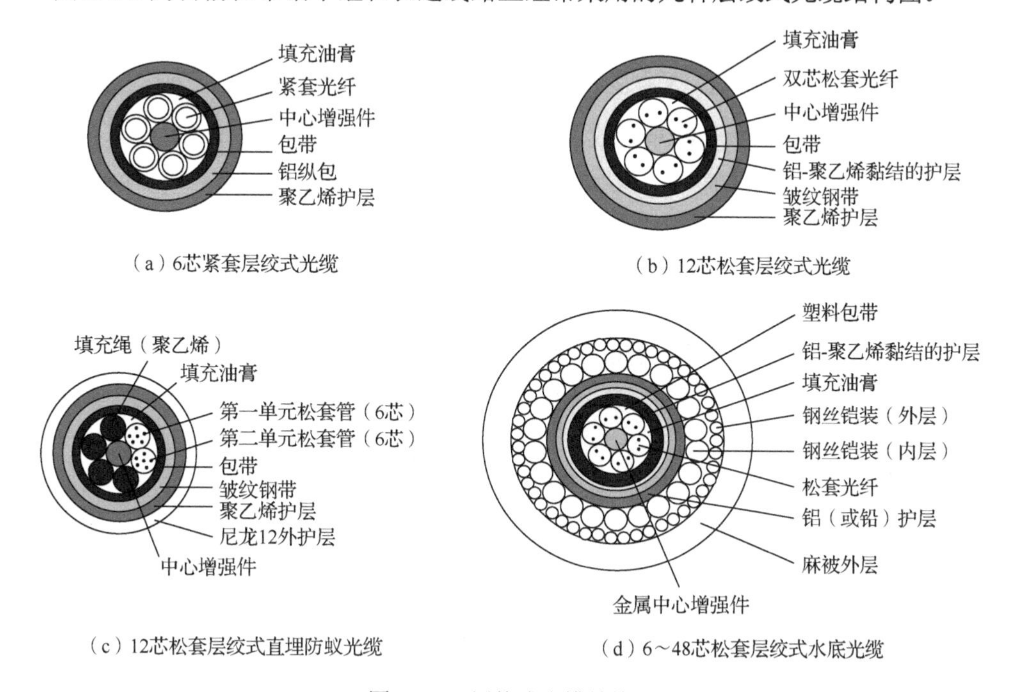

图 2-6-3 层绞式光缆结构图

骨架式光缆是把紧套光纤或一次涂覆光纤放入加强芯周围的螺旋形塑料骨架凹槽内而成的。如图 2-6-4 所示，骨架式光缆有管道/架空和直埋两种结构。

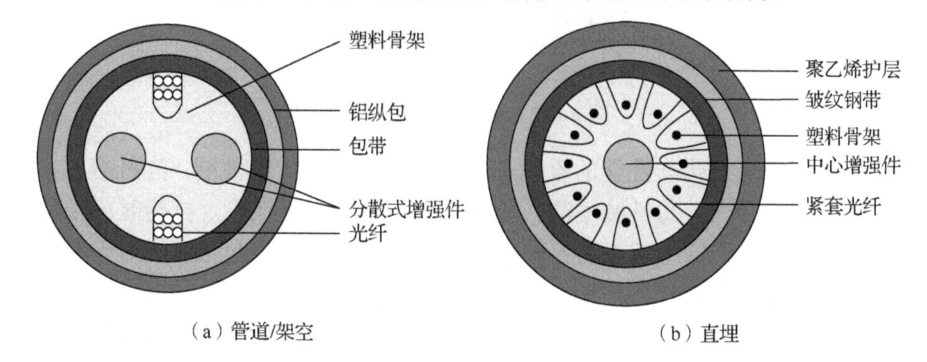

图 2-6-4 骨架式光缆结构图

束管式光缆是把一次涂覆光纤或光纤束放入大套管中，加强芯配置在套管周围而成的。图 2-6-5 所示的光缆结构即属于护层增强构件配制方式。

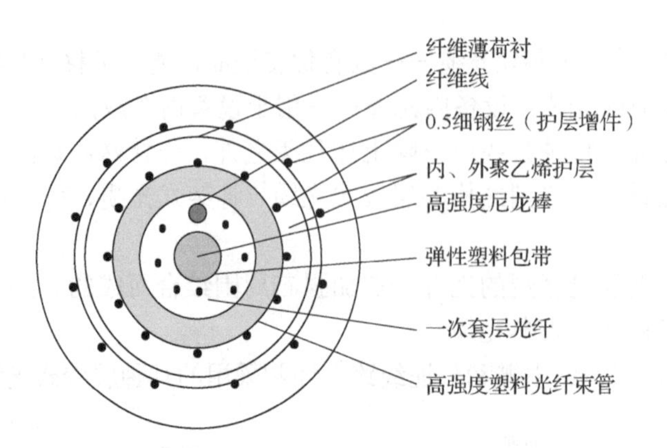

图 2-6-5　束管式光缆结构图

带状式光缆是把带状光纤单元放入大套管中，形成中心束管式结构；也可把带状光纤单元放入凹槽内或松套管内，形成骨架式或层绞式结构。如图 2-6-6 所示。

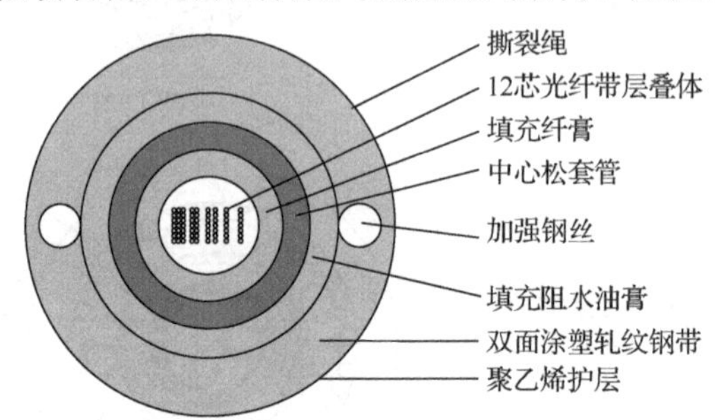

图 2-6-6　带状式光缆结构图

单芯软光缆结构如图 2-6-7 所示。这种结构的光缆主要用于局内（或站内）或用来制作仪表测试软线和特殊通信场所用特种光缆。

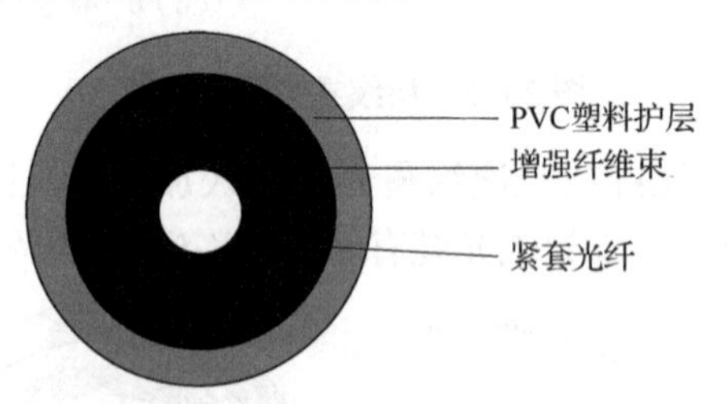

图 2-6-7　单芯软光缆结构图

一般的海底光缆结构与性能的设计基本要求如下：①传输性能，光纤容量、性能满足传输系统的整体要求。②机械性能，能承受在规定水深内敷设、打捞时由于海底光缆浸泡在海水中，自身重量所带来的各种静态或动态负荷时的抗拉强度。对于有中继海底光缆系统，还要考虑海底光中继器的重量。③环境性能，结构具备足够的纵向阻水性能，以保证海底光缆在海底运行中发生故障后待维修期间内海水渗入光缆的长度处于规定数值之内，同时具备足够的使用寿命。④电气性能，对于有中继海底光缆系统，或有其他供电要求的海底光缆，其结构内电导体能够满足传输系统全部中继器所需的工作电流和系统耐电压强度。因此，完整的海底光缆结构设计应该确定（以有中继海底光缆系统用海底光缆为例）：单元光缆段长度；系统供电电压；光缆安装敷设和回收打捞时的最大受力强度；光缆承力结构抗拉强度指标；渗水压力与渗水长度。浅海光缆结构如图 2-6-8 所示。

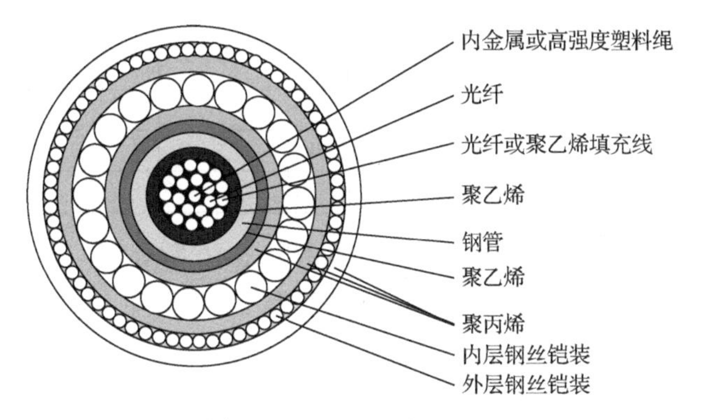

图 2-6-8　浅海光缆结构图

3. 光缆的识别

如何识别光缆型号？光缆型号由它的型式代号和规格代号构成，中间用一短横线分开。光缆型式代号由五个部分组成，如图 2-6-9 所示。

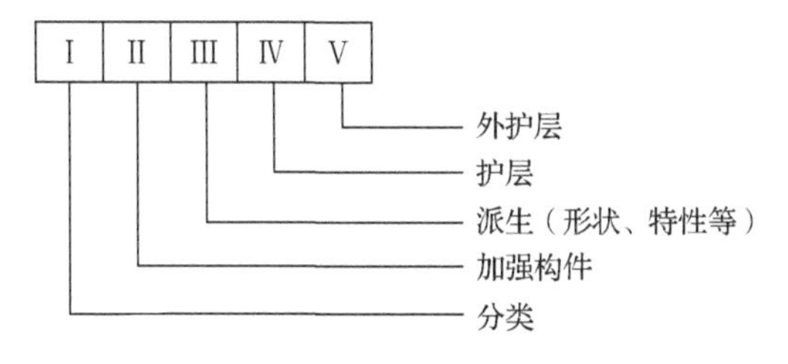

图 2-6-9　光缆型式代号

分类（Ⅰ）代号及其意义：GY——通信用室（野）外光缆；GR——通信用软光缆；GJ——通信用室（局）内光缆；GS——通信用设备内光缆；GH——通信用海底光缆；GT——通信用特殊光缆。

加强构件（Ⅱ）代号及其意义：无符号——金属加强构件；F——非金属加强构件；G——金属重型加强构件；H——非金属重型加强构件。

派生（形状、特性等）（Ⅲ）代号及其意义：D——光纤带状结构；G——骨架槽结构；B——扁平式结构；Z——自承式结构；T——填充式结构。

护层（Ⅳ）代号及其意义：Y——聚乙烯护层；V——聚氯乙烯护层；U——聚氨酯护层；A——铝-聚乙烯黏结的护层；L——铝护套；G——钢护套；Q——铅护套；S——钢-铝-聚乙烯综合护套。

外护层（Ⅴ）代号及其意义为：外护层是指铠装层及其铠装外边的外护层，外护层的代号及其意义如表 2-6-1 所示。

表 2-6-1　外护层代号及其意义

代号	铠装层（方式）	外护层（材料）
0	无	无
2	双钢带	聚氯乙烯套
3	细圆钢丝	聚乙烯套
4	粗圆钢丝	—
5	单钢带皱纹纵包	—

光缆规格代号由五部分七项内容组成，如图 2-6-10 所示。

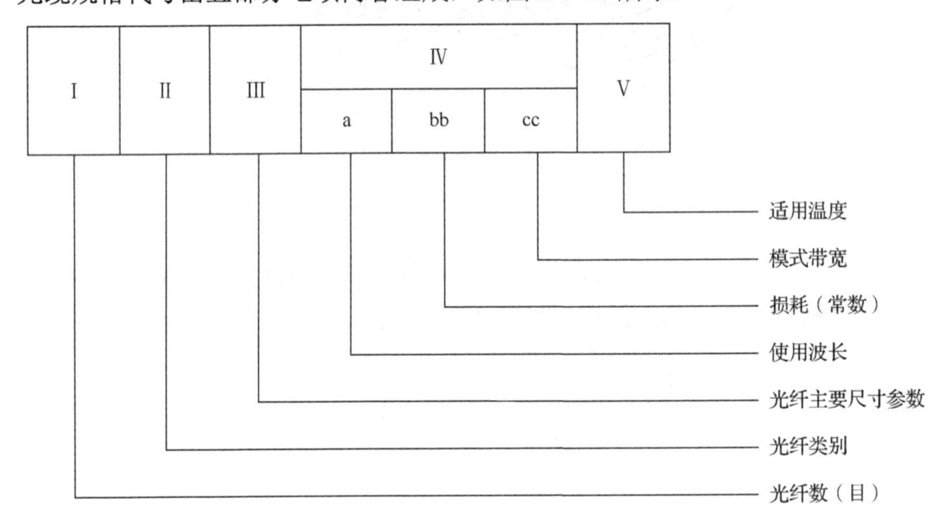

图 2-6-10　光缆规格代号

光纤数（目）（Ⅰ）用 1,2,…表示光缆内光纤的实际数目。光纤类别（Ⅱ）的代号及其意义：J——二氧化硅系多模渐变型光纤；T——二氧化硅系多模突变型光纤；Z——二氧化硅系多模准突变型光纤；D——二氧化硅系单模光纤；X——二氧化硅纤芯塑料包层光纤；S——塑料光纤。光纤主要尺寸参数（Ⅲ），用阿拉伯数（含小数点数）及以 μm 为单位表示多模光纤的纤芯直径及包层直径，单模光纤的模场直径及包层直径。使用波长、损耗（常数）、模式带宽（Ⅳ）表示光纤传输特性的代号，由 a、bb 及 cc 三组数字代号构成。a——使用波长的代号（1 表示波长在 850nm 区域；2 表示波长在 1310nm 区域；3 表示波长在 1550nm 区域。注意，同一光缆适用于两种及以上波长，并具有不同传输特性时，应同时列出各波长上的规格代号，并用“/”划开）；bb——损耗（常数）的代号，两位数字依次为光缆中光纤损耗常数值（dB/km）的个位和十位；cc——模式带宽的代号，两位数字依次为光缆中光纤模式带宽分类数值（MHz·km）的千位和百位，单模光纤无此项。适用温度（Ⅴ）代号及其意义：A——适用于−40～+40℃；B——适用于−30～+50℃；C——适用于−20～+60℃；D——适用于−5～+60℃。

光缆中还附加金属导线（对、组）编号，如图 2-6-11 所示。其符合有关电缆标准中导电线芯规格构成的规定。

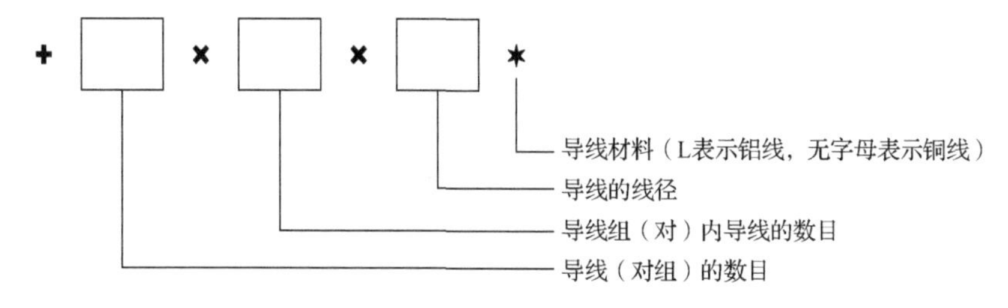

图 2-6-11　光缆中附加金属导线编号示意图

例如，2 个线径为 0.5mm 的铜导线单线可写成 2×1×0.5；4 个线径为 0.9mm 的铝导线四线组可写成 4×4×0.9L；4 个内导体直径为 2.6mm，外径为 9.5mm 的同轴对，可写成 4×2.6/9.5。

光缆型号例题：已知光缆的型号为：GYGZL03-12T50/125（21008）C+5×4×0.9 识别此光缆。

根据光缆型式代号、规格代号可识别此光缆：有金属重型加强构件、自承式、铝护套和聚乙烯护层的通信用室外光缆，包括 12 根纤芯直径/包层直径为 50/125μm 的二氧化硅系列多模突变型光纤和 5 根用于远供及监测的铜线径为 0.9mm 的四线组，且在 1310nm 波长上，光纤的损耗常数不大于 1.0dB/km，模式带宽不小于 800MHz·km，光缆的适用温度范围为−20～+60℃。

■ 习题

1. 简述光纤的结构与分类。
2. 试从物理结构和传输模式等方面简述单模光纤和多模光纤的区别。
3. 光纤的 NA 定义是什么？其物理意义是什么？
4. 光纤损耗有哪几种？哪些属于固有不可避免的损耗？哪些损耗可以通过工艺和材料的改进得以降低？
5. 光纤中的色散是怎样产生的？在什么条件下可以使光纤色散为零？
6. 试分析体介质材料中的色散与光纤中的色散的异同。

第3章

光纤通信中的无源器件

一个完整的光纤通信系统，除光纤、光源和光电探测器外，还需要许多其他光器件，特别是无源器件。这些器件对于光纤通信系统的构成、功能的扩展或性能的提高，都是不可缺少的。虽然对各种器件的特性有不同的要求，但是普遍要求插入损耗小、反射损耗大、工作温度范围宽、性能稳定、寿命长、体积小、价格便宜，许多器件还要求便于集成。本章主要介绍光纤无源器件的类型、原理及其主要性能。

光纤无源器件：不发光、不进行光/电转换的光纤器件。包括三类：分立光学元件组合器件（如早期采用的棒透镜、反射镜、棱镜等）；全光纤结构器件［如常用的光纤光栅，光纤耦合器（coupler)］；光波导型器件，主要用于集成光学。

本章将分别介绍光纤连接器、光纤耦合器、光纤隔离器与光环行器、可调谐滤波器、光开关、光衰减器、光纤光栅。

3.1 光纤连接器

光纤连接器是把两个光纤端面结合在一起，使发射光纤输出的光能量可以最大限度耦合到另外接收光纤的器件。光纤连接器件是光纤通信领域最基本、应用最广泛的无源器件。常用连接器类型：按其可拆性，可分为固定接头和活动连接器；按连接的光纤数量，可分为单芯连接器和多芯连接器；按光纤/光缆种类，可分为多模光纤/光缆连接器和单模光纤/光缆连接器；按光路原理，可分为近场型连接器和远场型平行光路连接器；按应用场合，可分为常用单芯光缆连接器和各种专用光缆连接器，如野战光缆连接器、舰船光缆连接器、水密光缆连接器、海底光缆连接器、航空光缆连接器、航天脱落连接器及旋转连接器等。

下面主要介绍光纤连接器，包括它的基本结构、核心部件、组成部分、端面形状和评价指标；简单介绍几种固定连接器。

3.1.1 光纤连接器的基本结构

光纤连接器（connector）是实现光纤与光纤之间可拆卸活动连接的器件，主要用于光纤线路与光发射机输出或光接收机输入之间，或光纤线路与其他无源器件之间的连接。国际电信联盟将光纤连接器定义为“用以稳定地、但不是永久地连接两根或多根光纤的无源组件”。光纤连接器应满足如下条件：①连接损耗要小，目前各种不同结构的单模光纤连接器的插入损耗为 0.5dB 左右；②装、拆方便；③稳定性好，连接后，插入损耗随时间、环境的变化不大；④重复性好，一般要求重复使用次数大于 1000 次；⑤互换性好，要求同一种型号的光纤连接器可以互换；⑥体积小、成本低。

下面来看一下光纤连接器的基本结构。连接器基本上是采用某种机械和光学结构，使两根光纤的纤芯对准，保证 90%以上的光能够通过。目前有代表性并且正在使用的结构有以下几种。

1. 套管结构

这种连接器由插针和套筒组成。插针为一精密套管，光纤固定在插针里面。套筒也是一个加工精密的套管，有开口和不开口两种，两个插针在套筒中对接并保证两根光纤的对准。其原理是：以插针的外圆柱面为基准面，插针与套筒之间为紧配合。当光纤纤芯对外圆柱面的同轴度、插针的外圆柱面和端面及套筒的内孔加工得非常精密时，两根插针在套筒中对接，就实现了两根光纤的对准。

这种结构设计合理，加工技术能够达到要求的精度，因而得到了广泛应用。螺纹连接器（ferrule connector, FC）、方型连接器（square connector, SC）、直通式（straight tip, ST）光纤连接器、朗讯连接器（Lucent connector, LC）等型号的连接器均采用这种结构。图 3-1-1 为套管结构的示意图。

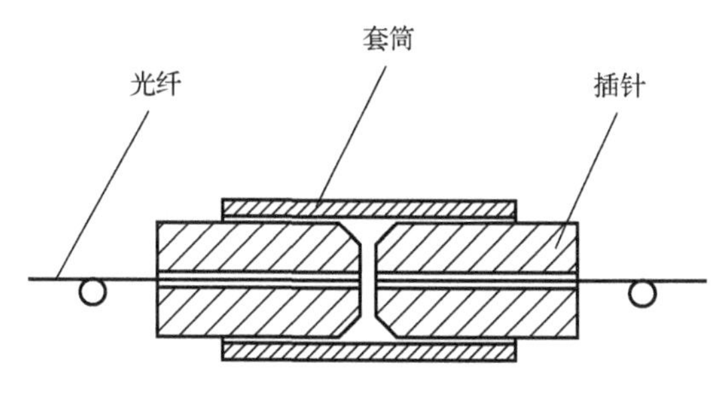

图 3-1-1 套管结构

2. 双锥结构

这种连接器的特点是利用锥面定位。插针的外端面加工成圆锥面，基座的内孔也加工成双圆锥面。两个插针插入基座的内孔实现纤芯的对接。插针和基座的加工精度极高，锥面与锥面的结合既要保证纤芯的对中，还要保证光纤端面间的间距恰好符合要求。它的插针和基座采用聚合物模压成型，精度和一致性都很好。

这种结构，由美国电话电报公司（American Telephone & Telegraph, AT&T）创立和采用。图 3-1-2 为双锥结构的示意图。

3. V 形槽结构

这种连接器的对中原理是将两个插针放入 V 形槽基座中，再用盖板将插针压紧，使纤芯对准。这种结构可以达到较高的精度，其缺点是结构复杂、零件数量偏多。目前只有荷兰采用这种结构。图 3-1-3 为 V 形槽结构的示意图。

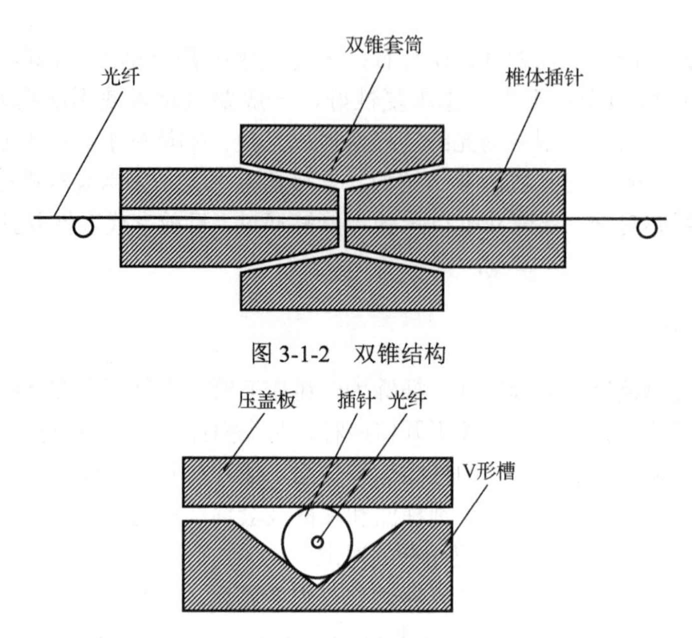

图 3-1-2 双锥结构

图 3-1-3 V 形槽结构

4. 球面定心结构

这种结构由两部分组成，一部分是装有精密钢球的基座，另一部分是装有圆锥面的插针。钢球开有一个通孔，通孔的内径比插针的外径大。当两根插针插入基座时，球面钢球插针、带圆锥面的插针与锥面接合将纤芯对准，并保证纤芯之间的间距控制在要求的范围内。这种设计思想是巧妙的，但零件形状复杂，加工调整难度大。目前只有法国采用这种结构。图 3-1-4 为球面定心结构示意图。

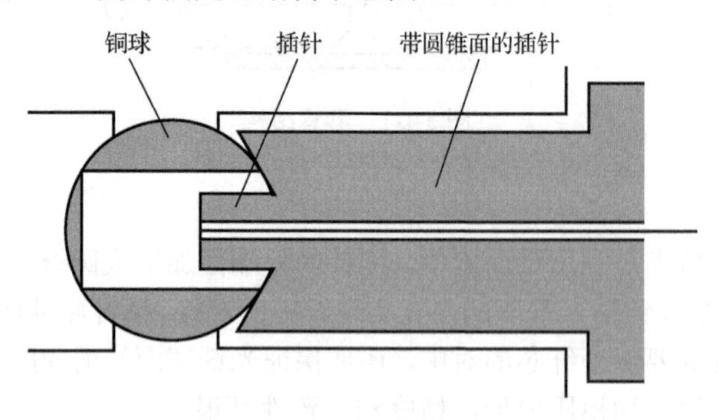

图 3-1-4 球面定心结构

5. 透镜耦合结构

透镜耦合又称远场耦合，它分为球透镜耦合和自聚焦透镜耦合两种。

这种结构通过透镜来实现光纤的对中。用透镜将一根光纤的出射光变成平行光，再由另一透镜将平行光聚焦并导入另一光纤。

这种结构的优点是降低了对机械加工的精度要求，使耦合更容易实现。缺点是结构复杂、体积大、调整元件多、接续损耗大。在光纤通信中，尤其是在干线中很少采用这类连接器，但在某些特殊的场合，如在野战通信中仍有应用。透镜在各种耦合中的作用更不能忽视，它是光纤与其他无源器件和半导体器件进行耦合的桥梁。

以上五种对中结构，各有优缺点。但从结构设计的合理性、批量加工的可行性及实用效果来看，套管结构具有明显的优势，目前采用得最为广泛，是连接器发展的主流。我国多采用精密套管这种结构制成连接器。

下面主要针对套管结构来进行分析。

3.1.2　光纤连接器的核心部件

最为常用的光纤连接器是套管结构，套管结构的核心部件是插针和套筒。

1. 插针

插针是一个带有微孔的精密圆柱体。插针的结构如图 3-1-5 所示。

插针的主要尺寸为：①外径，$\phi(2.499 \pm 0.0005)$mm；②外径不圆度，小于 0.0005mm；③微孔直径，$\phi125_{-0}^{+1}\mu m$ 或 $\phi126_{-0}^{+1}\mu m$、$\phi127_{-0}^{+1}\mu m$；④微孔偏心量，小于 1μm；⑤微孔深度，4mm 或 10mm；⑥插针外圆柱面光洁度，∇14；⑦端面形状为球面，曲率半径为 20～60mm。

插针的材料有不锈钢、不锈钢镶陶瓷、全陶瓷、玻璃和塑料几种。现在用得最多的是全陶瓷。全陶瓷插针材料具有极好的温度稳定性、耐磨性和抗腐蚀能力，选用这类材料制作插针是很合适的。陶瓷插针问世之后，受到了工程技术人员的极大欢迎。这种插针在光纤通信、光传感器方面的应用日益广泛，特别是在干线系统中，基本上均使用陶瓷插针。

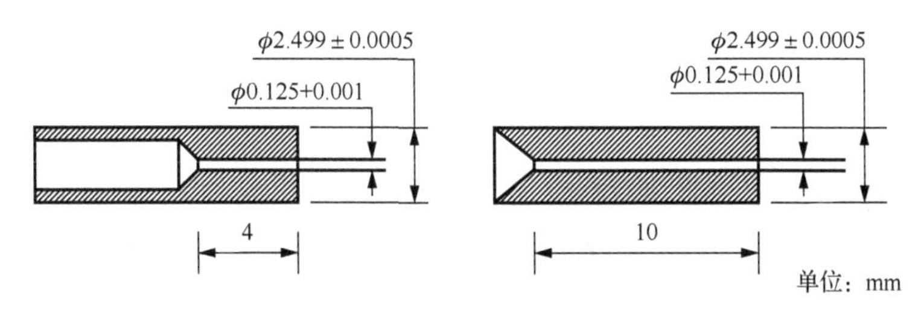

图 3-1-5　插针结构

插针和光纤相结合成为插针体。插针体的制作是将选配好的光纤插入微孔之中，用胶固定后，再加工其端面。光纤的几何尺寸必须达到下述要求：①光纤外径比微孔小 0.0005mm；②光纤纤芯的不同轴度小于 0.0005mm。

插针、光纤及两者的选配对连接器的质量影响极大，是连接器制作的关键之一。

2. 套筒

套筒是与插针同样重要的零件，它有两种结构：开口套筒、不开口套筒。图 3-1-6 为开口套筒。开口套筒在连接器中使用最为普遍，其主要尺寸为：①外径，$\phi3.2_{-0.02}^{+0}$mm；②内径，$\phi2.5_{-0.007}^{-0.002}$mm；③内孔光洁度，∇14；④弹性形变，小于 0.0005mm。

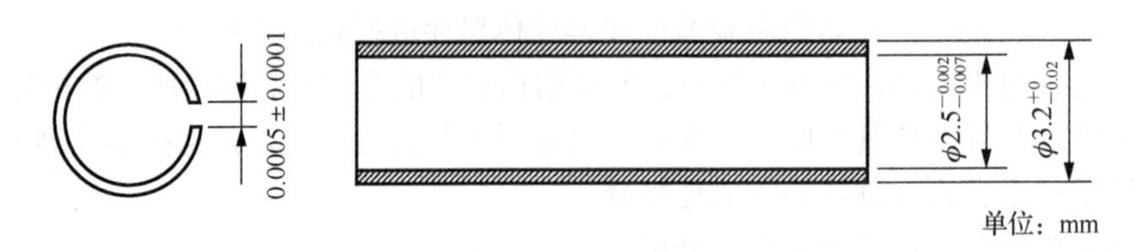

图 3-1-6 开口套筒

开口套筒要用弹性好的材料（如磷青铜、铍青铜和二氧化锆陶瓷）制作，当插针插入套筒之后，套筒对插针的夹持力应保持恒定。这三种材料制作的套筒都在应用，我国使用铍青铜制作的套筒居多。

不开口套筒在连接器中应用较少，在光纤与有源器件的连接中应用较多。近年来，插针的外径在向小的方向变化。外径ϕ1.87mm、ϕ1mm 甚至ϕ0.5mm 的插针已经出现。这为制造体积更小的连接器创造了条件，也为光纤通信向密集化方向发展提供了可能。可以预期，体积更小、密集程度更高的连接器将不断出现。套管和插针的材料一般可以用铜或不锈钢，但插针材料用二氧化锆（ZrO_2）陶瓷最理想。

3.1.3 光纤连接器的组成部分

尽管光纤连接器在结构上千差万别，品种上多种多样，但按其功能可以分为如下几部分：连接器、跳线、转换器、裸光纤连接器、变换器。这些部件可以单独作为器件使用，也可以结合在一起成为组件使用。在我国，一套光纤连接器习惯上是指两个连接器插头加一个转换器。

1. 连接器

由插针体（即装配好光纤的插针）和若干外部零件组成。使光纤在转换器或变换器中完成插拔功能的部件称为插头。两个插头在插入转换器或变换器后可以实现光纤之间的对接。

在我国用得最多的是 FC，它是干线系统中采用的主要型号，在今后较长一段时间内仍将是主要品种。随着光纤局域网、有线电视网和用户网的发展，SC 也将逐步推广使用。SC 使用方便、价格低廉，可以密集安装，应用前景更为广阔。

FC 是一种常用的螺纹连接，外部零件采用金属材料制作。它是我国采用的主要品种。我国已制定了 FC 的国家标准。它具有较强的抗拉强度，能适应各种工程的要求。

SC 由日本电报电话公司（Nippon Telegraph & Telephone, NTT）研制，矩形插拔式，现在已经被国际电工委员会确定为国际标准器件。它的插针、套筒与 FC 完全一样。外壳采用工程塑料制作，采用矩形结构，便于密集安装。其不用螺纹连接、可以直接插拔，操作空间小，使用方便，抗压强度较高，安装密度高，可以做成多芯连接器。

单芯光缆连接器除了 FC、SC 外还有很多种，例如 ST、双锥连接器（biconic connector, BC）、超小 A 型（sub miniature A, SMA）、LC 等。

表 3-1-1 对各种连接器尺寸、型号、连接方式和开发商进行了比较。

表 3-1-1　单芯光缆连接器种类

型号	插头直径/mm	连接方式	最早的开发商
FC	ϕ2.5	螺纹式	日本 NTT
ST	ϕ2.5	卡口式	美国 AT&T
SC	ϕ2.5	插拔式	日本 NTT
BC	双锥形	螺纹式	美国 AT&T
SMA	ϕ3.18	螺纹式	美国 Amphenol
LC	ϕ1.25	闩锁式	美国贝尔实验室

2. 跳线

将一根光纤的两头都装上插头，称为跳线。连接器插头是其特殊情况，即只在光纤的一头装有插头。

在工程上及仪表中，大量使用着各种型号、规格的跳线。跳线可以是单芯的，也可以是多芯的。

实际使用情况非常复杂，因而跳线的规格也多种多样。在选择跳线时，至少有下述几个参数需要明确。

插头型号——跳线两头的型号可以相同，也可以不同。

光纤型号——如单模光纤、多模光纤、色散位移光纤、保偏光纤等。

光纤纤芯直径——如 ϕ9μm 、ϕ14μm 、ϕ50μm 、ϕ62.5μm 等。

光纤芯数——如单芯、双芯、四芯等。

光缆型号——如塑料光缆、涂覆光纤、带状光缆等。

光缆外径——如 ϕ3.5mm 、ϕ3mm 、ϕ2.5mm 、ϕ2mm 、ϕ0.9mm 等。

光缆长度——如 0.5m、1m 等。

插头数——一头装插头，一头不装插头；两头各装一个插头。

插入损耗——如<0.5dB、<0.3dB 等。

后向反射损耗——如>40dB、>50dB、>60dB 等。

插针材料——如陶瓷、玻璃、不锈钢、塑料等。

插针端面形状——如平面、球面、斜球面。

套筒材料——如磷青铜、铍青铜、陶瓷等。

根据上述各种参数，确定所需要的跳线规格才能保证使用要求，避免不必要的损失。

3. 转换器

把光纤插头连接在一起，从而使光纤接通的器件称为转换器。转换器俗称插座或法兰盘。

转换器可以连接同型号的插头，例如 FC-FC、SC-SC、ST-ST 等也可以连接不同型号的插头，FC-SC、FC-ST、SC-ST；可以连接一对插头，也可以连接几对插头或多芯插头。

4. 裸光纤连接器

将裸光纤与光源、光电探测器及各类光仪表进行连接的器件，称为裸光纤连接器。裸光纤与裸光纤连接器彼此是可以结合或分离的。使用时，将裸光纤穿于连接器中，处理好光纤端面，就可以与有源器件或光仪表连接了。用完后，也可以将裸光纤抽出，再作他用。

这种器件在光纤测试、光仪表及光纤之间的临时连接中具有广泛的用途。

5. 变换器

将某一型号的插头变换成另一型号插头的器件叫做变换器。该器件由两部分组成，其中一半为某一型号的转换器，另一半为其他型号的插头。

对于 FC、SC、ST 三种连接器，应具有下述 6 种变换器：SC→FC（将 SC 插头变换成 FC 插头）；ST→FC（将 ST 插头变换成 FC 插头）；FC→SC（将 FC 插头变换成 SC 插头）；FC→ST（将 FC 插头变换成 ST 插头）；SC→ST（将 SC 插头变换成 ST 插头）；ST→SC（将 ST 插头变换成 SC 插头）。除此之外，FC 与 SMA、FC 与 LC 等都可以做成变换器。这些类型的变换器在我国用得较少，不再叙述。

3.1.4 光纤连接器的端面形状

光纤连接器的端面可以分为紧密接角（physical contact, PC）、超紧密接角（super physical contact, SPC）、超巨紧密接角（ultra physical contact, UPC）。PC、SPC 和 UPC 工业标准规定的后向反射损耗分别为-35dB、-40dB 和-50dB，后向反射损耗是指有多少比例的光又被连接器的端面反射。后向反射损耗越小越好，也可以说后向反射损耗的值越大越好，不考虑前面那个负号。不同的连接器原则上不能混接，但 PC、SPC 和 UPC 的光纤端面都是平面的，差别在端面磨抛的质量，因此 PC、SPC 和 UPC 的混连还不至于对连接器形成永久性的物理损伤。

角度紧密接角（angled physical contact, APC）则完全不同，它的端面被磨成一个 8°角，就是减少反射，其工业标准的后向反射损耗为-60dB。APC 连接器只能与 APC 相连接。由于 APC 的结构与 PC 完全不同，如果用法兰盘将这两种连接器连接，就会损坏连接器的光纤端面。连接 APC 到 PC 的办法：通过 PC 到 APC 转换的光纤跳线来实现。另外要说明的是 APC 连接器通常是绿色的，而黄色的光纤则只是单模光纤，并且人眼就能看到光纤端面的倾斜。

表 3-1-2 给出了单芯光缆连接器的后向反射损耗、端面类型的比较。

表 3-1-2 单芯光缆连接器的后向反射损耗、端面类型的比较

代号	端面研磨抛光情况	后向反射损耗/dB
PC	微凸球面	≥30
SPC	球面半径约 20mm	≥40
UPC	球面半径约 13mm	≥50
APC	斜面 8°，微凸球面	≥60

3.1.5　光纤连接器的评价指标

我们在使用的时候希望光纤连接器的插入损耗越小越好，后向反射损耗值越大越好，多次插拔后插入损耗的变化小于 0.1dB。表 3-1-3 给出了各种光纤连接器的一般性能。

表 3-1-3　光纤连接器的一般性能

结构和特性		类型				
		FC/PC	FC/APC	SC/PC	SC/APC	ST/PC
结构特点	插针套管（包括光纤）端面形状	凸球面	8°斜面	凸球面	8°斜面	凸球面
	连接方式	螺纹	螺纹	轴向插拔	轴向插拔	卡口
	连接器形状	圆形	圆形	矩形	矩形	圆形
性能指标	平均插入损耗/dB	≤0.2	≤0.3	≤0.3	≤0.3	≤0.2
	最大插入损耗/dB	0.3	0.5	0.5	0.5	0.3
	重复使用损耗/dB	≤±0.1	≤±0.1	≤±0.1	≤±0.1	≤±0.1
	互换使用损耗/dB	≤±0.1	≤±0.1	≤±0.1	≤±0.1	≤±0.1
	后向反射损耗/dB	≥40	≥60	≥40	≥60	≥40
	插拔次数	≥1000	≥1000	≥1000	≥1000	≥1000
	适用温度范围/℃	−40～+80	−40～+80	−40～+80	−40～+80	−40～+80
用途		长距离干线网、用户网或局域网	长距离干线网、高速率数字系统或模拟视频系统	用户网或局域网	用户网或局域网	用户网或局域网

以上的连接器均为单纤连接器，光纤连接器还有多纤的，例如收发一体的方形光纤连接器、多光纤插拔型光纤连接器。多纤连接器是用压模塑料形成的高精度套管和矩形外壳，配合陶瓷插针构成的，这种方法可以做成 2 纤或 4 纤连接器。另外还有一种多纤连接器是把光纤固定在用硅晶片制成的精密 V 形槽内，然后多片叠加并配合适当外壳。这种多纤连接器配合高密度带状光缆，适用于接入网或局域网的连接。

3.1.6　光纤固定连接器

光纤的连接除了可以采用上述的光纤连接器进行活动连接之外，也可采用固定连接。光纤固定连接器也被称作固定接头，用于实现光纤与光纤之间的永久性或者固定连接，主要用于光纤线路的构成，通常在工程现场实施。对于实现固定连接的接头，国内外大多借助专用自动熔接机在现场进行热熔接，也可以用 V 形槽连接。热熔接的接头平均损耗达 0.05dB/个。光纤的固定接头方法有熔接法、V 形槽法和套管法。

熔接法是使光纤的端面加热并熔接在一起，熔接之前需要对光纤进行预处理，熔接之后对光纤熔接部分进行增强保护。常用专门的仪器进行熔接，比如进口的藤仓熔接机、国产的吉隆光纤熔接机等。

V形槽法是采用V形槽使光纤准直连接，主要用于光纤测试、实验和施工中光纤和光纤的固定耦合连接，具有结构简单、可靠，操作方便的特点。

套管法是采用弹性紧套管、精密孔套管或松套管使光纤准直连接。

3.2 光纤耦合器

3.2.1 耦合器的定义及分类

耦合器是使光信号能量实现分路 / 合路的器件。一般耦合器是对同一波长的光功率进行分路或合路，因此耦合器又称为分路器、合路器或双工器。它是使用量仅次于连接器的又一类重要的无源器件。耦合器作用：把一个输入的光信号分配给多个输出，或把多个输入的光信号组合成一个输出。

光纤耦合器是耦合器的形式之一，耦合器除了光纤耦合器之外还有分立元件耦合器、波导型耦合器、薄膜型耦合器。

（1）分立元件耦合器，又称微光器件，是一种组合型结构。它们由光纤与自聚焦透镜、棱镜、滤波器等各种微小光学零件组成光路，其基本的光路是由光纤与两个1/4节距的自聚焦透镜组成的具有扩束/聚焦功能的平行光路。在两个1/4节距的自聚焦透镜之间，根据功能要求设置有关微型光学元件，实现光束不同比例的耦合。

（2）波导型耦合器，又称光子集成器件，采用的是平面波导结构。其核心的光路是采用集成光学工艺根据功能要求而制成的各种平面光波导，有的还要在一定的位置上沉积电极，然后光波导再与光纤或光纤阵列耦合，实现光束的耦合。

（3）薄膜型耦合器，主要用于波分复用器制作，实现不同波长之间的能量耦合。其中干涉膜型波分复用器采用的是由多层介质膜镀制成的截止滤波片或带通滤波片，如1310/1550nm的波分复用器用的是长波通和带通滤波膜，采用的膜料大多是 SiO_2 和 TiO_2。当多层介质膜为超窄带滤波膜时，即可构成密集型波分复用器，复用间隔可小至1nm。这种滤波片是在多腔微离子体条件下制备的高稳定带通滤波片，其波长随温度变化小于0.004nm/℃。

图3-2-1给出常用的几种耦合器的类型，它们各具不同的功能和用途。

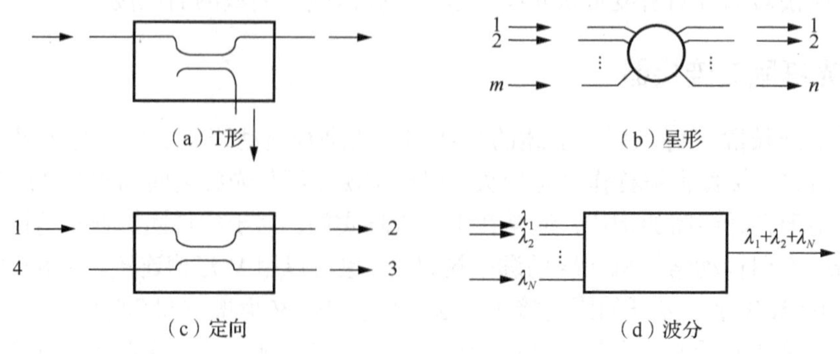

（a）T形　（b）星形　（c）定向　（d）波分

图3-2-1 耦合器的类型

T 形耦合器是一种 1×2 的 3 端耦合器，如图 3-2-1（a）所示，其功能是把一根光纤输入的光信号按一定比例分配给两根光纤，或把两根光纤输入的光信号组合在一起，输入一根光纤。

星形耦合器是一种 $m\times n$ 形耦合器，如图 3-2-1（b）所示，其功能是把 m 根光纤输入的光功率组合在一起，均匀地分配给 m 根光纤，m 和 n 不一定相等。这种耦合器通常用作多端功率分配器。

定向耦合器是一种 2×2 的 3 端或 4 端耦合器，其功能是分别取出光纤中向不同方向传输的光信号。如图 3-2-1（c）所示，光信号从端 1 传输到端 2，一部分由端 3 输出，端 4 无输出；光信号从端 2 传输到端 1，一部分由端 4 输出，端 3 无输出。定向耦合器可用作分路器，不能用作合路器。

波分复用器也是耦合器的一种，如图 3-2-1（d）所示，不同波长的光由左侧输入，耦合进一根光纤，从右侧输出。当不同波长的光由右侧反向输入时，波分复用器能够起到分波的作用，即解复用器。

根据光路可逆原理，以上四种耦合器均可反向输入。

3.2.2　光纤耦合器的结构

光纤耦合器的结构有许多种类型，图 3-2-2 为三种有代表性器件的基本结构。图 3-2-2（a）和（b）分别给出单模光纤 2×2 定向耦合器和单模光纤 8×8 星形耦合器的结构。单模光纤星形耦合器的端数受到一定限制，制作工艺要求苛刻。通常可以用 2×2 定向耦合器组成 $m\times n$ 星形耦合器，图 3-2-2（c）为由 12 个 2×2 定向耦合器组成的级联结构 8×8 星形耦合器。其中 2×2 定向耦合器的制作工艺最为成熟，因此由 2×2 定向耦合器搭建的级联结构较直接制作的 $m\times n$ 星形耦合器更为常用。

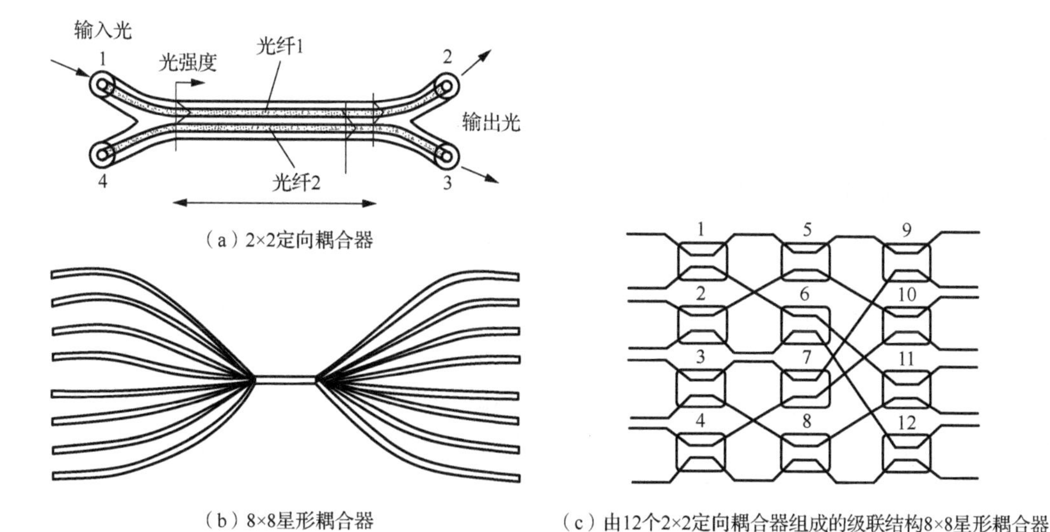

（a）2×2定向耦合器

（b）8×8星形耦合器

（c）由12个2×2定向耦合器组成的级联结构8×8星形耦合器

图 3-2-2　三种光纤耦合器的基本结构

3.2.3 光纤耦合器的传光原理

图 3-2-2（a）所示 2×2 定向耦合器也可以制成波分复用/解复用器。图 3-2-3 中光纤 1 作为直通臂，输出光功率为 P_1，作为耦合臂光纤 2 的输出光功率为 P_2，根据耦合理论得到

$$\begin{cases} P_1 = \cos^2(C\lambda z) \\ P_2 = \sin^2(C\lambda z) \end{cases} \tag{3-2-1}$$

这是对称型光纤耦合器常用的耦合公式。其中 C 为耦合系数，与直通臂、耦合臂之间的耦合程度有关，耦合器封装制作之后不再改变，是一个常数；耦合器输出光功率同时与波长 λ、耦合长度 z 有关。耦合器输出光功率 P_1、P_2 的归一化曲线利用计算机模拟功率耦合曲线如图 3-2-3 所示。

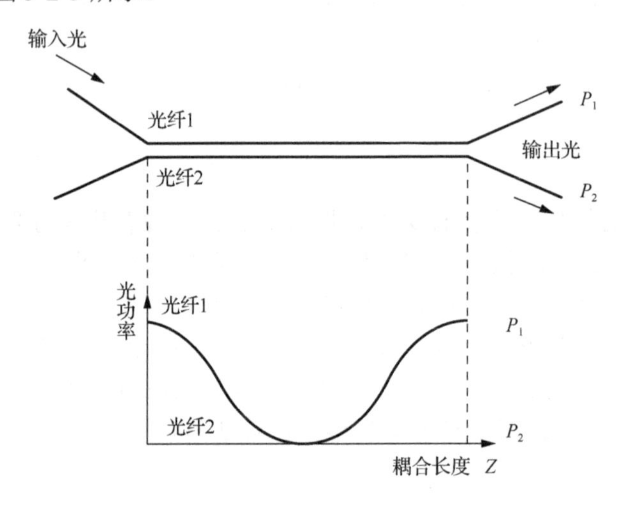

图 3-2-3　光纤耦合器功率耦合曲线

3.2.4 光纤耦合器的制作

熔融拉锥法制作光纤耦合器，是将打结或平行放置的两根或两根以上同质光纤除去涂覆层，在高温加热下熔融，同时向两侧拉伸，最终在加热区形成双锥形式的特殊波导结构，实现传输光功率耦合，得到按一定比例分光的光束耦合器件。

常用的加热源是氢氧焰或甲烷、丁烷，也有采用电加热、红外光加热的报道；加热源有的采用固定式，有的采用可移动式（如火焰刷加热）。这些方法可以用计算机较精确地控制各种过程参量，并随时监控光纤输出端口的光功率变化，从而实现制作各种器件的目的。若按加热方式分类，可分为直接加热法、间接加热法及介于两者之间的所谓部分直接加热法三种方式。直接加热法是使用可燃气体在燃烧器中燃烧形成的火焰直接加热光纤，在加热过程中，燃烧器可以固定也可来回移动。这种加热方式的优点在于热量的利用率高，加热速度快，装置较简单。缺点是：由于熔拉过程中喷灯火焰与光纤熔拉区直接接触，软化后的光纤易受火焰的冲击而产生形变，且光纤的热熔状态难以控制；熔区外径难以达到给定的设计值，影响成品率；对室内的洁净条件要求高等。间接加热法是让火焰对套在光纤外的石英管或陶瓷管加热，光纤通过受热石英管或陶瓷管的辐射

热来熔融，此法可以克服直接加热法的缺点，但须提高加热温度，增设石英管及相应的转动装置。部分直接加热法是让单喷灯火焰在开槽石英管内对光纤耦合区进行加热，与常用的单喷灯直接加热方式相比，其热场的均匀性得到改善，由于石英管壁对热气流压力的反作用和热气流流向的对称性，避免了火焰喷力对器件熔锥区形变的不利影响。

入射的光功率在这个双锥体结构的耦合区发生功率再分配，一部分光功率从“直通臂”继续传输，另一部分光从“耦合臂”传输到另一光路，实现光功率的耦合，同时由于光在耦合过程中，耦合系数对波长是敏感的，所以还可以利用熔融拉锥（fused biconical taper, FBT）技术来制造高隔离度的波分复用器和滤波器等光纤通信系统中所需的重要无源器件。FBT 工作台主要的制造商集中在美国的硅谷地区及日本、韩国等发达国家，目前我国也有了 FBT 工作台的供应商，这些 FBT 工作台制造耦合器均采用人工清洁、人工打结的方法，所以成品率依赖于操作者的技术熟练程度。美国的某光纤通信协会已经研制出自动清洁、自动打结的 FBT 工作台，这将大大地提高 FBT 产品的成品率。

3.3　光纤隔离器与光环行器

依据几何光学的知识，光路是可逆的。但在光纤通信系统中，光路可逆特性将给信息的传输、系统性能的稳定性带来很大的影响。例如，对于作为光源的 LD，若对外界的反射光不加以阻隔，将破坏 LD 的工作稳定性，使光纤通信系统产生误码；在光放大器（如掺铒光纤放大器、半导体光放大器）中，由于光放大器的高增益，来自连接点、熔接点、光器件端面等的反射极易产生激光振荡，降低光放大器的工作性能；在环形腔激光器中，对其中一路光振荡进行隔离，可实现激光器的单向激射，获得高功率激光输出。因此，需要用光隔离来实现光的单向传输，或者利用光环行器使光按照指定的路径进行传输。

3.3.1　光纤隔离器的功能与工作原理

隔离器是保证光信号只能正向传输的器件，避免线路中由于各种因素而产生的反射光再次进入激光器，而影响了激光器的工作稳定性。只允许光波往一个方向上传输，阻止光波往其他方向特别是反方向传输。隔离器主要用在激光器或光放大器的后面，以避免反射光返回到该器件致使器件性能变差。

隔离器的工作原理如图 3-3-1 所示。第一个器件为偏振器，当光入射到某一光学器件时，其输出光为某一种形式的偏振光，可以是线偏振光，则这种光学器件被称为偏振器。在光隔离器中使用的是线偏振器。线偏振器中有一透光轴，当光的偏振方向与透光轴完全一致时，光全部通过。这里假设入射光只是垂直偏振光，第一个偏振器的透射振动方向也在垂直方向，因此输入光能够通过第一个偏振器。紧接第一个偏振器的是法拉第旋转器，其由旋光材料制成，能使光的偏振态旋转一定角度，例如 45°，并且其旋转方向与光传播方向无关。法拉第旋转器后面跟着的是第二个偏振器，这个偏振器的透射振动方向在 45°方向上。一方面保证了经过法拉第旋转器旋转 45°后的光能够顺利地通过第二个偏振器，也就是说光信号从左到右通过这些器件，即正方向传输是没有损耗的

（插入损耗除外）。另一方面，假定在右边存在某种反射，例如接头的反射，反射光的偏振态也在 45°方向上，当反射光通过法拉第旋转器时再继续旋转 45°，此时就变成了水平偏振光。水平偏振光不能通过左面偏振器即第一个偏振器，于是实现了对反射光的隔离。

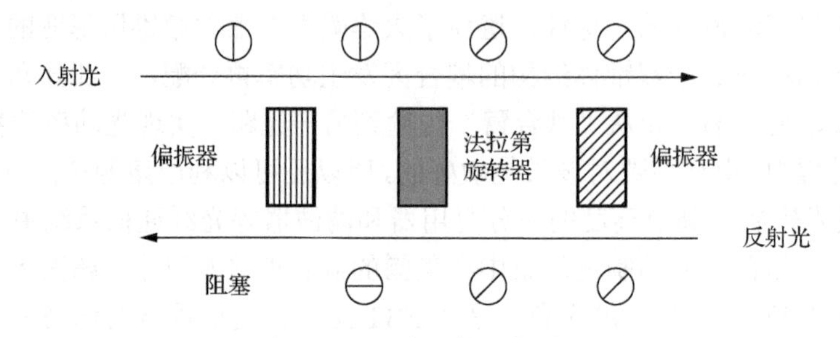

图 3-3-1 隔离器的工作原理

然而在实际应用中，入射光的偏振态是任意的，并且随时间变化，因此必须要求隔离器的工作与入射光的偏振态无关，于是隔离器的结构就变复杂了。一种小型的与入射光的偏振态无关的隔离器结构如图 3-3-2 所示。

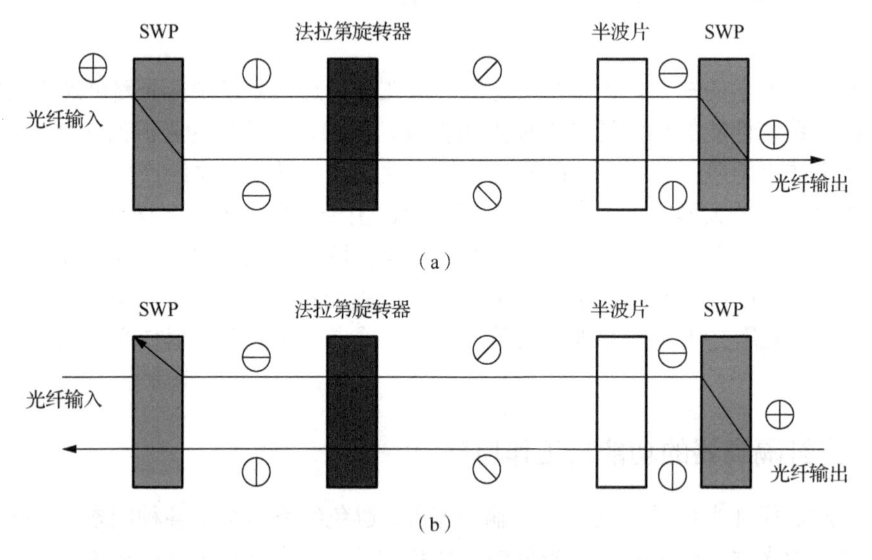

图 3-3-2 一种与输入光的偏振态无关的隔离器

具有任意偏振态的入射光首先通过一个空间离分偏振器（spatial walk-off polarizer，SWP）。这个 SWP 的作用是将入射光分解为两个正交偏振分量，让垂直分量直线通过，水平分量偏振通过。两个分量都要通过法拉第旋转器，其偏振态都要旋转 45°。法拉第旋转器后面跟随的是一块半波片。这个半波片的作用是将从左向右传播的光的偏振态顺时针旋转 45°，将从右向左传播的光的偏振态逆时针旋转 45°。一方面保证法拉第旋转器与半波片的组合可以使垂直偏振光变为水平偏振光，反之亦然。最后两个分量的光在输出端由另一个 SWP 合在一起输出，如图 3-3-2（a）所示。另一方面，如果存在反射光在反方向上传输，半波片和法拉第旋转器的旋转方向正好相反，当两个分量的光通过这两个器件时，其旋转效果相互抵消，偏振态维持不变，在输入端不能被 SWP 再组合在一起，如图 3-3-2（b）所示，于是就起到隔离作用。

3.3.2　光环行器的功能与工作原理

在上述偏振无关的光隔离器基础上，将由反向输入的光在正向输出两偏振正交再进行偏振合成，从另一端口输出。即从器件的 1 端口输入，2 端口输出，由 2 端口输入，就由 3 端口输出，这就构成了光环行器，如图 3-3-3 所示。光环行器总是使得光沿着规定的路径进行传输。在单纤双向的光纤通信系统、密集波分复用的光纤通信系统及光有源器件中得到了广泛的应用。

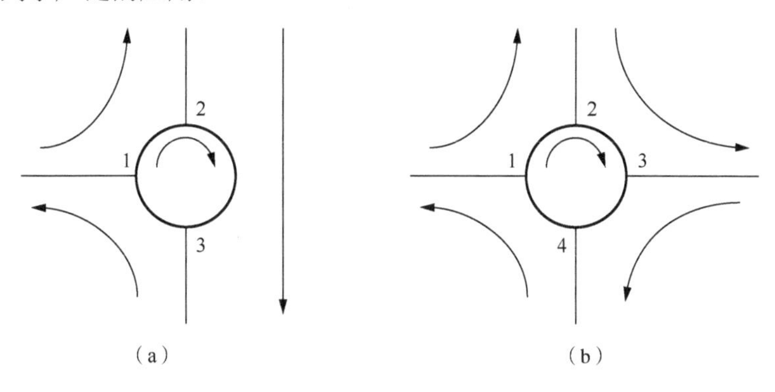

图 3-3-3　光环行器

光环行器的可使光信号从任一端口输入时，都能按顺序地从另一端口输出，可用于特种环形网络。环行器除了有多个端口外，其工作原理与隔离器类似。如图 3-3-3 所示，典型的环行器一般有三个或四个端口。在三端口环行器中，端口 1 输入的光信号在端口 2 输出，端口 2 输入的光信号在端口 3 输出，端口 3 输入的光信号由端口 1 输出。光环行器主要用于光分插复用器中。

3.4　可调谐滤波器

可调谐滤波器就是一只黑匣子，如图 3-4-1 所示。许多不同光频的信号出现在滤波器输入端，输入功率为频率的函数，用 $P_{in}(f)$ 表示。如果滤波器的选择性足够好，就只允许一个信号通过，滤波器的透射函数为 $T(f_i)$，出现在输出端，且没有大的改变，则输出功率为 $P_{out}(f)$。

$$P_{out}(f)=P_{in}(f)\cdot T(f_i) \tag{3-4-1}$$

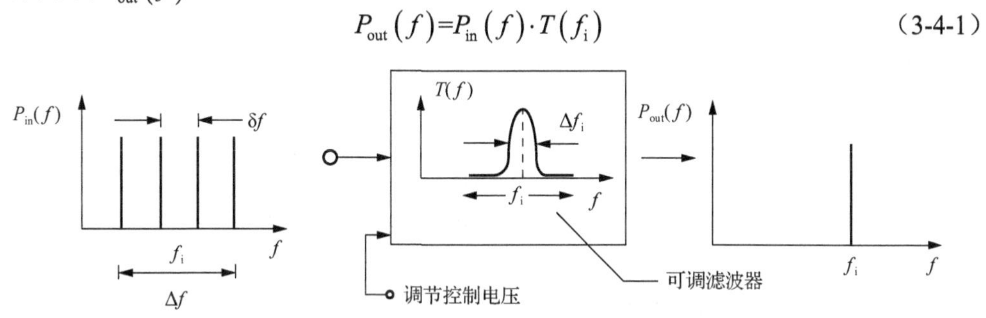

图 3-4-1　可调谐滤波器的基本功能

选择滤波器在多波长的光纤系统中很重要，波长不会在光纤中发生相互干扰。但是由于光电探测器接收波长相对较宽，不同波长信号就会在光电探测器内相互干扰。为了防止上述情况的发生，不同波长的信号必须在光纤末端被分离开。一般是在光纤末端放置一个滤波器，反射特定的波长，使其余波长通过。滤波器对背景噪声中分离信号和阻止其他波长的泵浦光进入放大器也很重要。

我们可以用一块简单的棱镜作为选波器件，但是棱镜体积通常很大，所以并不常用。当这样的一个滤波器被调谐到预期波长的光时，通过相长干涉产生加强作用；而对另一些波长的光，则可能产生非相长干涉甚至是完全破坏性干涉。滤波器大多都基于干涉效应，例如马赫-曾德尔滤波器、电光可调谐滤波器和声光可调谐滤波器。

从系统的观点来看，设计可调谐滤波器中的关键问题如下。

（1）可调谐通道的数目。在图 3-4-1 中，Δf 是最高和最低频率通道的频率差，δf 是相邻通道频率间隔，有些时候，在计算可调谐通道数目时，处理波长可能更加方便，那么就用最高与最低波长通道的波长差和相邻通道波长差分别代替上述两个参量。如果调谐是在 1.3μm 或 1.5μm 覆盖低损耗窗口的整个 Δf，那么合理的调谐范围对象大概为 200nm（≈25000GHz）。最小 δf 取决于串音水平或可接受的串音恶化，以及可调谐滤波器的带宽 Δf_{i}（该带宽必须小于 δf）。为了保证<0.5dB 的串音错误，通道间隔基本上在 3～10 倍的要求通道带宽内变化，而要求带宽则取决于调制结构和光学滤波器的传输函数。比值 $N_{\max}=\left|\Delta f/\delta f\right|_{\max}$ 给出了等间隔通道的最大值，在相邻通道间的干涉即串音严重降低光接收机的性能之前，这些通信都在可调谐范围之内。

（2）访问时间。可调谐滤波器的速度可以从一个频率重置为另一个新的频率，以决定其在网络中的应用。对于某些电路开关应用，毫秒级的访问/调谐时间可能已经满足要求；但在信息包交换应用中则要求调谐时间为微秒量级。

（3）损耗。一般来说，由于滤波器的插入损耗和固有损耗，光纤输入端的信号可能引起一些功率损耗。必须最小化该损耗，以减小其对已经有限的网络功率预算的影响。

（4）可控性。可控性有如下两个主要的方面。第一个方面是稳定性，即一旦滤波器被设置在某个特定的频率，热和机械因素都不应该使调谐漂移，即使是通道带宽的一小部分。第二个方面，滤波器必须很容易地重置到任何指定值。滤波器有光滑的频率应用信号特性曲线是最令人满意的。如果该曲线不光滑，那么就可能相当大地增加控制电路的复杂性。

（5）偏振无关。由于偏振无关滤波器可以工作于所有可能的偏振状态，所以它们比偏振相关滤波器更受青睐。此外，后一种类型的滤波器将给系统的某些地方额外增加偏振控制的复杂性、偏振的多样性或偏振的不规则性。

（6）成本。滤波器的成本主要包括制造成本和光纤附件成本。即使已经实现了在电子集成电路中熟练应用的平版印刷技术，低损耗光纤附件往往还是一个问题。虽然附件问题事实上不存在，但是高成本的加工步骤使得全面集成的潜力很小。

（7）尺寸、功率消耗和工作环境。可调谐滤波器及其相关的控制电路必须尽可能紧凑，以达到用户要求。滤波器应当能够工作在其他电子电路可以提供的功率下。而且，滤波器必须能够适应振动、摇摆、湿度和温度条件，从而获得低成本的使用环境。

下面将对常用的可调谐滤波器进行概要讨论。

3.4.1　法布里-珀罗滤波器

法布里-珀罗（Fabry-Perot, FP）滤波器可由两个相互平行的平面镜构成，即一个标准具结构。

因此，功率传输函数 $H(f)$ 为

$$H(f)=\left|H_{\mathrm{FP}}(f)\right|^2=\frac{\left(1-\alpha_{\mathrm{FP}}-R\right)^2}{(1-R)^2+R[2\sin(2\pi f\tau)]^2} \tag{3-4-2}$$

式中，R 为 FP 腔镜的反射率；α_{FP} 为 FP 滤波器吸收功率损耗；τ 为光在 FP 腔内单次通过的时间。或

$$H(f)=\frac{\left[1-\dfrac{\alpha_{\mathrm{FP}}}{(1-R)^2}\right]^2}{1+\left(\dfrac{2\sqrt{R}}{(1-R)}\sin(2\pi f\tau)\right)^2} \tag{3-4-3}$$

式（3-4-3）中的右侧项叫做 Airy 函数，图 3-4-2 对应的是 $\alpha=0$ 时，不同末端反射率 R 对应点功率传输函数。

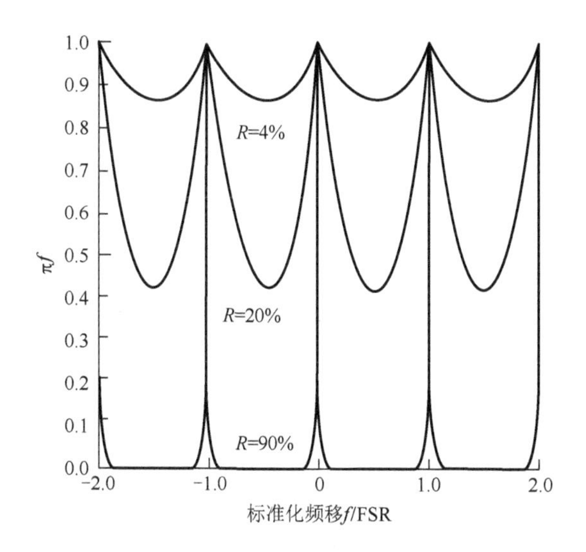

图 3-4-2　针对不同末端反射率 R 的 FP 滤波器相对标准化频移的功率传输函数

其周期为自由光谱区（free spectrum range, FSR），定义为

$$\mathrm{FSR}=\frac{1}{2\tau}=\frac{c}{2nx} \tag{3-4-4}$$

式中，c 为自由空间的光速；n 为两面镜子之间的介质折射率。3dB 带宽的 FP 滤波器最高谱带的半高宽（full wide of half maximum, FWHM）表示为

$$\mathrm{FWHM}\approx\frac{c}{2nx}\frac{(1-R)}{\pi\sqrt{R}} \tag{3-4-5}$$

FSR 与 FWHM 的比值可以说明有多少个通道可供滤波器选择，我们称这个比值为

滤波器的锐度 F_S，其表达式为

$$F_S = \frac{\text{FSR}}{\text{FWHM}} = \frac{\pi\sqrt{R}}{1-R} \tag{3-4-6}$$

F_S 典型值的范围是 20～100。可分解通道的最大值取决于允许的误串音水平，也就是取决于滤波器传输函数的形状。对于一个 FP 滤波器，为了使串音水平低于 0.5dB，其通道间距可以小到 FWHM 的 3 倍。通道数量的最大值 N_{max} 可以根据选择的 FP 滤波器确定，表达为

$$N_{max} < \frac{F_S}{3} = \frac{\pi\sqrt{R}}{3(1-R)} \tag{3-4-7}$$

根据式（3-4-7）可知，当 $R=0.97$ 时，N_{max} 值等于 34。要把滤波器从一个通道调谐到另一个通道，需要精确调整 FP 腔的长度 L_{FP}。该长度的改变量只需为工作波长的一半，就可以在整个 FSR 中调谐滤波器。

3.4.2 马赫-曾德尔滤波器

在单阶马赫-曾德尔（Mach-Zehnder, MZ）滤波器中，多通道输入光信号被一个 3dB 耦合器分成两个相等的部分。同一信号的两束光经过长度略有差别的路径，在输出端的另一个 3dB 耦合器内合并，如图 3-4-3 所示。这样，MZ 滤波器就引入了上述两束光的干涉。与此相反，FP 滤波器中则是多次重复反射光的干涉。

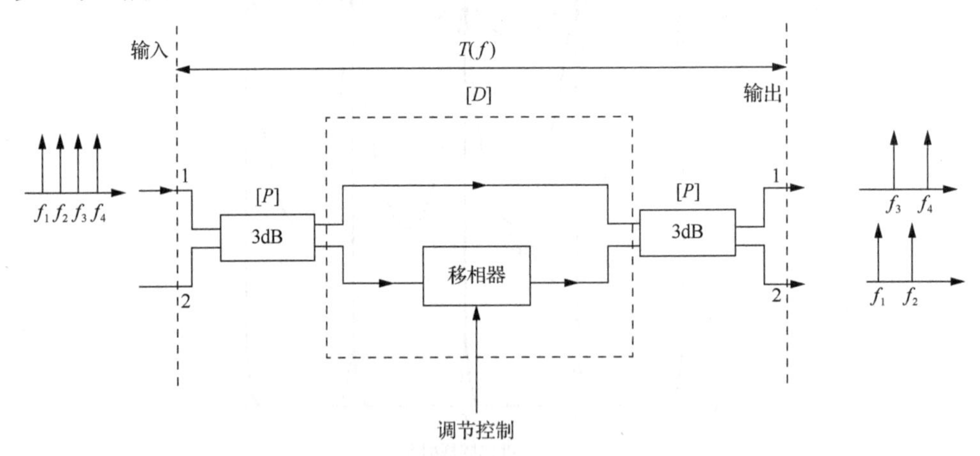

图 3-4-3 MZ 滤波器的结构图

将分散矩阵与 3dB 耦合器及两条不同传播路径相结合就可以得到单阶 MZ 滤波器的完整传输函数 $[H_{MZ}(f)]$：

$$[H_{MZ}(f)] = \begin{bmatrix} H_{11}(f) & H_{12}(f) \\ H_{21}(f) & H_{22}(f) \end{bmatrix} = [P][D][P] \tag{3-4-8a}$$

式中，

$$[P] = \frac{1}{\sqrt{2}}\begin{bmatrix} 1 & -\mathrm{j} \\ -\mathrm{j} & 1 \end{bmatrix} \tag{3-4-8b}$$

$$[D]=\begin{bmatrix}1 & 0\\ 0 & \exp\left(-\mathrm{j}2\pi f\tau\right)\end{bmatrix} \tag{3-4-8c}$$

其中，参数 τ 是两条路径差带来的延迟。将式（3-4-8b）和式（3-4-8c）代入式（3-4-8a）得

$$[H_{\mathrm{MZ}}(f)]=\frac{1}{2}\begin{bmatrix}[1-\exp(-\mathrm{j}2\pi f\tau)] & -\mathrm{j}[1-\exp(-\mathrm{j}2\pi f\tau)]\\ -\mathrm{j}[1-\exp(-\mathrm{j}2\pi f\tau)] & -[1-\exp(-\mathrm{j}2\pi f\tau)]\end{bmatrix} \tag{3-4-9}$$

多通道信号往往从 MZ 滤波器的两个输入端中的一端输入，假设是输入端 1。从而，式（3-4-9）变为

$$\left[H_{\mathrm{MZ}}\left(f\right)\right]=\begin{bmatrix}H_{11}\left(f\right) & 0\\ H_{21}\left(f\right) & 0\end{bmatrix}=\frac{1}{2}\begin{bmatrix}[1-\exp(-\mathrm{j}2\pi f\tau)]\\ -\mathrm{j}[1-\exp(-\mathrm{j}2\pi f\tau)]\end{bmatrix} \tag{3-4-10}$$

相应的功率传输函数为

$$\begin{bmatrix}\left|H_{11}\left(f\right)\right|^2\\ \left|H_{21}\left(f\right)\right|^2\end{bmatrix}=\begin{bmatrix}\sin\left(\pi f\tau\right)^2\\ \cos\left(\pi f\tau\right)^2\end{bmatrix} \tag{3-4-11}$$

很明显，功率传输函数在频率上是周期性变化的，周期为 $1/\tau$。这种滤波器通常被称为周期性滤波器。为了了解滤波器的工作过程，我们假设有四个输入通道，且以 $\delta f=\tau/2$ 等频率分隔。最初，在 f_1 处可以满足 MZ 滤波器的共振条件，即 $\cos^2\left(\pi f_1\tau\right)=1$。因此，频率为 f_1 和 f_3 的通道出现在输出端 2，而 f_2 和 f_4 则出现在输出端 1。此外，每个输出端的滤波作用都可以用另一个 MZ 滤波器来实现，但其周期为第一阶的两倍，即 $\tau/2$。

16 个通道的情况需要 4 阶 MZ 滤波器。如果考虑端 1 的输出，那么第一阶只穿过通道 0、2、4、6、8、10、12、14、16，第二阶仅穿过通道 0、4、8，第三阶仅穿过通道 0、8、16。这就要求连续阶的 MZ 滤波器是固定的，即

$$\tau_n=\frac{1}{2^n\delta f} \tag{3-4-12}$$

根据式（3-4-11）和式（3-4-12），输出端 2 的总功率传输函数 $H_{\mathrm{MZ}}(f)$ 为

$$H_{\mathrm{MZ}}(f)=\prod_{n=1}^{N}\cos(\pi f\tau_n)^2=\left[\frac{\sin\left(\pi f/\delta f\right)}{N\sin\left(\pi f/N\delta f\right)}\right]^2 \tag{3-4-13}$$

式中，N 是阶数。

MZ 滤波器的主要优点是滤波器可利用平版印刷技术来实现，降低了制造成本。此外，通过设计一个方形波导横截面，就可以使滤波器对偏振不敏感。但由于热惯性和多阶段调谐控制的复杂性，它又具有速度低的缺点，响应速度为毫秒量级。

3.4.3　电光可调谐滤波器

电光可调谐滤波器（electric optical tunable filter, EOTF）的工作原理如图 3-4-4 所示。输入任意偏振态的多路信号被输入偏振分束器分成两个正交偏振态。在共振结构中，依据所用材料，通过电光效应或声光效应可以形成一个周期扰动，例如光栅。这些扰动会改变偏振态的水平分量和垂直分量，可以观察到两种效果。第一种针对的是相位匹配波长附近的光，第二种对应的则是其他波长的光。对于相位匹配波长，在输入和输出偏振

面之间存在 90°旋转。该旋转使滤波器输入端的水平偏振光转变为垂直偏振光，并由第二个偏振分束器传送到输出端 1。在光栅区形成的其他波长的光仍为水平偏振，并传到输出端 2。类似地，输入光的垂直分量也有其经旋转得到的相位匹配波长，被传送到输出端 1，而其他波长经由第二个偏振分束器传播到输出端 2，与输入信号的偏振态无关，它们都以相同的波长到达输出端。两个谐振频率确实都从输出端 1 输出，而所有非谐振频率都从输出端 2 输出。

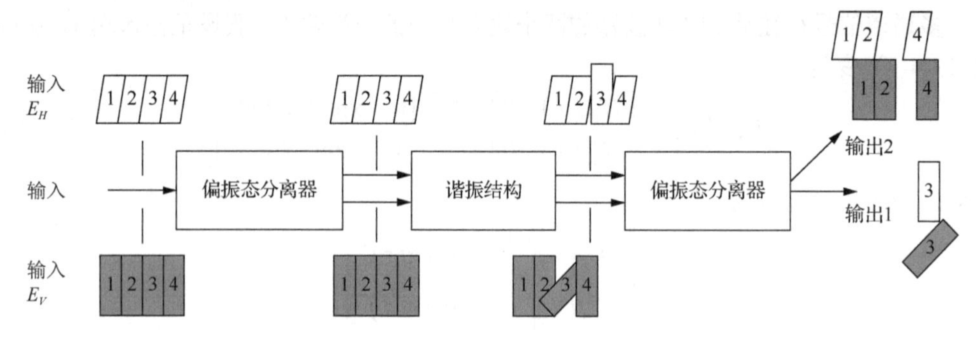

图 3-4-4　EOTF 的工作原理图

由于电光效应，EOTF 的调谐速度很快，可达纳秒量级。但是，调谐范围因电光效应较小而被限制在约 10nm 内，这种 EOTF 已经实现。它提供的可用通道数大约为 10。较长的扰动区将会改善滤波器的带宽，从而加大可调谐通道的数量。但是这是以损耗的增加为代价的。

3.4.4　声光可调谐滤波器

声光可调谐滤波器（audible optical tunable filter, AOTF）的基本原理与 EOTF 相同。正如它们的名字所暗示的，在 AOTF 中用的是声光效应，而 EOTF 中用的则是电光效应。这种滤波器中的衍射光栅由表面声波（surface acoustic wave, SAW）组成，波长调谐通过变化 SAW 的频率来实现，频率变化往往在几十到几百兆赫兹。由声光效应引入的周期性扰动可以看作是一个动态光栅，其周期等于声波波长。因此，AOTF 的调谐范围可以比 EOTF 的大得多，可以是 1.3μm 到 1.6μm 的整个波长范围。而且，声波产生的光栅与光的互相作用产生的光栅具有同等重要地位，也就是由于不同频率的声波之间存在弱相干，所以在交互长度内出现多个声波时，AOTF 同时且独立地选择几个波长通道的能力是强大而独特的。现在已经实现了同时选择间隔为 2.2nm 的波长。

AOTF 的缺点是调谐所需的时间长，响应速度为微秒量级，这是因受到声波穿过充满介质的互交长度所需时间的限制。

3.5　光开关

光开关是一种具有一个或多个可选的传输端口且可进行光路转换的器件，其作用是对光传输线路或集成光路中的光信号进行物理切换或逻辑操作。在光纤传输系统，光开关用于多重监视器、局域网、多光源、光电探测器和保护以太网的转换。在光纤测试系统，用于光纤、光纤设备测试和网络测试、光纤传感多点监测。可以这样说，没有开关就没有通信网络。从第一代电信网络开始，电话交换系统就采用大量的开关形成交换单元完成用户间的电路交换。今天，以DWDM为基础的全光网络已成为新一代电信网络研究的热点和发展方向，不同波长的光信号在网络中要实现路由选择必然要使用光开关，光开关是完成交换的核心器件，在目前广泛使用的光网络中具有不可替代的作用。

通信网络的发展为光开关的应用提出了新的要求，未来的全光网络需要全光开关构成的光交换机完成信号路由功能以实现网络的高速率和协议透明性。评价新的光开关技术必须考虑以下七个指标。①长期可靠性，满足大容量通信系统要求，必须保证高可靠性和非常低的故障率。②低损耗和高耦合效率，考虑光开关大数量的应用，低损耗极为关键，与光纤保持较高的耦合效率也就是减少光功率损耗。③串音小、消光比大，串音直接影响信号传输质量，典型隔离度为40dB或50dB。④低驱动和温度特性，低驱动减少光开关的功耗，温度变化不敏感可拓宽光开关的应用环境和领域，使其工作稳定，往往通过精确的温控电路实现。⑤光开关的速率对应不同的应用场合，因此对光开关切换速率会有特别的要求。⑥光开关工作带宽对应于新的光纤、光滤波和放大器技术的DWDM工作窗口为1300～1650nm，光开关同样要与之吻合。⑦光开关成本和可扩展性，光产品每年整体价格以10%～30%速度下降，并且要考虑长期成本的下降。光开关是否满足大规模阵列扩展及相应性能参数的变化也需要注意。

光开关以其高速度、高稳定性、低串扰等优势成为各大通信公司和研究单位的研究重点。光开关有着广阔的市场前景，是较具发展潜力的无源器件之一。光开关是光交换的关键器件，它具有一个或多个可选择的传输端口，可对光传输线路中的光信号进行相互转换或逻辑运算，在光纤网络系统中有着广泛的应用。

3.5.1 光开关的分类

光开关可分为机械式和非机械式两大类。机械式光开关依靠光纤或者光学元件的移动，使光路发生转换。非机械式光开关依靠铁电液晶、气泡、热光、全息、声光、热毛细管等效应来改变波导的折射率，使光路发生变化。在光开关的性能上，主要指标有插损、隔离度、消光比、偏振敏感性、开关时间、开关规模及开关尺寸等。在各式各样的光开关中，微电子机械光开关具有较好的性能，并且由于采用微电子工艺可以大量生产，适于产业化。特别是它的工作方式与光信号的格式、波长、偏振方向、传输方向、调制方式均无关，因此不受带宽的限制，可以处理任意波长的光信号。不仅如此，它还具有较低的插损与较高的扩展性，可以满足未来光纤通信网络发展所要求的透明性和扩展性。这里简单介绍几种光开关。

3.5.2 机械式光开关

机械式光开关分为传统机械式、新型机械式光开关。新型机械式光开关又有微电子机械系统光开关和金属薄膜光开关两种。

传统机械式光开关插入损耗较低，一般小于2dB；隔离度高，大于45dB；不受偏振状态和波长的影响。多路输入输出光束的机械光开关中的关键单元是具有光路二度对称的复合反射镜。复合反射镜由几何形状尺寸和光学性能完全相同的两块镜子黏合在一起构成，以黏合面为对称平面，具有二度镜面对称性。对单个复合反射镜的往返运动的控制，可同时改变两路输入输出光路的相互连接状态，实现光路的平行或交叉连接，形成 2×2 光开关。采用多个复合反射镜和合理的光路布局，可实现更多光路之间的相互连接，形成多路输入输出光束无阻塞交换。

微电子机械系统（micro-electromechanical system, MEMS）光开关是一种自由空间微型光开关，MEMS 光开关主要是利用移动光纤或利用微镜反射原理进行光交换的光开关。MEMS 光开关结构紧凑、重量轻、易于扩展，此种光开关同时具有机械光开关和波导光开关的优点，又克服了它们的缺点。MEMS 光开关的驱动方式主要有静电驱动、电致伸缩、磁致伸缩、形变记忆合金、光功率驱动、热驱动和光子开关等。其原理是微反射镜和上电极连接在一起，在没有电压输入时，上电极的位置不动，微反射镜处在光通路上，从入射光纤发出的光被微反射镜反射，改变方向后进入镜面同一侧的出射光纤中，这是开关的反射状态。当上电极和下电极之间有电压输入时，在静电力的作用下，上电极带动微反射镜移开光通路，入射光沿直线传播进入前方的出射光纤，这是开关的直通状态。作为一种全光开关，由于具有可移动的反射表面或反射镜，可通过施加电或热变化方法改变其反射角，光波对准反射面按指令让光子通过，或把光信号分流到另一个端口。

MEMS 是在半导体衬底材料上制造出可以做微小移动和旋转的微反射镜，微反射镜的尺寸非常小，约 140μm×150μm，它在驱动力的作用下，将输入光信号切换到不同的输出光纤中。加在微反射镜上的驱动力是利用热力效应、磁力效应或静电效应产生的。图 3-5-1 为 MEMS 光开关的结构。图中微反射镜可以由电压控制，改变方向，输入光在波导 1 或波导 2 输出。这种器件的特点是体积小、消光比大（消光比是指光开关处于通状态时的输出光功率与断状态时的输出光功率之比）。消光比对偏振不敏感，成本低，开关速度适中，插入损耗小于 1dB。

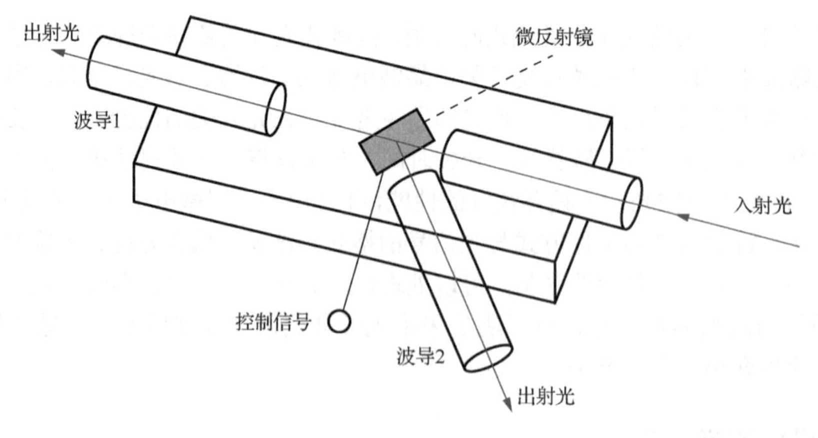

图 3-5-1　MEMS 光开关结构

金属薄膜光开关的结构如图 3-5-2 所示。波导芯层下面是底包层，上面则是金属薄膜，金属薄膜与波导之间为空气。通过施加在金属薄膜与衬底之间的电压，金属薄膜获得静电力，在它的作用下，金属薄膜向下移动与波导接触在一起，波导的折射率发生改变，从而改变了通过波导光信号的相移。

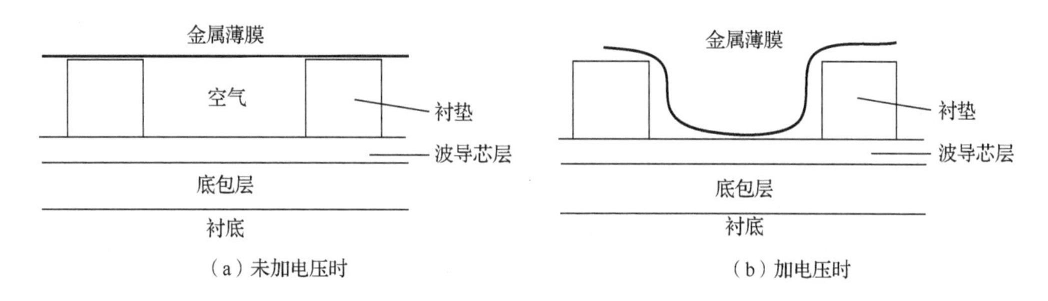

图 3-5-2　金属薄膜光开关结构

图 3-5-3 为金属薄膜 MZ 型光开关结构示意图。如果不加电压，金属薄膜翘起，MZ 干涉仪两个臂的相移相同，此时光信号从端口 1 输出。

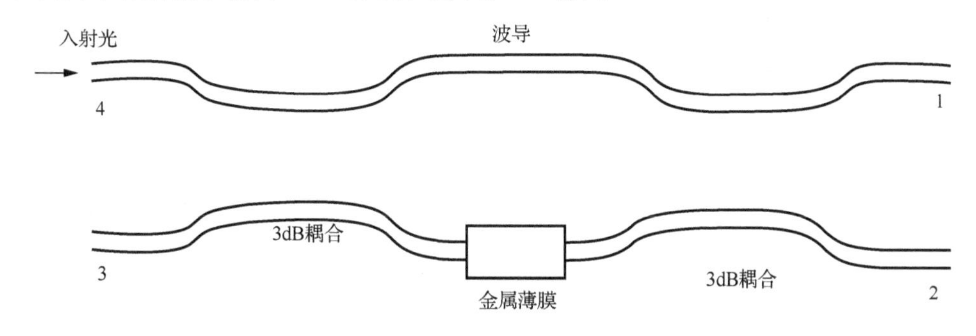

图 3-5-3　金属薄膜 MZ 型光开关

3.5.3　非机械式光开关

非机械式光开关的类型有波导型光开关、液晶光开关、半导体光放大器光开关、电光开关、热光开关、声光开关和磁光开关等。

波导型光开关是近年来发展起来的一种光开关，它采用的是波导结构。波导型光开关同样利用电光、声光、热光、磁光效应来进行控制。最一般的介质波导是平板波导结构，它由衬底、薄膜层和覆盖层组成。平面波导型开关主要有两种，热光型和全内反射型。热光型开关是利用 Si 波导的热感应折射率变化原理制作的，其 MZ 干涉仪是由两个 3dB 定向耦合器和两个波导臂组成，臂上还有一个用作热光移相器的薄膜加热器。其工作原理是未受热时这种单元结构处于分叉态，当对热光移相器加热时，开关为条形状，完成开关功能。全内反射型开关的原理是利用在交叉波导中制作的槽里内反射，实现大型的广播电路开关。

液晶光开关是在半导体材料上制作出偏振光束分支波导，在波导交叉点上刻蚀具有一定角度的槽，槽内注入液晶，槽下安置电热器。不对槽加热时，光束直通；加热后，液晶内产生气泡，经它的全反射，光改变方向，输出到要求的波导中。

半导体光放大器光开关利用改变放大器的偏置电压实现开关功能。

电光开关是利用材料的折射率随电压的变化而改变，从而实现光开关的器件。

热光开关，热光技术主要用来制作小的光开关。现在主要有两种类型的热光效应开关：数字型光开关和干涉型光开关。干涉型光开关具有结构紧凑的优点，缺点是对波长敏感，因此，通常需要进行温度控制。它们都是在介质材料上先做上波导结构，通过改变波导折射率实现光的开关动作。

声光开关，在声光开关结构中，控制信号采用声波，主要用来控制光线的偏转。声光开关的交换速度从 500ns 到 10μs。由于在声光开关中没有可移动的部分，因此，1×2 声光开关的可靠性比较高。

磁光开关的原理是利用法拉第旋光效应，通过外加磁场的变化来改变磁光晶体对入射偏振光偏振面的作用，从而达到切换光路的效果。相对于传统机械式光开关，磁光开关具有开关速度快、稳定性高等优势；而相对于其他的非机械式光开关，它又具有驱动电压低、串扰小等优点。因此，磁光开关将是一种具有竞争力的光开关。

3.5.4 光开关的应用及前景分析

光开关在光网络中起到十分重要的作用，它不仅构成了波分复用网络中关键设备的交换核心，本身也是光网络中的关键器件。其主要应用范围如下。

保护倒换功能：光开关通常用于网络的故障恢复。当光纤断裂或其他传输故障发生时，利用光开关实现信号迂回路由，从主路由切换到备用路由上。这种保护通常只需要最简单的 1×2 光开关。

网络监视功能：在远端光纤测试点通过 1×m 光开关把多根光纤接到一个光时域反射仪上，通过光开关倒换实现对所有光纤的监测。另外，利用光开关也可以在光纤线路中插入网络分析仪，实现网络在线分析。这种光开关也可以用于光纤器件测试。

光器件的测试：可以将多个待测光器件通过光纤连接，对应 1×m 光开关，可以通过监测光开关的每个通道信号来测试器件。

应用于光分插复用器（optical add-drop multiplexer, OADM）和光交叉连接（optical cross-connect, OXC）：光上下复用器主要应用于环形的城域网中，实现单个波长和多个波长在光路上自由上下，而不需要电解复用或复用过程。用光开关实现的 OADM 可以通过软件动态控制上下任意波长，这样大大增加了网络配置的灵活性。光交叉连接由光开关矩阵组成，它主要用于核心光网络的交叉连接，实现光网络的故障保护，动态的光路径管理，灵活增加新业务等。

随着光传送网技术的发展，新型的光开关技术不断出现。同时，原有的光开关技术性能不断地改进。随着光传送网向超高速、超大容量的方向发展，网络的生存能力、网络的保护倒换和恢复问题成为网络关键问题，而光开关在光层的保护倒换对业务的保护和恢复起到了更为重要的作用。未来的光传送网是能支持多业务的透明光传送平台，要求对各种速率业务能透明传送。同时，随着业务需求的急剧增长，骨干网业务交换容量也急剧增长。因此，光开关的交换矩阵的大小也要不断提高。同时由于 IP 业务的急剧增长，要求未来的光传送网能支持光分组交换业务、核心路由器能在光层交换。这样，就要对光开关的交换速度提出更高的要求，开光速度达到纳秒数量级。总之，大容量、高速交换、透明、低损耗的光开关将在光网络发展中起到更为重要的作用。

3.6　光衰减器

光衰减器的功能是对光功率进行预定量的损耗。在光纤通信系统中，许多场合都需要减少光信号的功率，例如，光接收机对光功率的过载非常敏感，必须将输入功率控制在光接收机的动态范围内，防止其饱和，光放大器前的不同信道输入功率间的平衡可防止某个或某些信道的输入功率过大，引起光放大器增益饱和等。另外，在光系统的评估、研究和调整、校正等方面也大量使用光衰减器。

光衰减器按工作机理分为以下几种。

1. 耦合型

它是通过输入、输出两根光纤纤芯的偏移来改变光耦合的大小，从而达到改变损耗量的目的，如图 3-6-1（a）所示，图中，P_{in} 为输入光功率、P_{out} 为输出光功率。耦合型光衰减器有横向位移型和轴向位移型两种，输出光功率主要由横向位移或者轴向位移的程度决定，另外与横场直径、纤芯和两端面介质的折射率等因素有关。

2. 反射型

如图 3-6-1（b）所示，通过改变反射镜的角度，可控制输出光功率 P_{out} 的大小。

3. 吸收型

采用光吸收材料制成衰减片，对光的作用是吸收和透射，如图 3-6-1（c）所示，输出光功率 P_{out} 由光吸收材料决定。

光衰减器可分成固定式、步进可变式和连续可变式三种类型。固定式衰减器引入一个预定的损耗，例如 5dB、10dB 等。步进可变式衰减器常表示成诸如 10dB×5 的形式，即可以实现 5 次步进，每步为 10dB。连续可变式衰减器是指损耗量在一个范围内连续可调，如 0～60dB。根据使用场合的不同，又可将衰减器分为在线型衰减器、适配器型固定衰减器、插头式衰减器、光纤端口终止器等。

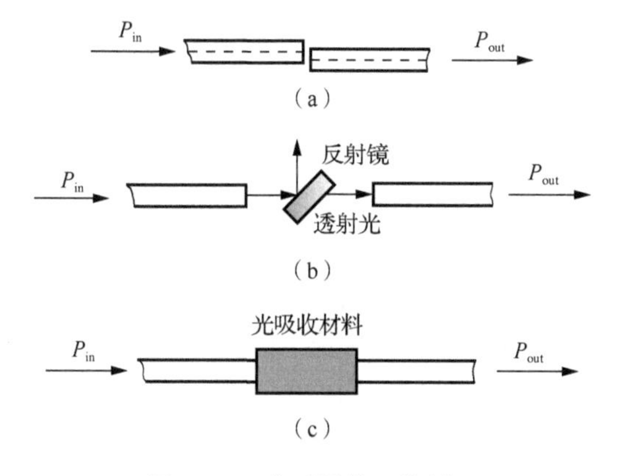

图 3-6-1　衰减器的工作原理

技术参数主要有中心波长、带宽、损耗量、衰减精度、最小后向反射损耗、最大偏振灵敏度等，其中衰减精度能精细调谐衰减的准确性。

3.7 光纤光栅

3.7.1 光纤光栅的发现与发展

在光纤中掺入锗元素后光纤就具有光敏性，通过强激光照射会使其纤芯内的纵向折射率呈周期性变化，从而形成光纤光栅。光纤光栅实际上是在纤芯内形成一个窄带滤波器，通过选择不同的参数使光有选择性地透射或反射。

1978 年，Hill 等首次发现掺锗光纤具有光敏效应，随后采用驻波法制造了可以实现反向模式间耦合的光纤光栅——光纤布拉格光栅（fiber Bragg grating, FBG）。但是它对光纤的要求很高——掺锗量高、纤芯细。该光纤的周期取决于氩离子激光波长，且反射波的波长范围很窄，因此其实用性受到限制。

1989 年，Meltz 等采用相干的紫外光形成的干涉条纹侧面曝光载氢光纤，写入 FBG，这种方法被称为全息法。与驻波法相比，全息法可以通过选择激光波长或改变相干光之间的夹角在任意波段写入 FBG，推动了光纤光栅制作技术的发展。全息法对光源的相干性要求很严，同时对周围环境的稳定性也有较高的要求，执行起来较为困难。

1993 年，Hill 等使用相位掩膜法来制作光纤光栅，即用紫外线垂直照射相位掩膜形成的衍射条纹来曝光载氢光纤。由于这种方法制作的光纤光栅仅与相位光栅的周期有关而与辐射光的波长无关，所以对光源相干性的要求大大降低。该方法对写入装置的复杂程度要求也有所降低，对周围环境要求较低，这使得光纤光栅的批量生产成为可能，极大地推动了光纤光栅在通信领域的应用。

3.7.2 光纤光栅的基本结构和类型

光纤光栅的折射率沿光纤轴向呈周期或准周期性变化。通过适当设计光纤光栅的折射率调制结构，可以制作出各种具有独特滤波和色散特性的光纤光栅器件，可广泛应用于光纤传输系统中的光学信号处理、光纤激光器技术和光纤传感等领域。

光纤光栅可以利用掺杂石英材料在 240nm 附近的紫外感光特性方便而灵活地进行制作。掺杂石英材料经一定强度和剂量的 240nm 附近紫外光照射后，其折射率将发生永久性增大。根据光纤紫外光敏性的大小和紫外光的强度和照射剂量，光纤芯区的紫外光从侧面对光纤进行一定强度和剂量的曝光即可在光纤芯区形成周期性的轴向折射率调制，制作出光纤光栅。

图 3-7-1（a）为在单模光纤上制作的均匀周期 FBG 示意图，其基本光学特性是一个反射式光学滤波器。这种特性很容易从基本的光学原理得到解释。当入射光波长 λ 与光纤光栅周期 Λ 满足关系 $\lambda = 2n_{\mathrm{eff}}\Lambda$ 时（n_{eff} 为光纤有效折射率），来自各光栅条纹上的菲涅耳反射光由于谐振加强作用形成一个较强的反射峰，如图 3-7-1（b）所示。上述谐振波长称为光纤光栅的布拉格波长，通常用 λ_{B} 表示。

现根据光纤光栅的常用名特征来对光纤光栅进行分类。一种光纤光栅的名字通常需要包括其耦合方向、折射率函数分布特点和光纤的材料、结构特点，才可以直接明确地看出其简要光谱特性。

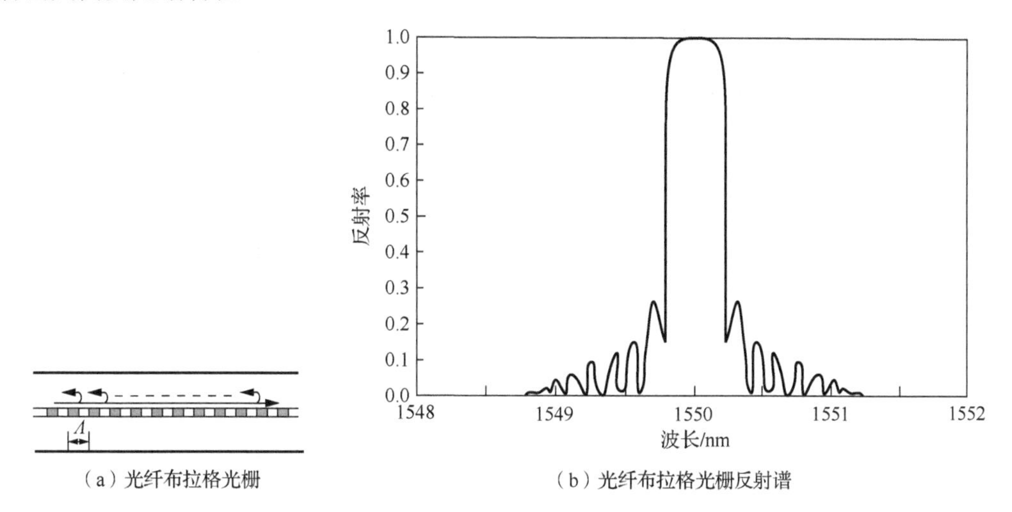

（a）光纤布拉格光栅　（b）光纤布拉格光栅反射谱

图 3-7-1　均匀周期 FBG 及其反射谱

1. 按耦合方向分类

根据光纤光栅的耦合方向，可将光纤光栅分为 FBG 和长周期光纤光栅（long period fiber grating, LPFG）。这两种类型的光纤光栅因其耦合方向不同，因而具有截然不同的耦合机理及分析方法，并决定了光纤光栅最基本的光谱特性。由于这两种光纤光栅的周期有着明显差别，因而也有人称这种分类方法为根据光栅周期的长短分类。

FBG 的耦合机理是纤芯基膜向反向传输的纤芯基膜、包层模或辐射膜耦合，是个反射型的光纤光栅。FBG 栅格周期一般为几百纳米，谐振峰带宽为 0.5nm 左右。这类光纤光栅是最早发展起来的，写制方法及成栅机理都已经很成熟稳定，目前在实际的应用方面最为广泛。

LPFG 的耦合机理是纤芯基膜向同向传输的包层模或辐射模耦合，是个消耗型光纤光栅。LPFG 栅格周期一般为几百微米。与 FBG 相比，LPFG 的谐振峰带宽要大得多，约为几十纳米。

2. 按折射率函数分布特征分类

光纤光栅是对光纤中传导模有效折射率进行周期性空间调制的器件，按折射率函数分布特征有如下分类：均匀光纤光栅、啁啾光纤光栅、切趾光纤光栅、取样光纤光栅等类型。

图 3-7-2 给出了几种主要光纤光栅类型的折射率调制结构示意图。

均匀光纤光栅［如图 3-7-2（a）所示］是最简单的光栅结构；在光栅中引入啁啾［如图 3-7-2（b）所示］的目的可以是增加光栅带宽或使光栅具有特定的色散性质；采用适当的切趾技术［如图 3-7-2（c）所示］可以使光栅反射谱中的边瓣［图 3-7-1（b）所示］得到抑制并改善反射谱的形状或色散特性；对周期性折射率调制进行幅度或相位取样所获得的取样光纤光栅［如图 3-7-2（d）所示］则具有多波长滤波特性。

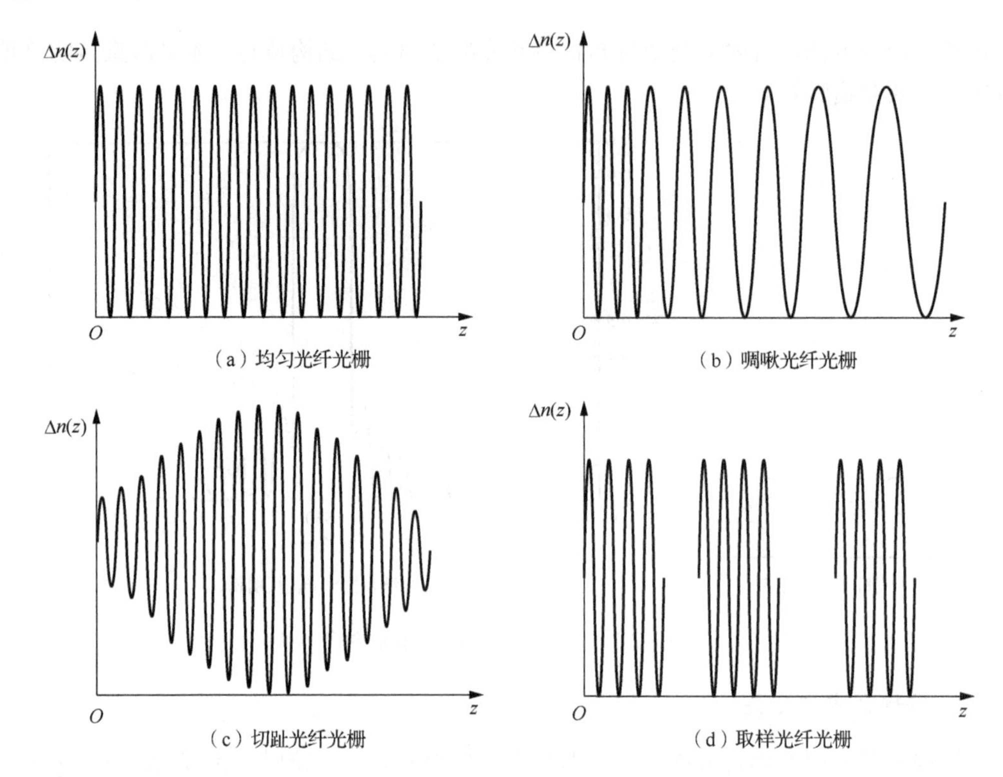

图 3-7-2　几种主要光纤光栅类型的折射率调制结构示意图

均匀光纤光栅（uniform fiber grating, UFG）的折射率函数为一理想的正弦或余弦函数。均匀光纤光栅就是我们常说的 FBG，是最早出现的光纤光栅，也是应用最普遍的光纤光栅。

啁啾光纤光栅（chirped fiber grating, CFG）的折射率调制深度为一个常数，而光栅周期是一个与光传播方向有关的函数。与均匀光纤光栅相比，啁啾光纤光栅的光谱特点是极大地增加了谐振峰的带宽。如啁啾光纤光栅带宽可达几十纳米，因而可应用于色散补偿和光纤放大器的增益平坦。

切趾光纤光栅（apodized fiber grating, AFG）的折射率调制深度从光栅中心向光栅两端逐渐递减，在光栅边缘降为零。切趾光纤光栅光谱的主要特点是光谱的旁瓣被抑制。这个特点使其具有更高的波长选择性，避免了在多波长系统中的串扰。

取样光纤光栅（sampled fiber grating, SFG）可视为均匀光纤光栅的振幅或折射率调制深度被特殊函数调制的结果，而每个单元的光栅折射率调制深度和周期均为常数。取样光纤光栅的光谱主要特点是具有很多带宽相同的谐振峰。因而在多通道滤波，波分复用通信系统中的色散补偿方面具有潜在的应用价值。

3. 按光纤的材料、结构特点分类

除按光纤的耦合方向、折射率分布特点分类外，还有重要的一项就是按光纤的种类分类来说明光纤光栅的特点。根据光纤的材料可分为硅玻璃光纤光栅和塑料光纤光栅。而根据光纤的结构特点可分为单模光纤光栅、多模光纤光栅、保偏光纤光栅、微结构光纤光栅（包含光子晶体光纤光栅）。其中微结构光纤光栅根据不同微孔排列特征又可以

进行细分。

不同类型的光纤中传导模式的有效折射率均不同，所以用其写制的光纤光栅所具有的光谱特性也不相同。采用特殊的光纤写制的光栅会具有一些特殊的应用，例如利用微结构光纤中空气孔的存在，在其中填充温度敏感材料或者液晶材料，能实现可调谐的光纤光栅。在塑料光纤中写制光栅能实现大范围的波长可调谐。

3.7.3　光纤光栅的应用

FBG 的出现为整个光纤应用领域注入了新元素，它在光纤通信、光纤传感及光信号处理等方面都发挥了重要作用。从光纤通信的角度来看，光纤光栅与其他光纤器件结合可用作光纤波分复用器以实现波分复用系统中多路信号的解复用；与稀土掺杂光纤相结合，可构成光纤激光器，并在一定范围内可实现输出波长调谐；与 LD 相结合，可构成外腔 LD，实现窄线宽、单频运转。此外，变周期光纤光栅可用于光纤的色散补偿，实现脉冲压窄的功能；采用长周期或闪耀光纤光栅，还可对掺铒的光纤放大器的增益谱进行平坦化，并且可抑制其放大引发自发辐射谱，增大可利用谱宽，提高信噪比。所有这些应用都显示出光纤光栅在整个光纤应用领域中的重要性。

与光纤通信技术相对应，光纤传感技术也为光纤光栅提供了广阔的用武之地。早在第一只光敏光栅诞生之时，Hill 等就对它的温度和应力特性进行分析，最早指出了它在温度、应力、应变等方面的传感潜力。随着光纤光栅技术的发展，人们已从单点到网络、从单参量到多参量对其进行了全面研究并获得许多有价值的实验成果。

1. 用于改善 LD 性能

FBG 与 LD 间的有机结合可以改善 LD 工作性能，具体地说在有抗反射涂层 LD 尾纤上靠近输出端写入窄带光栅，可使激光器进行单频操作。与 LD 的这种结合甚至可以实现分布反馈或分布布拉格反射式激光输出，还可对激光器进行锁模操作。

1991 年，Bird 等将光纤光栅用于 LD 外腔调制，实现了选频输出。采用光纤光栅作为外反馈元件对 LD 的输出波长进行锁定，克服了普通 LD 输出线宽大、频率不稳定等缺点，在尽可能不大幅度降低输出激光出纤功率的情况下，提高波长稳定性和边模抑制比，避免了各种不稳定情况的发生，使得信息的传输更快、更准、容量更大。另外，采用在 LD 的一个端面上涂覆消反射膜，使它有可能连续调谐波长，覆盖 8nm。最后，采用外腔 FBG 的 LD，通过调制激光器的电流，实现锁模。借助于外腔啁啾光纤光栅反射器，这种方法可产生 18.5ps 的变受限脉冲的稳定光孤子源。

2. 用作光纤激光器端镜

具备带阻滤波功能的光纤光栅可用作线腔或环形腔光纤激光器端镜。泵浦光（如 980nm 或 1480nmLD）由波分复用器耦合进入激光腔，通过有源光纤时出现放大自发辐射，其中布拉格反射波长的光波经端镜反射后返回腔中，再次通过有源光纤时，得到进一步放大。只要泵浦光功率高于阈值，可得到布拉格波长的激光输出。短腔或者相移光栅用作端镜时，上述装置可实现单频激光输出。

3. 用于光纤通信

（1）用于光纤放大器。光纤光栅与EDFA配合使用可以提高EDFA的性能，主要体现在以下两个方面：首先光纤光栅可以反射泵浦残余光。光纤光栅插入EDFA光路中用来反射泵浦残余光，既可提高泵浦效率，又可有效地阻止残余泵浦光在系统中继续传输。用于此目的的光栅一般要求带通窄、反射率高。其次光纤光栅可以使增益平坦。通信系统中为了补偿能量的损耗，必须引入EDFA，掺铒光纤对不同光波增益程度的不同使得增益曲线并不平坦，若不进行平坦化处理，在级联EDFA通信系统中，不同波长的光信号得到净放大的程度不同，以致部分波长的信号出现增益饱和，另一部分波长的信号太弱而探测不到。高速、大容量光纤通信系统的发展前景在很大程度取决于该问题的解决。闪耀光纤光栅、啁啾光纤光栅或长周期光纤光栅均可用于增益平坦。

（2）用作带通或上、下载滤波器。光纤光栅可以用作基本的滤波器。基于FBG的上、下载滤波器及波分复用器或解复器正是利用其带阻滤波特性。利用环行器和FBG实现上、下载波功能。将FBG与环行器几个端口中输入、输出以外的第三个端口连接便构成该滤波器。光纤光栅可以作为干涉滤波器使用。干涉滤波器有两种基本形式：3dB耦合器同一侧的两个端口各接一个FBG，构成Michelson干涉结构；一个3dB耦合器同侧的两个端口与另一个3dB耦合器同侧的两端口经光栅串接起来构成MZ干涉装置。两种装置都被称为干涉滤波器。光纤光栅可以作为带通滤波使用。该滤波器由特殊光栅如Moire光栅、相移光栅或者两个一般的光栅构成。它的特点是其反射带中间有个窄豁口。

（3）色散补偿。波分复用光信号在光纤中传输时，色散将导致不同波长的光波传输至同一位置所需时间不等，这成为制约高速光纤通信发展的重要因素。补偿色散最有效的办法是使用啁啾光纤光栅，因其光栅常数是位置的函数，根据补偿量的需要，只要设计相应反射波长分布的啁啾光纤光栅便可达到补偿目的。

4. 用于光纤传感

光纤光栅可将光纤中传播的光波从一种模式耦合至另一种模式上，对应的波长便是光栅间光程的量度，而该光程是温度和应变的函数。波长编码的该光子元件便可用于监测温度和应变这两个量，其他物理量（如位移、湿度、压力、电场强度、磁场感应强度、声强、振动幅度等）可以借助某种装置转化为作用于光栅的应变，从而被非常灵敏地探测。本征型的光纤光栅传感器不受电磁场干扰，可进行分布式感测，即便弱信号也可长距离传输并被处理。用在特殊场合，如煤气旁、矿井下、油田及油罐周围可对某些物理量进行安全地监测。传感回路易于植入或附着在结构表面，能够实时提供应变、温度及结构完整性方面的信息，且布置比较灵活。采用适当的技术手段，光纤光栅还可用来同时监测环境温度、应变或能引起光纤中光栅部位发生应变的其他物理量。

在同一根光纤上可制作多个光纤光栅，不同根光纤之间以适当方式连接起来，借助波分、时分、空分及复合复用信号处理技术形成传感网络，对待测量进行准分布传感，这些优点也是其他传感器不可取代的。

习题

1. 光纤连接的方法有几种？列举几种常用的光纤连接器。
2. 简述光纤耦合器的定义、作用及分类。
3. 光纤隔离器工作原理是什么？在光路中起什么作用？
4. 常用的可调谐滤波器有哪几种？
5. 光开关的应用有哪些？
6. 什么是 FBG？是谁发现并制作了第一个光纤光栅？描述 FBG 反射谱的特点。

第4章

光纤通信中的有源器件

在第1章中，我们曾提及光纤通信的发展也可以按照光源的发展来论述，本章将讨论 LD 的发展现状、LD 的工作原理、光纤激光器和光纤放大器。本章也将对光电探测器做介绍，同时涵盖了直接检测和相关检测技术。

4.1 激光二极管

激光是 20 世纪以来继原子能、计算机、半导体之后人类的又一重大发明。作为一个世界前沿的研究方向，LD 历经数十年的发展，伴随着科技的进步得到了突飞猛进的发展，也受益于各类关联技术、材料与工艺等的突破性进步。LD 具有体积小、重量轻、结构简单、功率高、寿命长、转化效率高、易于调制及可靠性高等优点，广泛用于光纤通信、工业材料处理、激光医疗、国防建设等领域。

4.1.1 激光二极管的发展现状

1962 年，美国科学家宣布研制出了第一代 LD——GaAs 同质结构注入型 LD。该结构激光器只能在液氮冷却下，以低频脉冲工作，受激辐射的阈值电流密度非常高，需要 $5\times10^4\sim1\times10^5$ A/cm^2。1963 年，美国的 Kroemer 和苏联科学院的 Alferov 提出将窄带隙的半导体材料夹在两个宽带隙的半导体材料之间构成异质结构，希望在窄带隙半导体中产生高效率的辐射复合。1968～1970 年，美国贝尔实验室的 Panish、Hayashi 和 Sumaki 成功研制了 AlGaAs/GaAs 单异质结激光器，其室温阈值电流密度为 8×10^3 A/cm^2，比同质结激光器降低了一个数量级。在美国学者专注于异质结激光器的同时，苏联科学院的 Alferov 等宣布成功研制了双异质结激光器。1978 年，LD 成功应用于光纤通信系统。为满足大容量光纤通信的需要，相继又出现了一些具有不同结构特点、高频响应特性好、热稳定性好的单纵模激光器，如分布反馈（distributed feedback, DFB）型激光器、分布布拉格反射（distributed Bragg reflection, DBR）型激光器及垂直腔面发射激光器（vertical cavity surface emitting laser, VCSEL）等。20 世纪 80 年代末，量子阱材料日趋成熟，其微分增益特性明显，使基于量子阱材料的 LD 的性能获得全面提高。20 世纪 90 年代中期，满足光纤通信低损耗窗口 1250～1650nm 波段的 LD 得以持续发展。例如，大容量光存储所需的红光和蓝光等短波长 LD 相继得以快速发展；用于信息传输、信息存储等 10mW 左右的小输出功率 LD 相继研发；用于泵浦 EDFA 的中等功率 LD 相继研发。为取代传统的灯泵浦，输出功率数瓦至百瓦量级的大功率阵列 LD 技术迅速发展，连续输出功率至千瓦量级的超大功率 LD 已直接用于材料加工。

4.1.2　激光二极管的工作原理

LD 属于结型器件，通常为“三明治”结构，即在 P 型和 N 型半导体间插入增益介质材料。增益介质材料又称有源区，两侧的 P/N 型半导体则称为限制层。与其他激光器不同，LD 无明显的反射腔镜结构，它是通过限制层与有源区之间的材料折射率差异实现增益介质材料内部的粒子数反转和受激发射。LD 载流子跃迁不同于原子、分子、离子激光器的粒子跃迁，其跃迁发生在导带中电子和价带中空穴之间。图 4-1-1 为电子在导带与价带的跃迁。

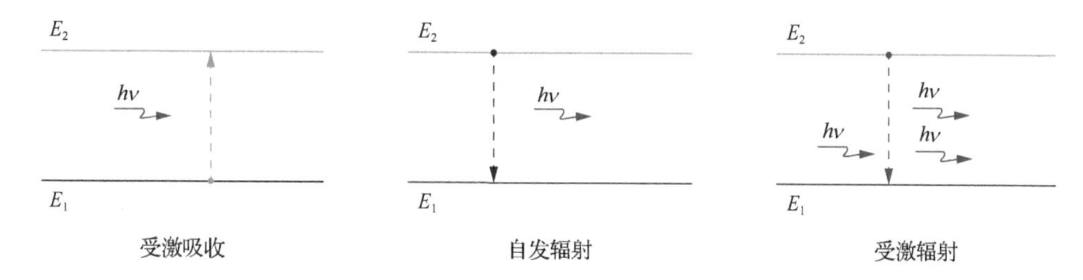

图 4-1-1　电子在导带与价带的跃迁

E_1 和 E_2 分别是低能级和高能级；$h\nu$ 是光子能量

LD 载流子之间作用包括光的自发辐射、受激吸收、受激辐射及非辐射跃迁四个阶段。直接带隙半导体在热平衡条件下，导带电子与价带空穴存在着一定的复合概率，复合的过程中会伴随着光子和能量的释放过程，我们把这个过程叫做自发跃迁。光子与半导体材料发生相互作用，会把能量传给价带中的电子，从而使得该电子更容易跃迁到导带，导致电子-空穴对在半导体材料中产生，该过程称为受激吸收。受激辐射是指具有一定能量的光子激发导带中的电子与价带中的空穴使其复合，复合后产生和入射光相同特征光子的跃迁过程。“热跃迁”是指粒子从高能态跃迁到低能态上，能量传导至晶格的原子上，使其热振动能量增加，也就是声子能量增加；跃迁中将能量传给第三个电子或空穴，使其发生跃迁，自身不发射光子的过程称为俄歇复合。以上两种跃迁都属于非辐射跃迁。

在材料方面，通常选择Ⅲ-Ⅴ族化合物作为半导体材料，如砷化镓（GaAs）、铟镓砷磷（InGaAsP）、铟铝镓砷（InAlGaAs）这些材料。

为实现激射发光，光学谐振腔也十分重要。理想的光学谐振腔由两个镜面构成，用于将光子限制在共振腔内增益介质中不断的振荡放大，当达到阈值时激射发光。其原理是：半导体材料中电子和空穴在有源区结合产生光子，而由此产生的光子激发有源区中其他的电子-空穴对，使其发出同频的光子。从而形成同方向、同频的光子群，当光子群在遇到谐振腔的镜面时，一部分射出谐振腔，其他的部分反射回有源区再次发生受激辐射，最后在谐振腔中不断重复上述过程，最终达到阈值激射发光。在实际的 LD 中，谐振腔由有源区两侧材料（限制层）的天然解理面构成。尽管其反射率低于理想的高反腔镜，但依然可以保证辐射光在谐振腔内不断地往复振荡，并最终满足阈值条件激射发光。

“满足阈值条件”的前提条件是“粒子数反转”和“增益大于损耗”。

（1）粒子数反转：一般情况下，电子填充顺序是由低能态到高能态，即先填充价带，价带填满后再填充导带。但是，利用外加电压产生载流子注入的方法，可以改变粒子分布，注入的粒子使得电子从价带被激发到导带中，在PN结周围形成大量的非平衡载流子，在复合寿命时间以内，电子在导带，空穴在价带分别达到暂时平衡。这时，导带电子和价带空穴就处于实现粒子数反转的状态，使得受激辐射大于受激吸收，实现光的放大增益。

（2）增益大于损耗：辐射光在谐振腔内放大增益的同时，会伴随大量损耗。谐振腔内的损耗主要包括镜面损耗和材料损耗。其中，镜面损耗主要包含光路几何损耗、衍射损耗和输出腔镜的透射损耗；材料损耗则源于增益介质即有源区的非激活吸收与散射损耗。因此，要实现激光的连续稳定输出，除需有足够的反转粒子数目即电子注入外，还需克服上述内部损耗，以实现光能的“正向累积”，最终达到“增益大于损耗”。

FP腔结构是最为常见的LD结构。如图4-1-2所示，它由外延生长的有源区和有源区两边的限制层构成，其主要功能是使光辐射在腔内往复振荡以获得更大的增益。

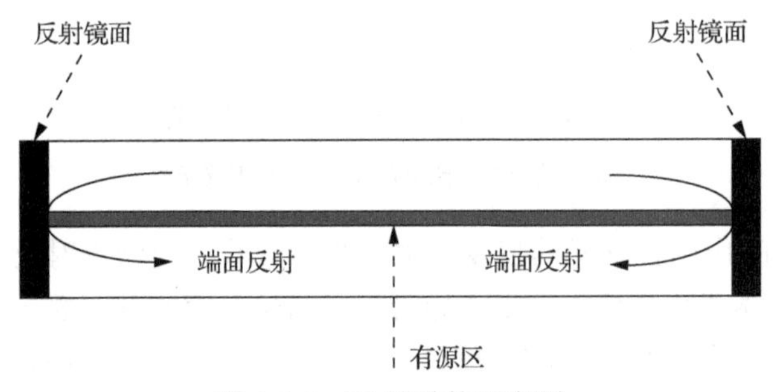

图4-1-2 FP腔结构示意图

然而，由于谐振腔由晶体的天然解理面构成，因此这种FP腔的效率不高。以双异质结LD为例，其有源区与限制层间的材料折射率差约为5%。为改善LD输出特性，基于有源区刻蚀FBG的方案被提出，即DFB型激光器。源于FBG优良的选频特性，DFB型激光器能够输出具有更窄线宽（线宽小于50MHz）、更高边模抑制比（边模抑制比大于40dB）的单纵模激光。在此基础上，为降低有源光栅的不稳定性，在有源区外侧刻蚀无源FBG的方案被提出（即DBR型激光器）。其有源区外侧的FBG构成谐振腔结构，由有源区输出的受激辐射光将被该谐振腔再次选频、放大，并最终以更窄的线宽高效输出。显然，DBR型激光器可以看作是DFB型激光器的无源版本，但受限于制备工艺的复杂性，其应用反而不如DFB型激光器广泛。

4.1.3 激光二极管组件及其在光纤通信中的应用

在实际应用中，LD通常是以激光器组件的形式出现的。简言之，LD组件是指在一个紧密的结构里，除LD芯片外，还配置其他元件和实现LD工作必要的少量电路块的集成器件。如图4-1-3所示，典型LD组件包含的其他元件如下：背光管，监视用光电二极管，其作用是监视LD的输出功率变化；热敏电阻，其作用是测量组件内温度；隔离器，其作用是防止LD输出的激光反射，实现光的单向传输；光纤，通过激光点焊将导出光纤与激光器连接的光纤部件，包含光纤、金属套管、金属化光纤等；热电致冷器

（thermo-electric cooler, TEC），一种半导体材料的热电元件，通常贴附在热沉下方以实现致冷 LD 芯片的目的。LD 组件通常采用 DFB 型激光器芯片。由于价格较高，配合热敏电阻、监视用光电二极管和热电致冷器，部分激光器组件还提供自动温控电路和自动功率控制电路，保证 LD 能够长周期、稳定地以恒定功率输出。

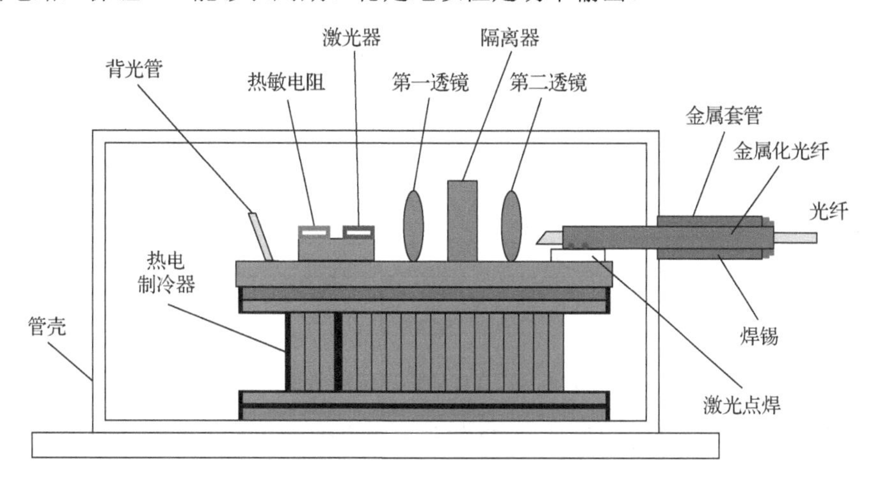

图 4-1-3　LD 结构图

1. LD 在通信中的应用

LD 由于其寿命长、调制速度高的优点，被广泛应用。在通信系统中，低功率 LD 主要作为光发射机的发射器使用，高功率 LD 则通常为光纤放大器中的泵浦源。目前，实用光纤通信传输系统的单信道速率已达到 40Gbit/s，工作于 1550nm 波段的 DFB 型激光器是优选的理想光源。但是，直接调制方式受到啁啾频移噪声的影响。正在研究与发展的 DFB 型激光器与量子阱电吸收型调制器单片集成的光源可以在 40GHz 及更高重复频率下产生 ps 量级的光脉冲，为光孤子传输提供新型光源。同时，为了突破单信道传输速率的局限，充分利用单模光纤的带宽，可采用波分复用和光时分复用（optical time division multiplexing, OTDM）混合技术。波长稳定、精确可控的光源是实现波分复用的关键。此外，开发新型量子阱 LD、级联可调谐 DFB 型激光器或 DBR 型激光器，亦是有效的潜在方案。不断发展的超大容量信息传输技术对 LD 提出了更高要求，如高调制速率、窄线宽、高重复频率。实现多波长器件的高集成化、提升与光纤的高效率耦合，开发多功能单片集成激光器是未来 LD 发展的必然趋势。

2. LD 的基本特性

LD 的基本特性有阈值特性、温度特性和波长特性。

（1）阈值特性：LD 是阈值性器件，即当输入电流大于阈值点时才有激光输出，否则为荧光输出。典型的量子阱激光器和 DFB 型激光器的阈值电流 I_{th} 一般为十几毫安。如图 4-1-4 所示，当驱动电流 I 大于阈值时，LD 的光能线性输出。此时，LD 的输出功率可表示为

$$P_{\mathrm{out}}=\eta_{\mathrm{LD}}\left(I-I_{\mathrm{th}}\right) \tag{4-1-1}$$

式中，P_{out} 为输出功率；η_{LD} 为 LD 输出斜率效率。

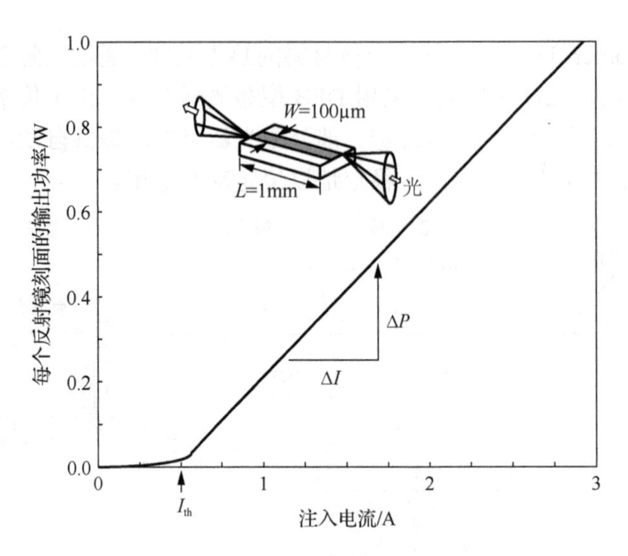

图 4-1-4 LD 的输出特性曲线

（2）温度特性：需要说明的是，LD 的斜率效率约为 30%，即约 70%的电激励会以非辐射复合（通常为热辐射）的形式释放。鉴于半导体器件自身的小尺寸特征，上述光量子复合过程所致热辐射不易迅速释放。因此，LD 工作时通常会伴随所谓的“自加热效应”，这一现象在高功率运转时尤为显著。如图 4-1-5 所示，LD 的斜率效率和阈值电流均与工作温度相关，并导致输出功率随温升而下降明显。对应地，式（4-1-1）变为

$$P_{out}=\alpha\left(T\right)\left(I-I_{th}\right) \tag{4-1-2}$$

因此，在实际的使用中，采用热电致冷器对 LD 进行冷却和温度控制是必要的，亦是保证 LD 寿命的前提条件。

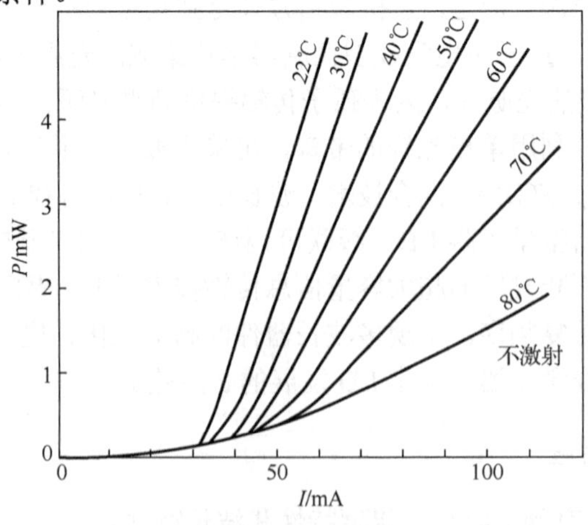

图 4-1-5 LD 温度特性

（3）波长特性：LD 的波长特性用中心波长、光谱宽度和光谱模数三个参数来描述，光谱范围内辐射强度最大值所对应的波长叫中心波长。光谱范围内辐射强度最大值下降 50%处对应波长的宽度叫谱线宽度。值得注意的是，LD 的工作过程中，其谐振腔在“自加热效应”的影响下会有微弱的“热胀冷缩”。谐振腔腔长的微弱变化会导致 LD 的输出波长发生漂移，通常该值低于 0.1nm/℃。

4.2 光纤激光器

20 世纪 60 年代初，美国光学公司的 Snitzer 首次提出光纤激光器的概念。20 世纪 70 年代初美国、苏联等国的研究机构开展了光纤激光器的基础研究。1975～1985 年，由于 LD 和光纤制造工艺的成熟，光纤激光器开始快速发展。英国南安普敦大学、德国汉堡大学、日本电报电话公司、美国斯坦福大学和贝尔实验室，相继开展了光纤激光器的研究工作。1985 年，英国南安普敦大学的研究组用 MCVD 方法成功制备单纵模光纤激光器。此后，该研究组先后报道了调 Q、锁模、单纵模输出光纤激光器及光纤放大器的相关工作。1987 年，英国通信研究实验室则展示了使用多种定向耦合器制作的光纤激光器装置，并开创性地制备了基于氟化锆光纤的多波长光纤激光器。20 世纪 80 年代后期，光纤光栅的问世为光纤激光器注入了新的生命力，多种全光纤化激光器结构被提出，并成为迄今为止的主流光纤激光器产品。

1988 年，E. Snitzer 等提出了双包层光纤，从而使一直被认为只能是小功率器件的光纤激光器得以向高功率方向突破。20 世纪 90 年代初，随着包层泵浦技术的发展，传统光纤激光器的功率水平提高了 4～5 个数量级，可谓光纤激光器发展史上的又一个里程碑。进入 21 世纪，高功率双包层光纤激光器的发展突飞猛进，最高输出功率记录在短时间内接连被打破，目前单纤连续输出功率已达到 2000W 以上。

（1）光纤激光器的分类。按谐振腔结构分类：FP 腔、环形腔、环路反射器光纤谐振腔及“8”字形腔 DBR 型光纤激光器、DFB 型光纤激光器。按光纤结构分类：单包层光纤激光器、双包层光纤激光器。按增益介质分类：稀土类掺杂光纤激光器、非线性效应光纤激光器、单晶光纤激光器。按掺杂元素分类：掺铒（Er^{3+}）、钕（Nd^{3+}）、镨（Pr^{3+}）、铥（Tm^{3+}）镱（Yb^{3+}）、钬（Ho^{3+}）激光器。按输出波长分类：S-波段（1480～1520nm）、C-波段（1525～1565nm）、L-波段（1570～1610nm）激光器。按输出激光分类：脉冲激光器、连续激光器。

（2）光纤激光器的优点：①在光纤激光器中，光纤既是增益介质又是导波介质，因此泵浦光的耦合效率相当高，加之光纤激光器便于延长增益长度，改善泵浦光吸收效率，可使总的光-光转换效率超过 60%；②光纤的几何形状具有很大的表面积体积比，散热快，工作物质的热负荷小，易于产生高亮度和高峰值功率（>140mW/cm）；③光纤激光器的体积小、结构简单、工作物质为柔性介质，可设计得相当小巧灵活，使用方便；④作为增益介质的掺杂光纤，掺杂稀土离子和承受掺杂的基质具有相当多的可调参数和选择性，光纤激光器可在 455～3500nm 光谱范围内设计运行，且由于玻璃光纤的宽荧光谱特性，插入适当的波长选择器即可实现 80nm 大尺度调谐范围。

4.2.1 光纤激光器的工作原理

掺铒光纤激光器有 FP 腔、环形腔、环路反射器光纤谐振腔及“8”字形腔等多种类型。其中，环形腔结构能有效克服增益介质的空间烧孔效应，从而实现出射光单模运转，且较易实现，是应用最广、使用频次最高的通信用光纤激光器。

典型环形腔掺铒光纤激光器（图 4-2-1）的运转原理为：980nm 半导体激光器发出的泵浦光经波分复用器耦合进入环路，经掺铒光纤三能级系统转化为波长约为 1550nm 的光；到达耦合器后，一部分耦合至输出端，另一部分则耦合到 FBG。基于 FBG 的选频特性，只有波长为 λ_B 的光波反射回耦合器。进而，隔离器使光在环路中只能沿逆时针方向传播，并再次到达 FBG，实现环路振荡。当光信号所获得的增益大于腔内损耗时，耦合器输出端得到波长为 λ_B 的激光输出。

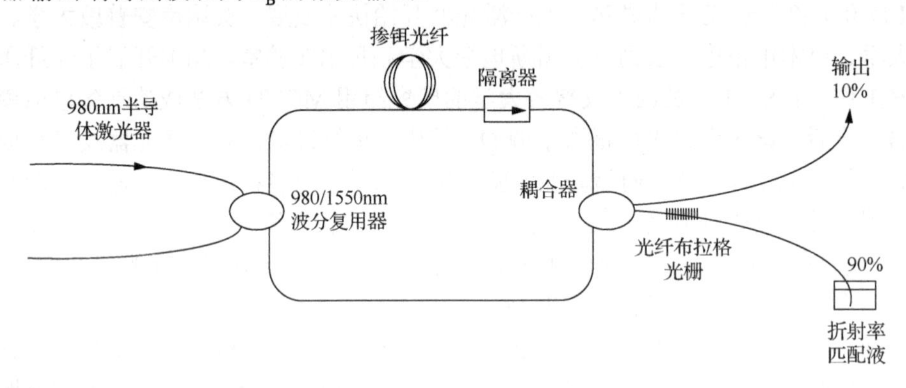

图 4-2-1　环形腔掺铒光纤激光器

4.2.2　铒镱共掺光纤激光器

铒镱共掺光纤是一种双包层光纤，由纤芯、内包层、外包层和保护层构成。

纤芯：由掺稀土元素的 SiO_2 构成，它作为激光振荡的通道，对相关波长为单模。内包层：内包层由横向尺寸和数值孔径比纤芯直径大得多、折射率比纤芯小的纯 SiO_2 构成，它是泵浦光通道。内包层的作用，一是包绕纤芯，将激光辐射限制在纤芯内；二是将泵浦光耦合到内包层，使之在内包层和外包层之间来回反射，多次穿过单模纤芯被其吸收。外包层：外包层由折射率比内包层小的软塑材料构成。保护层：最外层由硬塑材料包围，构成光纤的保护层。

铒镱共掺光纤激光器具有以下特点：高功率激光输出，多个多模半导体 LD 并行泵浦，可设计出极高功率输出的光纤激光器；由于光纤的表面积与体积之比很大，高功率光纤激光器工作时一般无须复杂的冷却装置；由于光纤掺稀土元素离子，有一个宽而平坦的吸收光谱区，因此有很宽的泵浦波长范围；多模二极管泵浦源的稳定性，其可靠运转寿命超过 100 万小时，决定了这种激光器具有高可靠性；具有极高的光束质量，这是其他高功率激光器无法相比的；电/光转换效率高，插头效率高达 20%以上；结构紧凑、牢固、不需精密的光学平台，能够适应恶劣的工作环境。

4.2.3　实用型光纤激光器

可调谐光纤激光器有较宽的波长调谐范围，比染料激光器的化学性质更稳定，不需低温运行，潜在应用价值显著。

1. 反射镜+光栅形式可调谐输出谐振腔

使用闪耀光栅，若对激光中心的闪耀级次为 m 级，闪耀角为 α_B，光栅常数为 Λ，

则光栅方程为

$$\begin{cases} 2\Lambda \sin\alpha_{\mathrm{B}} = m\lambda \\ \mathrm{d}\lambda = \dfrac{2\Lambda}{m}\cos\alpha_{\mathrm{B}}\,\mathrm{d}\alpha_{\mathrm{B}} \end{cases} \tag{4-2-1}$$

转动衍射光栅，光束将相对于光栅法线的入射角在 α_{B} 附近变化，即可实现波长 λ 的调谐。窄带输出的光纤激光器，通过光纤光栅的选模作用，可达到窄带输出。

2. 调 Q 光纤激光器

谐振腔 Q 值，亦称腔的品质因子，是描述激光器谐振腔损耗大小的关键参量。Q 值高，表明谐振腔的损耗低。当泵浦源功率达到阈值条件时，且增益大于损耗，谐振腔内产生激光振荡。维持泵浦能量在阈值以上，使得激光器保持连续输出。显然，阈值与品质因子 Q 值相关联，其基本定义为

$$Q = \frac{2\pi\nu \times \text{腔内存储的能量}}{\text{每秒损失的能量}} \tag{4-2-2}$$

增加 Q 值，可提高激光器的输出功率，并压缩激光脉冲宽度。相反，若在泵浦期间保持较低 Q 值，则因阈值很高使激光器不能发生激光振荡，进而导致大量泵浦能量继续存在于增益光纤内。当增益介质达到饱和吸收时，突然升高 Q 值，则对应的振荡阈值突然降低，使得储存能量（高于阈值）在短时间内出射，产生瞬时功率很高的激光脉冲。需说明的是，调 Q 法得到的能量比自由振荡激光约低一个数量级。但是，自由振荡激光器输出的脉冲宽度通常为毫秒量级，调 Q 后得到的激光脉冲宽度则仅几十纳秒。对应地，激光器的输出功率可获得上万倍增益，瞬时输出功率高达 10^5～10^6kW。

4.3　光纤放大器

自 20 世纪末，随着科学技术的迅猛发展，通信领域的信息传送呈爆炸式加速膨胀。相应地，信息传送网络的带宽需求亦需加速扩容，才能够满足日益增长的信息服务的需要。传统的电子通信器件存在着速率极限，制约了电信号作为高速通信信号的进一步发展。伴随着光纤损耗的快速降低，由 20dB/km 降低到 0.2dB/km，光纤已经成为通信网的重要传输介质，加之光纤通信器件的飞速发展，使得光纤通信网络成为现代高速点对点通信网络的首选。这一时期，光纤通信技术，与微电子技术、计算机技术并列为现代通信系统中的关键技术。

通信光纤的典型损耗值为 0.2dB/km，一方面保证光信号可在光纤内长距离传输，另一方面也意味着从“长距离传输后的光信号其损耗是不可忽略的”。例如，传输 100km 后，光信号的损耗将达 20dB，即光能损耗为初值的 1%。考虑到上千千米的骨干网规模，光信号放大技术是光纤通信网络研究中的关键技术之一。传统光放大器采用“光-电-光”模式，在中继节点需将输入光信号转换为电信号放大后，再将放大的电信号转换为光信号输出。上述“光-电-光”过程的弊端为，设备复杂、能耗大，信号延迟大，传输速率受限。为保证光信号的透明传输，光放大器势在必行。20 世纪 90 年代初，EDFA 的商用彻底解决了上述问题，并为单纤内 DWDM 提供了技术支撑。此后，光纤通信的大

容量传输记录不断被刷新。

时至今日，光纤放大器已成为长距离光纤通信系统中继节点处的必备器件。如图 4-3-1 所示，典型的光放大器分为半导体光放大器（semiconductor optical amplifier, SOA）和光纤放大器两大类。SOA 具有小型化、响应快、易于集成等优点，主要有谐振式和行波式两种结构。但其与光纤的耦合损耗较大，且对光偏振敏感，易于产生“四波混频”等非线性噪声。因此，SOA 仅在光纤通信的初期作为光放大器被使用，目前更多被用作“光开关”器件。

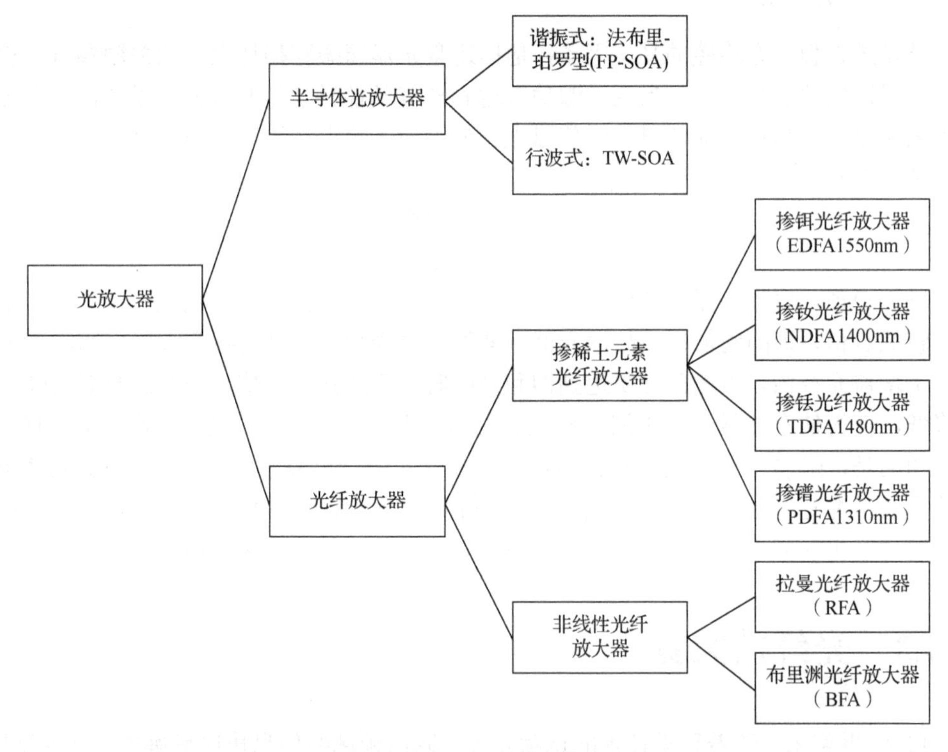

图 4-3-1　光放大器分类

TW-SOA：行波半导体光放大器（travelling wave-semiconductor optical amplifier）

光纤放大器则主要分为非线性光纤放大器和掺稀土元素光纤放大器。

非线性光纤放大器是利用强泵浦光对通信光纤（或特种光纤）进行激发，使光纤产生“拉曼散射”“布里渊散射”等非线性效应，并将能量转换给输入信号光，完成相应波段内的小信号放大。比较而言，拉曼光纤放大器具有更宽、更平坦的增益谱，并可与 EDFA 结合，构成混合放大器，因而在光纤通信网络中受到了更多关注。

掺稀土元素光纤放大器（rare-earth doped fiber amplifier, RDFA），通过特殊工艺在单模光纤的纤芯层掺入极小浓度的稀土元素（如铒、镨、钕等离子），制备相应的掺铒光纤、掺镨光纤、掺钕光纤及双包层光纤。掺杂离子在泵浦光激励作用下，向上跃迁到亚稳定的高激发态；在信号光的诱导下，向下跃迁产生受激辐射，形成对信号光的相干放大。选择不同的掺杂元素，可使光纤放大器在不同波段窗口工作。

随着光纤通信向高速宽带网络方向发展，对于光纤放大器的性能提出了更高的要求。将两种光纤放大器结合（如：EDFA 与拉曼光纤放大器结合），可以使其在获得大带宽和平坦增益的同时，得到较大输出功率和较低的噪声特性，显著提升光纤放大器的性能。

4.3.1　掺杂光纤放大器

1. 掺铒光纤放大器

1985～1986 年，英国南安普敦大学的 Payne 等有效解决了掺铒光纤的热淬火问题，首次提出了用 MVCD 方法研制纤芯掺杂的铒光纤，并实现了 1550nm 低损耗的激光辐射。1987 年，他们采用 650nm 染料激光器作为泵浦源，获得了 28dB 的小信号增益。同年，美国贝尔实验室的 Desurvire 等采用 514nm 氩离子激光器作为泵浦源获得 22.4dB 的小信号增益。采用 980nm（或 1480nm）半导体激光泵浦的 EDFA 具有增益高、频带宽、噪声低、效率高、连接损耗低、偏振不灵敏等特点，在 20 世纪 90 年代初得到了飞速发展，成为当时光纤放大器研究发展的主要方向，极大地推动了光纤通信技术的发展。“EDFA+DWDM+NZDF+光子集成（photonic integrated circuit, PIC）”成为国际上长途高速光纤通信线路的主要技术方向。

EDFA 是目前技术最成熟的光纤放大器。EDFA 取代了传统的“光-电-光”的中继方式，实现了单根光纤中多路信号的同时放大，传输光纤还可实现良好的耦合，在 1.5μm 到 1.6μm 波段具有高增益大输出功率的特点。但是总的说来，EDFA 属于集总式光纤放大器，在实际传输工程中随着距离的增加，单纯使用 EDFA 尤其是多个 EDFA 级联放大，系统噪声积累现象会很严重。EDFA 利用掺入石英光纤的 Er^{3+}作为增益介质，如图 4-3-2 所示。EDFA 的工作原理是受激发射，采用掺杂稀土离子的光纤作为增益介质。

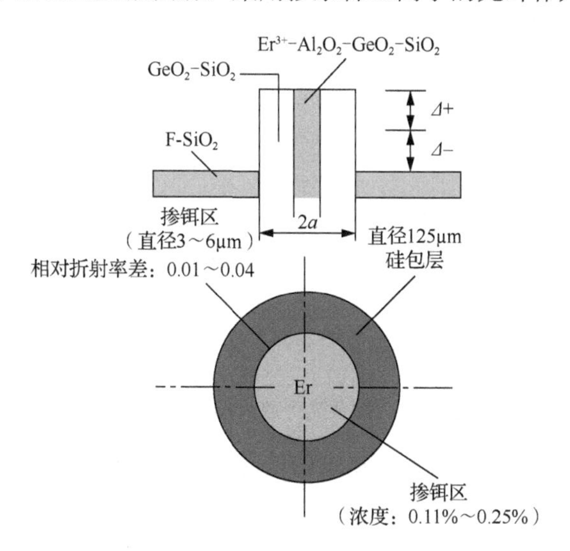

图 4-3-2　掺铒光纤结构和折射率分布

Er^{3+}在未受任何光激励的情况下，处在低能级 E_1 上，如图 4-3-3 所示。当用泵浦源的激光不断地激发掺铒光纤时，处于基态的粒子获得了能量就会向高能级跃迁。由 E_1 跃迁至 E_3，粒子在 E_3 这个高能级上是不稳定的，它将迅速以无辐射过程落到亚稳态 E_2 上，在该能级上，粒子相对来讲有较长的存活寿命，由于泵浦源不断地激发，则 E_2 能级上的粒子数不断增加，而 E_1 能级上的粒子数减少。这样，在 EDF 中就实现了粒子数反转分布状态，满足了实现光放大的条件。

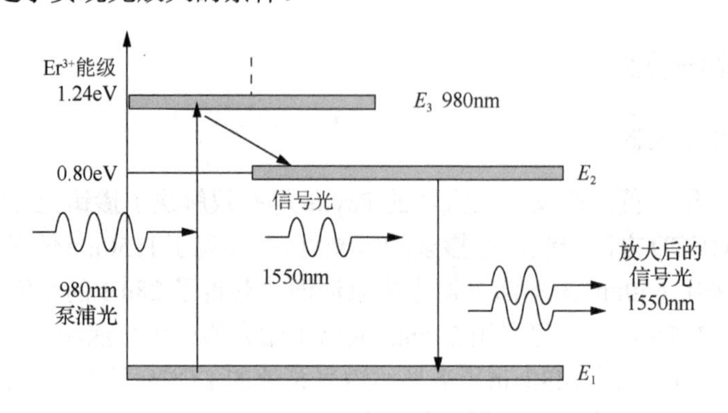

图 4-3-3 铒离子能级图

当输入光信号的光子能量 $E_k = h\nu$ 恰好等于 E_2 和 E_1 的能级差时，即 $E_2 - E_1 = h\nu$，则亚稳态 E_2 上的粒子将以受激辐射的形式跃迁回到基态 E_1 上，并辐射出和输入光信号的光子一样的全同光子，从而大大增加了光子数量，使得输入信号光在 EDF 中变为一个强的输出光信号，实现了光的直接放大。

在硅石英光纤的受主杂质里，由于非晶态的影响，Er^{3+}的能级发生展宽。EDFA 的泵浦可以采用 1480nm、980nm、800nm、650nm 等多种波长。但是，由于短波长的泵浦光具有较强的受激带吸收现象，泵浦效率比较低，因此一般只采用 1480nm 和 980nm 的 LD 作为泵浦源。

掺杂光纤放大器的基本结构如图 4-3-4 所示。波分复用把信号光和泵浦光耦合进掺杂光纤，光信号在掺杂光纤中得到放大。光隔离器保持光单向传输，隔阻了反向自发辐射放大（amplification spontaneous emission, ASE）。

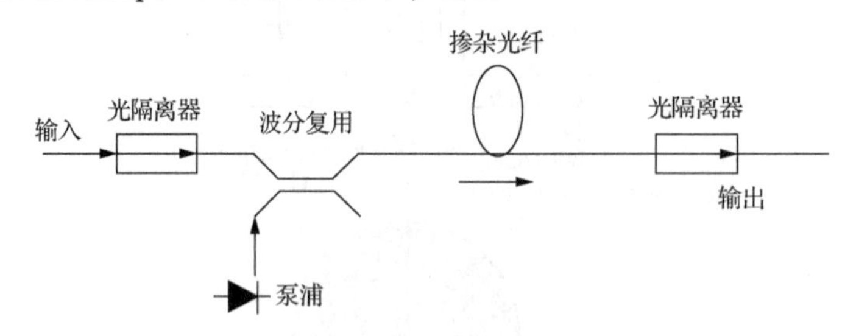

图 4-3-4 掺杂光纤放大器的基本结构

（1）EDFA 的增益。指 EDFA 输出端的信号功率与输入端的信号功率的比值，通常用分贝（dB）表征。计算公式为

$$G = 10\lg\frac{P_{out}}{P_{in}} \tag{4-3-1}$$

式中，P_{out} 是 EDFA 输出端的信号功率；P_{in} 是 EDFA 输入端的信号功率。

（2）EDFA 的增益带宽。通常是以增益最大值为起点，向两边减小到最大值的一半所对应的波长范围。如果以 dB 形式表征，减小值为 3dB，因此增益带宽又被称为 3dB 带宽。均匀展开条件下，增益谱的谱线形状呈洛伦兹线性，可表示为

$$g(\nu)=\frac{\Delta\nu}{2\pi}\cdot\frac{1}{2\pi(\nu-\nu_0)^2+\left(\frac{\Delta\nu}{2}\right)^2} \tag{4-3-2}$$

式中，$\Delta\nu$ 是自然加宽带宽，$\Delta\nu=1/2(\pi\tau)$；ν_0 是中心频率。

（3）EDFA 的饱和输出功率和功率转换率。饱和输出功率是放大器功率输出能力的体现，通常指小信号增益下降至 3dB 时，输出的信号功率。理论上讲，EDFA 的输出功率会随着输入功率的增加而呈现线性增加的趋势。但是，实际上随着输入功率的增加，上能级的粒子被不断消耗减少，受激辐射的光功率就不能持续增加，从而出现输出功率饱和的现象。饱和输出功率的公式为

$$P_{\text{sat}}^{\text{out}}=P_{\text{sat}}^{\text{in}}10^{(G_{\max}-3)/10} \tag{4-3-3}$$

式中，$G_{\max}$ 是小信号增益。

功率转换效率（power conversion efficiency, PCE）是用来衡量 EDFA 性能的指标之一，其公式为

$$\text{PCE}=\frac{P_{\text{s}}^{\text{out}}-P_{\text{s}}^{\text{in}}}{P_{\text{s}}^{\text{in}}} \tag{4-3-4}$$

（4）EDFA 中的噪声。主要包含 ASE 与信号之间的拍频噪声、散弹噪声和被放大 ASE 的散弹噪声等。其中 ASE 是光纤放大器的基本噪声源。通常情况下，可以把 ASE 噪声近似看成白噪声。

噪声系数(noise figure, NF)是用来衡量 EDFA 固有噪声特性的参数,通常是指 EDFA 输入端 SNR 与输出端 SNR 之比。计算公式为

$$\text{NF}=10\lg\frac{\text{SNR}_{\text{in}}}{\text{SNR}_{\text{out}}} \tag{4-3-5}$$

式中，SNR_{in} 和 SNR_{out} 分别代表输入端的信噪比和输出端的信噪比。

通常来说，NF 的值越小，就表示 EDFA 的抗噪声性能越好。但是，大多数 EDFA 的 NF 值都大于 3dB。噪声特性的影响因素有泵浦源的波长和功率、输入信号的波长和功率、掺铒光纤的长度和 Er^{3+}的浓度等。

EDFA 工作于 1550nm 波长，掺钕和掺镨光纤放大器则通常用于 1310nm 波长的光纤通信系统。这些光纤放大器连接到光纤通信系统中，只需把掺杂土光纤与常规通信用单模光纤熔接即可，连接损耗很小。此外，EDFA 还具有增益高、噪声低、带宽大、泵浦效率高和极化不敏感等优点。

2. 掺镨光纤放大器

掺镨光纤放大器（praseodymium doped fiber amplifier, PDFA）工作在 1310nm 波段。PDFA 对现有通信线路的升级和扩容有重要的意义。目前，已经研制出低噪声、高增益的 PDFA，但它的泵浦效率不高，工作性能不稳定，增益对温度敏感，离实用还有一段距离。

3. 掺钕光纤放大器

掺钕光纤放大器（neodymium doped fiber amplifier, NDFA）这种放大器早期也有人研究，其放大波长与掺镨光纤放大器差不多，也是在1300nm左右，但由于Nd^{3+}在1300nm的跃迁会与波长1060nm的跃迁产生竞争，所能获得的增益并不高。另外，掺钕光纤放大器的增益频谱区位于1300nm光纤通信窗口的长波长一侧，所以1300nm的光纤放大器更多地还是使用掺镨光纤放大器。

4. 双包层光纤放大器

双包层光纤放大器（double-clad fiber amplifier, DCFA），由于单模光纤的纤芯较小，泵浦功率很难有效地耦合到纤芯中，目前的掺稀土光纤放大器的输出功率只有200mW左右。近年来国际上发展了一种新型双包层掺稀土光纤，它的输出功率达到几瓦。连续输出功率10～20W双包层光纤激光器已达商用水平，实验室水平已达110W。

双包层光纤由纤芯、内包层和外包层构成。折射率沿径向变化为纤芯大于内包层，而内包层的折射率大于外包层折射率。泵浦光在内包层中传播，并以折线方式反复穿越掺杂纤芯，而信号光则在掺杂纤芯内传播。较小的纤芯直径能保证单模信号的输出，较大的内包层直径则有利于泵浦光的耦合。采用大横向尺寸、大数值孔径的内包层泵浦技术，便于泵浦光与光纤之间的耦合，且有比普通单模光纤大得多的耦合效率。双包层光纤的另一主要优点是不再要求泵浦光是单模激光，可以使用大功率多模LD作为泵浦源。

4.3.2 拉曼光纤放大器

拉曼光纤放大器（Raman fiber amplifier, RFA）的基本工作原理为受激拉曼散射（stimulated Raman scattering, SRS），即某一波长的光在光纤中传输时，由于入射光场与分子介质的非线性参量相互作用，该光场能量被部分转化为频率较低的散射光场能量和分子振动能。量子力学将这一过程描述为：入射光波的一个光子被一个分子散射成为另一个低频光子，同时分子完成振动态之间的跃迁。作为泵浦光的入射光产生斯托克斯波的频移光，频率下移量由介质的振动模式决定。如果一弱信号光与一强泵浦光同时在光纤中传输，并使弱信号光的波长置于泵浦光的拉曼增益带宽内，那么高能量、较短波长的泵浦光散射会将一小部分入射功率转移到频率下移的信号光上，于是，弱信号光就得到了放大。图4-3-5直观地描述了RFA结构图及其能级图，其中ω_{cz}为反斯托克斯光角频率，ω_z为斯托克斯光角频率，ω_v为分子振动角频率，ω_p和ω_s分别为泵浦光和信号光的角频率。泵浦光和信号光通过波长选择耦合器注入同一根光纤。当两束光沿光纤同向传输时，基于SRS效应，能量从泵浦光转移到信号光束而实现放大。当然，也可以选择让泵浦光和信号光在光纤内相向传输，形成背向拉曼散射。但一般而言，背向拉曼散射的能量远远弱于同向传输SRS。

综上，SRS是光纤中一种典型的非线性参量。它起因于光场与介质相互作用过程中的受激非弹性散射，即在这一过程中光场将部分能量传递给介质。其量子力学图像为入射泵浦光的一个光子的湮灭，同时产生一个频率下移的斯托克斯光子和一个与介质振动激发态有关的声子。为保证整个SRS过程中的能量和动量守恒，所产生的声子应具有恰当的能量和动量。

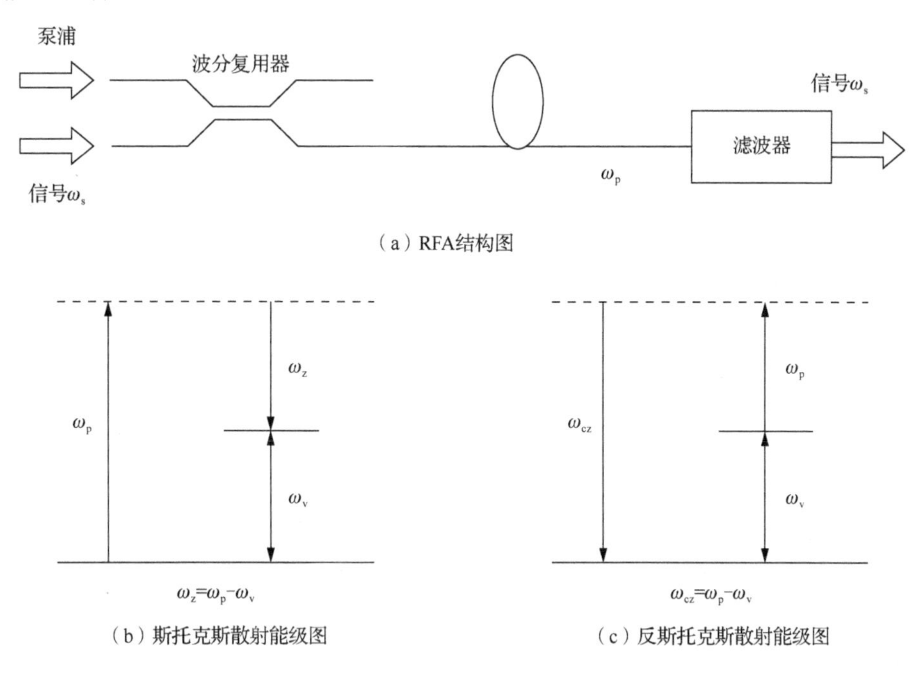

（a）RFA结构图

（b）斯托克斯散射能级图

（c）反斯托克斯散射能级图

图 4-3-5　RFA 结构图及其能级图

1. RFA 的增益特性

RFA 的增益介质可以是特种光纤，亦可以是普通单模光纤，差异仅为光纤介质的长度。一般而言，选择普通单模光纤作为 RFA 增益光纤时，其长度通常需达到 20km 及以上。因此，RFA 具有分布式结构特征。典型的分布式 RFA 的增益分为净增益和开关增益两种。净增益是指放大器输出端信号光与输入端信号光的功率比值，表达式为

$$G=\lg\frac{P_{\text{out}}}{P_{\text{in}}} \tag{4-3-6}$$

在实际应用中，计算净增益需要扣除噪声功率，所以修正后的表达式为

$$G=\lg\frac{P_{\text{out}}-N_{\text{out}}}{P_{\text{in}}-N_{\text{in}}} \tag{4-3-7}$$

式中，N_{in}、N_{out} 分别为输入、输出噪声功率。

开关增益则是指有泵浦光时输出光功率与无泵浦光时输出光功率的比值，其“dB”形式的公式为

$$G_{\text{on-off}}=\lg\frac{P_{\text{on}}}{P_{\text{off}}} \tag{4-3-8}$$

2. RFA 的增益带宽

RFA 的增益带宽指以增益最大值处为起点，当向光谱两侧减小到最大值的一半时，所对应的波长范围；如换成“dB”形式，则为向光谱两侧减小 3dB，也被称为 3dB 带宽。

NF 可以表征 RFA 本身固有的噪声特性，其原始公式为

$$\mathrm{NF}=\frac{\mathrm{SNR_{in}}}{\mathrm{SNR_{out}}}=\frac{N_{\mathrm{out}}}{N_{\mathrm{in}}} \tag{4-3-9}$$

3. RFA 的优点

拉曼放大是一个非谐振过程，其增益响应仅依赖于泵浦光波长及带宽，选择合适的泵浦源就可以对任何信号光进行放大，对于开发光纤的整个低损耗区具有无可取代的地位。增益介质为传输光纤本身，与光纤系统兼容良好。它可以利用现在已有的大量铺设的 G.652 或者 G.655 光纤作为增益介质，对光信号进行分布式放大，从而实现长距离的无中继传输和远程泵浦，尤其适用于海底通信等不适合建立中继器的地点。RFA 具有大带宽、噪声低、串扰小、温度稳定性好等特点。这不但可以显著改善光放大过程产生的噪声积累，还可以大大减弱光纤中非线性效应的影响，从而提高系统传输容量和传输距离，在光纤通信中具有广泛的应用前景。光纤放大器的饱和功率高，增益谱的调整方式直接而且多样，放大作用的时间短，可以实现对超短脉冲的放大。RFA 的优点可以总结如下。

（1）能够提高系统容量。传输速率不变的情况下，可以通过增加信道复用数来提高系统容量。开辟新的传输窗口是增加信道复用数的途径，拉曼放大器的全波段放大恰好符合要求。分布式 RFA 的低噪声特性可以减小信道间隔，提高光传输的复用程度，提高传输容量。

（2）补偿 DCF 的损耗。DCF 的损耗系数比较大，远大于单模光纤和非零色散位移光纤的损耗系数。采用 EDFA 虽然可以补偿 DCF 的损耗，但是信噪比不理想，而采用 RFA 补偿 DCF，既可以进行色散和损耗的补偿，同时还可以提高信噪比。

（3）增加无中继传输距离。光传输系统信噪比决定着光传输系统的距离，分布式 RFA 的等效噪声指数较低（−2～0dB），比 EDFA 的噪声指数低 4.5dB，利用分布式 RFA 作为前置放大器可明显增大无中继传输距离。

（4）拓展频谱利用率和提高传输系统速率，RFA 的全波段放大的特性使得它可以工作在光纤低损耗区，极大地拓展了频谱利用率，提高了传输系统速率。分布式 RFA 是将现有系统的传输速率升级到 40Gbit/s 的关键器件之一。RFA 已经被广泛应用于光纤传输系统中，特别是超长跨距的光纤传输系统，如海底光缆、陆地长距离光纤干线等。

（5）实现通信系统升级。在光接收机性能不变的前提下，如果增加系统的传输速率，要保证接收端的误码率不变，就必须增加接收端的信噪比。采用与前置放大器相配合的 RFA 来提高信噪比，是提高系统性能的方法之一。

由于 RFA 具有全波段放大、低噪声、可以抑制非线性效应和进行色散补偿等优点，近年来引起了人们的广泛关注，现在已经逐步走向商务领域。RFA 主要用作分布式 RFA，辅助 EDFA 进行信号放大，也可以单独使用，放大 EDFA 不能放大的波段，克服了 EDFA 的级联噪声大及增益带宽有限等缺点。目前 RFA 在长距离骨干网和海底光缆中传输的地位已经得到认可，在城域网中，RFA 也有其利用价值。通信波段扩展和密集波分复用技术的运用，给 RFA 带来了广阔的应用前景。RFA 的一系列优点，使它有可能成为下一代光纤放大器的主流。

EDFA 与 RFA 有很大的区别，下面从增益带宽、增益、饱和频率、泵浦源、放大频带等方面对两者做简单的比较，如表 4-3-1 所示。

表 4-3-1　EDFA 与 RFA 典型特性比较

特性	EDFA	RFA
增益带宽	20nm	48nm，如果使用多个泵浦源，增益带宽会更宽
增益	20dB 或更高，取决于掺杂离子浓度、光纤长度和泵浦源配置	4～11dB，与泵浦光强度及有效光纤长度成正比
饱和频率	取决于发射功率和介质材料	取决于泵浦光波长
泵浦源	980nm 或者 1480nm	比最大增益信号的频率高 13.2THz
放大频带	取决于介质	取决于泵浦光波长
设计	复杂	简单

近年来，分布式 RFA 以其优异的噪声特性成为长跨距传输中的关键器件，国内也对其特性展开了系列理论和实验研究。分布式 RFA 在长跨距系统中的应用需要向传输光纤中功率达到瓦级的泵浦光，会引入一系列安全问题，极大地提升了系统运行和维护成本。遥泵（remote pump, RP）光纤放大器结合了 RFA 与 EDFA 的优势，形成优势互补。它将一段掺铒光纤插入传输光纤中，通过专门的输送光纤或者传输光纤本身，从远端将泵浦光注入掺铒光纤，将集总增益引入传输跨段中。这一技术被普遍应用在无中继的海缆光纤通信系统中。近年来，RP-EDFA 在有光中继的长距离、超长距离 DWDM 系统中的应用逐渐引起人们的重视。相关实验表明，RP-EDFA 在延长系统跨距上作用突出。

4.3.3 混合光纤放大器

随着光纤放大器的出现，基于波分复用技术的光纤通信系统的传输能力得到快速提升。光器件技术的进步和更高系统容量需求的增加，促使研究人员更加关注具有更大带宽的多泵浦源 RFA。然而，在长距离光纤通信传输系统中，光纤放大器不仅需要较大的增益和较大的带宽，还需要实现增益谱的平坦化。混合光纤放大器能够将不同光纤放大器的优势结合，从而改善放大系统的性能。

下面举例说明 EDFA/RFA 混合光纤放大器。图 4-3-6 给出了四种典型的 EDFA/RFA 混合光纤放大器结构。

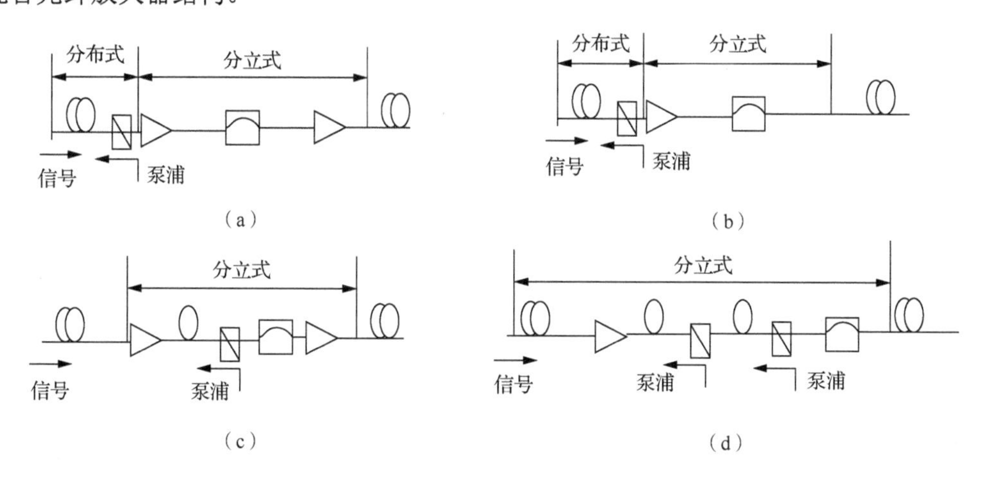

图 4-3-6　混合光纤放大器的典型结构

类型（a）和（b）混合光纤放大器结构由一个在线放大的分布式 RFA 和一个由 EDFA

构成的分立式放大部分组成。类型（a）中的分立式放大部分是一个两级 EDFA，中间插入一个增益均衡器；类型（b）中的分立式放大部分是一个单级的 EDFA 和一个外置的增益均衡器。类型（c）和（d）中应用的是分立式放大部分。类型（c）中包含一个两级 EDFA，内置一个增益均衡器和一段掺锗的大数值孔径的拉曼光纤；类型（d）分立式放大系统包括一个 EDFA，外置的增益均衡器和一个两级的 RFA。

4.3.4 光纤放大器在光纤通信中的应用

光纤放大器具有高功率和高增益放大的特点，适用于各种不同的光纤通信系统。图 4-3-7 为 EDFA 在光纤通信系统中的三种应用。图 4-3-7（a）中，光纤放大器作为在线放大器设置在光纤线路中，在光纤的光信号劣化到不能工作之前放置一个光纤放大器，这类放大器也称为在线放大器，要求具有较高的增益。图 4-3-7（b）中，光纤放大器直接连接到光发射机的光输出端口，提高光发射机的发送功率，增加传输距离，这种放大器称为功率放大器，要求光纤放大器具有较高的饱和输出功率。图 4-3-7（c）中，光纤放大器位于光接收机之前，以提高系统接收灵敏度，增加传输距离，这种放大器称为前置放大器，其特点是有低的噪声系数。在长距离的光纤通信线路中经常采用多个相隔一定距离的在线放大器级联，来延长无光/电转换的传输距离，降低光纤通信系统的成本。

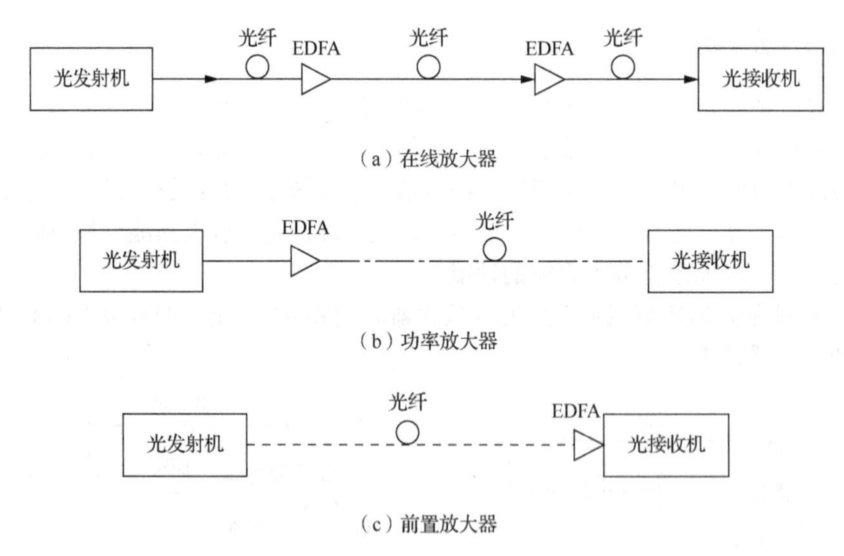

图 4-3-7 EDFA 在光纤通信系统中的三种应用

4.4 光电探测器

经过调制的光信号由光发射机发出经过复杂的传输网络到达光接收机，光接收机对光信号进行解调接收，还原为各种客户所需的电信号。这里我们讨论用于光信号检测的光电探测器。

4.4.1　光电探测器的种类及材料

光电探测器是光接收机的一个基本组成成分，并且是一个决定整个系统性能至关重要的器件。由于接收到的光信号很弱，所以光电探测器必须满足高性能的要求。其中最重要的是在响应的波长范围上具有高灵敏度、最小系统附加噪声、快速响应速度及足够带宽。另外，光电探测器应对温度变化不敏感，并有适宜的物理尺寸、合理的价格和较长的使用寿命。

光电探测器有多种不同类型，其中包括光电倍增管、焦热电探测器和半导体基底的光电探测器。但某些光电探测器不能满足前面提出的要求。光电倍增管由一个光电阴极和一个密封在真空管中的电子倍增管构成，可以提供很高的增益，且噪声很小。但较大尺寸和高电压的要求使其不适用于光纤系统。它们可以用于光学空间通信。焦热电探测器的工作原理是将光子转化为热。吸收光子致使探测器材料的温度发生改变，这种改变通常用电容变化来度量。在很宽的光谱范围内，这些光电探测器的响应都相当平坦，但是由于温度变化需要时间，所以其效率低且响应时间相对较慢。因此，这种光电探测器也不适用于光纤系统。

在半导体基底的光电探测器中，光电二极管由于尺寸小、材料适当、灵敏度高且响应时间短而常常被用于光纤系统。两种常用的光电二极管是 PIN 光电二极管和雪崩光电二极管（avalanche photodiode, APD）。

当光信号的波长在 0.8～0.9μm 的范围内，且速度足够（几百兆赫兹）、逃逸电导率可忽略不计、暗电流小且长期稳定时，硅（Si）光电二极管具有很高的灵敏度。因此，这种光电探测器被广泛用于第一代系统，并已经实现商用化。硅的最大响应波长为 1.09μm（带隙能量 E_g=1.14eV），所以它至多适用到此波长。对于长波范围 1.1～1.6μm，集中考查具有较窄带隙的半导体材料，尤其是锗（Ge）和Ⅲ-Ⅴ族化合物。锗可以适用于整个光纤通信波长范围（0.5～1.8μm），但其带隙比其他半导体材料窄，因而其光电二极管的暗电流相对较大，这是锗光电二极管的一个主要缺点，特别是对小于 1.1μm 的较短波长。Ⅲ-Ⅴ族化合物好于锗，因为通过改变其成分的相对浓度就可以使其带隙适用于光纤通信的波长，从而得到较小的暗电流。而且，这种光电二极管还能以异质结构制造，以提高其工作速度。三重合金，例如在 InP 和 GaSb 上分别沉积 InGaAs 和 GaAlSb，已经被用来制造长波范围的光电二极管。特别地，与 InP 相匹配的合金 $In_{0.53}Ga_{0.47}As$（E_g=0.75eV）晶格可以响应的波长高达 1700nm，它已经被广泛用于制造工作波长为 1300nm 和 1550nm 的光电二极管。四重合金，例如在 InP 上生长 InGaAsP 及在 GaSb 上生长 GaAlAsSb，也可以用于探测上述波长。下面的表 4-4-1 给出了常用光电探测材料的有用波长范围及其特性。

表 4-4-1　光电探测材料（Si, Ge, InGaAs 和 InGaAsP）的一些特性

材料	波长范围/μm	波长峰值/μm	峰值响应率/(A/W)	过量噪声指数	空穴和电子碰撞离化率
Si	0.3～1.1	0.8	0.5	0.3～0.5	0.02～0.04
Ge	0.5～1.8	1.5	0.6	1.0	0.7～1.0
InGaAs	1.0～1.8	1.7	0.75	0.5～0.8	0.3～0.5
InGaAsP	1.0～1.6	1.4	0.7	0.4～0.9	0.2～0.6

近期，相干光纤通信的快速发展，使得 APD 的应用成为研究热点。按应用波长划分，APD 主要有 Si-APD、Ge-APD 和 InGaAs-APD 三大类。在光纤通信系统中，Si-APD 用于探测 790～900nm 范围光波。在 1000～1400nm 波长范围内，由于二氧化硅光纤损耗极低（约小于 1dB/km），且会出现脉冲色散。在 1310nm 波长附近，这种光纤有最低的损耗和色散。由于 InGaAs 材料在 1000～1400nm 波长范围的吸收系数在$10^4 cm^{-1}$，其制作的 APD 用来探测 1000～1400nm 波长范围的光更具有相对高的响应度和灵敏度，所以Ⅲ-Ⅴ族化合物制作的 APD 逐步取代硅，在光纤传感和光纤通信等领域已经得到广泛的应用，并逐步占据主导地位。日立已开发出一种台面结构的以 InAlAs 为倍增材料的 APD，这种结构的 APD 在 10Gbit/s 的工作速率下获得的增益带宽乘积达 120GHz。由 Lenox 等研制的 InP/InGaAs SAGCM-APD 增益带宽积高达 290GHz。在 1550nm 工作的台面结构谐振腔增强型（resonant cavity enhanced, RCE）InGaAs/InAlAs SACM APD 具有 290GHz 的增益带宽积，而 InAlAs/InGaAs 波导 APD 增益带宽高达 320GHz。德国太平洋硅传感器公司 Pacific Silicon Sensor，推出一种非常适合自由空间光纤通信传输应用的 350～1000nm 波段的 APD 模块，它包括一个直径 500μm 的低噪声 Si-APD 和一个高速跨阻抗放大器，采用 T0-5 封装，为高速低价器件。APD 的材料发展及优缺点见表 4-4-2。

表 4-4-2　APD 的材料发展及优缺点

APD 的材料	优缺点
Si	普遍应用于微电子领域，但其工作波长为 400～1100nm，不适合制备目前光纤通信领域普遍接受的 1310nm 和 1550nm 波长范围的器件
Ge	工作在 800～1550nm 波段，但是锗的制备工艺困难，且其空穴和电子碰撞离化率比率接近 1，产生的噪声很大，所以无法制备高性能的器件
InP/InGaAs	InGaAs 材料的工作波长为 900～1700nm，InP 材料增益特性比较好，由于空穴和电子碰撞离化率（0.4～0.5）比较大，导致剩余噪声比较高
InAlAs/InGaAs	相比于 InP 材料，InAlAs 材料具有更高的增益特性和更低的剩余噪声。InAlAs 材料的空穴和电子碰撞离化率为 0.2～0.3，击穿电场为 400～650kV/cm，使其迅速应用于 10Gb/s 的光纤通信系统。在制备工艺上，InAlAs 材料更困难
Si/Ge	利用 Si 材料在噪声特性上的优势（空穴和电子碰撞离化率小于 0.1），可以制作 Si 倍增层，窄带隙 Ge 为吸收层的 APD 结构，这样的结构增益和噪声特性都比较好，但是晶格失配导致的暗电流较大

4.4.2　光电二极管

光电二极管的工作原理为：当入射光的能量 $h\nu$ 大于半导体 PN 结材料的带隙能量 E_g 时，在探测器的有源区产生电子-空穴对；在外加反向偏压的作用下，电子向 N 区漂移，空穴向 P 区漂移，空穴和从负电极进入的电子复合，电子离开 N 区进入正电极，这样就在外回路中产生光电流。当入射光功率变化时，光电流也随着变化，从而实现了光信号被吸收然后转化成电信号的物理过程。然而，普通光电二极管存在着量子效率和响应带宽之间的相互制约关系。为了提高光电二极管的量子效率，通常采用增加光吸收层厚度的方法来实现。但是，增加光吸收层厚度带来的缺点是延长了空穴和电子在有源区域的迁移时间，导致光电二极管的高速响应带宽迅速降低。为了解决这一问题，通常使用高反射镜来增强光电二极管的背向反射，进而在不改变有源区厚度的前提下，通过增加光的背向反射，提高光电二极管中有源区的光吸收效率，由此来提高光电二极管的量子效率。为了提高光电二极管的量子效率，我们首先想到利用分布布拉格反射来实现，分布布拉格反射镜在理论上反射效率可以高达 99%，但是，存在的缺点是在生长反射镜时需要精确控制每层薄膜厚度和折射率的大小，这样的缺点阻碍了反射镜在光电二极管中的应用。为提升光敏探测器的响应速度，正-本征-负结型 PIN 光电二极管应运而生。PIN 光电二极管是在普通的 PN 结中间加入一个本征的 I 层作为耗尽层，I 层用来吸收入射光的光子，PIN 光电二极管结构如图 4-4-1 所示。

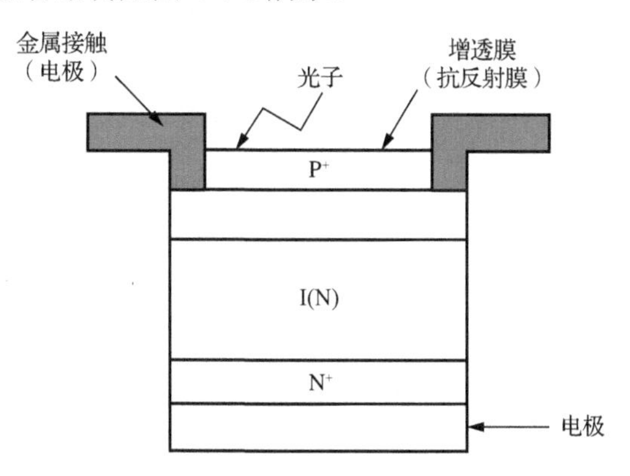

图 4-4-1　PIN 光电二极管结构图

PIN 光电二极管的耗尽层电容为

$$C_{\mathrm{d}}=\frac{\varepsilon_0\varepsilon_{\mathrm{r}}A}{d} \tag{4-4-1}$$

式中，ε_0、ε_{r} 分别为真空介电常数、材料的相对介电常数；d 为 I 层厚度；A 为 PIN 光电二极管的接受光照的截面积。PIN 光电二极管的响应时间由光生载流子穿越耗尽层厚度决定。增加 W 可使得更多的光子被吸收，从而增加量子效率，这时载流子穿越时间为

$$t_{\mathrm{dr}}=\frac{W}{V_{\mathrm{d}}} \tag{4-4-2}$$

式中，W 为耗尽层厚度；V_{d} 为载流子漂移速度。

从式（4-4-2）可以发现耗尽层厚度增加，载流子穿越时间也增加，从而导致光电二极管的截止频率降低。

由此可知，增加耗尽层厚度虽然可以提高量子效率（下面将会讨论量子效率），但降低了器件的高速性能。

1. 响应度与量子效率

光电二极管的响应度是描述光电探测器灵敏度的参量，它表征光电探测器将入射光信号转换为电信号的能力。响应度定义为：在给定波长的光照条件下，光电二极管的输出平均电流 I_{p}（或光电压）与平均入射光功率 P_{in} 之比，可表示为 $R_0(\lambda)$，光电二极管的响应有随入射光的波长而变化的特性。

$$R_0(\lambda)=\frac{I_{\mathrm{p}}}{P_{\mathrm{in}}}=\left(\frac{\lambda}{1.24}\right)\left(1-\mathrm{e}^{-\alpha W}\right) \tag{4-4-3}$$

式中，λ 为入射波长；α 为光吸收系数。

量子效率，定义为光电探测器产生的平均光电子数与入射光子数之比。

$$\eta = \frac{\text{产生的电子-空穴对数}}{\text{入射光子数}} = \frac{I_p/e}{P_{in}/h\nu} \tag{4-4-4}$$

式中，e是一个电子的电荷量，所带负电荷量为1.6021892×10^{-19}C，将式（4-4-3）代入可得

$$\eta = R_0(\lambda)\cdot\frac{h\nu}{e}(\times100\%) \tag{4-4-5}$$

按现有水平制作的光电二极管，入射100个光子可产生30～95电子-空穴对，所以η值在30%～95%。η与R_0都与入射波长λ有关。若将h、c、e的常数代入，并且未知波长λ以μm值代入，则可获得R_0和η的实用公式为

$$\eta = \frac{R_0(\lambda)}{\lambda}\times1.24(\times100\%) \tag{4-4-6}$$

$$R_0(\lambda) = \frac{\eta\lambda}{1.24} \tag{4-4-7}$$

制作一个高量子效率或高响应率的光电二极管需要注意以下三个方面。

（1）光敏面要做得很薄。因为光敏面是高掺杂的材料，这里产生的光生载流子需在零场区经过缓慢扩散，才能达到耗尽区成为外部光电流，这些载流子在扩散过程中常常被复合而消失。极薄的光敏面可使光生载流子复合的概率减小，大部分能顺利地到达耗尽区，从而提高量子效率。

（2）耗尽区要足够宽，使入射光的全光程都能产生载流子。例如下面讲到的APD光电探测器结构中，耗尽层厚度应大于17μm才能保证全光程产生载流子，厚度小了量子效率将减低。

（3）为了减小光敏面的光反射损失，可在其表面镀一层抗反射膜/增透膜以提高量子效率。

2. 响应速度

光电二极管的响应速度表示它的光/电转换快慢，是个定性的概念。响应速度受三个因素的控制：载流子扩散，在耗尽层外产生的载流子扩散到PN结，这势必引起很大的时间延迟，所以PN结应尽可能地接近表面来使扩散效应尽量减小；电子和空穴在耗尽区的漂移时间，这是影响响应速度的主要因素；耗尽层电容，耗尽层太宽，载流子漂移时间长，耗尽层太窄，电容大，RC时间变长，所以耗尽层的宽度要综合考虑。对于硅光电二极管来说，其响应时间一般是几纳秒，但在专门设计的快速光电二极管中，响应时间可以小到几皮秒。

3. 噪声

在光电二极管中，其噪声可能来自载流子的产生-复合的随机性，也可能来自载流子无序通过结区，通常称这种噪声机构为散粒噪声，也是光电探测器中的重要噪声，其噪声功率可表示为

$$i_{sn}^2 = 2e\left(I_p + I_d\right)B \tag{4-4-8}$$

式中，I_p为光电流；I_d为反向暗电流；B为光电二极管响应带宽，与光纤通信带宽相对应。PIN光电二极管的暗电流I_d由体内电流和表面电流组成，主要由器件的PN结缺陷及表面漏电所决定。

要减小器件的噪声，提高信号检测的灵敏度，应使光电二极管的暗电流远远小于其所检测到的光信号电流。暗电流中，隧道电流主要受到温度和材料掺杂情况的影响，而产生-复合电流是暗电流中最主要的一项。采用背面光照的平面器件结构可降低暗电流。假如 N 型耗尽区足够宽，所有的光子都将在这一层中被吸收，采用浅结扩散技术可避免由于一部分光在 P-GaInAs 层中吸收所产生的表面复合，并使光子能量接近带隙能量时的量子效率。同时载流子直接产生于耗尽区内，不需要从 P 型层扩散到耗尽区，因而其响应速度也可能更快。

4.4.3　雪崩光电二极管

PIN 光电二极管需要 5～10V 的偏置电压，而 APD 需要 30～70V 甚至更高的偏置电压。高偏置电压的电路设计比较复杂，且 APD 的内部噪声远超 PIN 光电二极管，导致其应用受限。但是，由于 APD 具有较高的内部增益和响应度，大大提高了器件的信噪比和灵敏度，所以 APD 始终被称为是光纤通信系统潜在的备选器件。

在 PN 结光电二极管中，随着置于 PN 结上的反向偏压的增加，耗尽层内的电场强度也增加。当反向偏压增加到一定值时，进入耗尽层的光生载流子被电场加速而获得足够大的动能，当其与晶格碰撞时使价带中的电子激发到导带而产生新的电子-空穴对。这些电子-空穴对又被电场加速而获得足够大的动能，又可以产生新的电子-空穴对。以此类推，耗尽层内的载流子数目剧增，发生雪崩效应，从而使反向结电流倍增。PIN 光电二极管与 APD 最大差别是：PIN 光电二极管不能使原信号光电流发生倍增，而 APD 能够使原信号光电流发生倍增，从而使接收灵敏度增加。但是在雪崩效应的同时，噪声电流也会被放大，引入新的噪声成分。APD 的结构与特征及优缺点如表 4-4-3 所示。

表 4-4-3　APD 的结构特征及优缺点

APD 的结构	结构特征及优缺点
PIN-APD	倍增效应和光子吸收发生在同一区域，在高偏压下隧道效应很严重，导致主要由隧穿电流决定的暗电流很大，致使抗噪声性能较差
SAM-APD	引入带隙较宽的材料（如 InP）作为高雪崩区来减小隧穿电流，窄带隙材料的吸收区（如 InGaAs）提供了长波长的灵敏度，但由于倍增区和吸收区异质界面处带隙的不连续性，导致空穴在异质界面处堆积，从而增大响应时间
SAGM-APD	在 InP 和 InGaAs 层之间插入带隙渐变层 InGaAsP，解决了倍增区和吸收区异质界面处带隙的不连续性问题，但抗噪声性能还是较差
SAGCM-APD	引入电荷层，改善倍增层和吸收层的电场分布，大大提高了器件速率和响应度
WG-APD	侧面入光，所以吸收层厚度可以做到很薄，这样器件带宽增大，也可以做得很长来增大量子效率。但吸收层厚度变薄使光耦合效率降低，且由于在进光面抗反膜和切片工艺的影响，使其性能变差，但这些问题都可以通过改进结构逐步解决
RCE-APD	在器件的顶部和底部设计分布布拉格反射结构，这种结构由于电子在经过多次发射后，即使在吸收层很薄的情况下，量子效率也可以增加，同时也满足了带宽要求。但由于反射镜的复杂制备工艺，完全实用化还需要进一步探索

注：SAM-APD 为吸收区和倍增区分置雪崩光电二极管（separate absorption and multiplication avalanche photodiode）；SAGM-APD 为吸收区、定级区和倍增区分置雪崩光电二极管（separate absorption, grading and multiplication avalanche photodiode）；SAGCM-APD 为吸收区、定级区、电荷区和倍增区分置雪崩光电二极管（separate absorption, grading, charge and multiplication avalanche photodiode）；WG-APD 为波导雪崩光电二极管（waveguide avalanche photodiode）；RCE-APD 为谐振腔增强型雪崩光电二极管（resonant cavity enhanced avalanche photodiode）。

APD 的结构类型主要有拉通型和保护环型，因拉通型结构的 APD 不仅能得到载流子倍增，且过剩噪声较小，所以使用较为广泛。拉通型 APD 的结构如图 4-4-2 所示。该结构在实际中很常用，因为其载波倍增伴随的附加噪声很小。它由 P^+-π-P-N^+ 层组成，其中 π 层是基本固有材料。当二极管反偏时，存在小的可以忽略的光电流，从而使绝大部分的外加电压通过 PN^+ 结。随着偏压的增加，结的峰值电场和损耗区宽度都会有所增加。在某个特定电压水平上，这个电场比雪崩衰减的极限大约小 10%，而损耗层恰好穿过本征的 π 区。故此，我们称之为拉通型 APD。

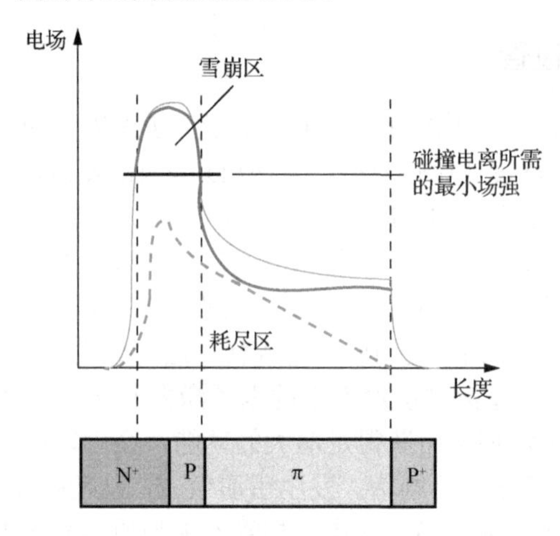

图 4-4-2 拉通型 APD 的结构

APD 通常工作于全衰减模式。光子通过 P^+ 区进入器件，并被产生电子-空穴对的高阻抗 P 层吸收。于是，该区相对较弱的电场将载波分离，使电子和空穴漂移进入高电场区，发生雪崩倍增，从而得到增益因子。

事实上，只有一种类型的载波有利于碰撞电离，它们往往是电子。尽管存在两种类型的载波可以提高器件的增益，但也会带来一些不希望得到的现象，例如，由两种载波产生的连续层叠会导致不稳定性和突如其来的雪崩衰减。碰撞的随机过程会增加器件噪声，并花费比单倍增过程更多的时间，从而导致带宽减小。

下面从雪崩增益、噪声特性两个方面来讨论 APD 的基本特性。

1. 雪崩增益

在加入反向偏压的情况下，电子或空穴在电场作用下获得足够的能量，与晶格碰撞产生新的电子-空穴对，这种现象称为碰撞电离。新的电子和空穴在电场作用下重新获得能量，继续碰撞，再产生电子-空穴对。当反向偏压增大到某值，反向电流就急剧增大，于是 PN 结就发生了雪崩击穿。

APD 的敏感程度也可以用响应度来描述。与 PIN 光电二极管类似，APD 的响应度为

$$R_{\text{APD}} = \frac{\eta e}{h\nu} M = R_0 M \tag{4-4-9}$$

式中，R_0 为单位倍增的响应度；M 为增益因子。

增益因子 M 取决于工作偏压（从 10V 到 100V）、器件衰减电压和结温度。在衰减电压条件下，APD 的增益对温度很敏感，特别是高偏压时。所以，有必要控制环境温度，

或者用热电冷却器控制光电二极管的温度或通过调谐偏压来自动补偿增益变化。控制环境温度的成本较高，而后两种方法需要附加电路，会使器件温度稳定性降低。在不同温度下，APD 的增益因子 M 随反向偏置电压 U 的变化如图 4-4-3 所示。

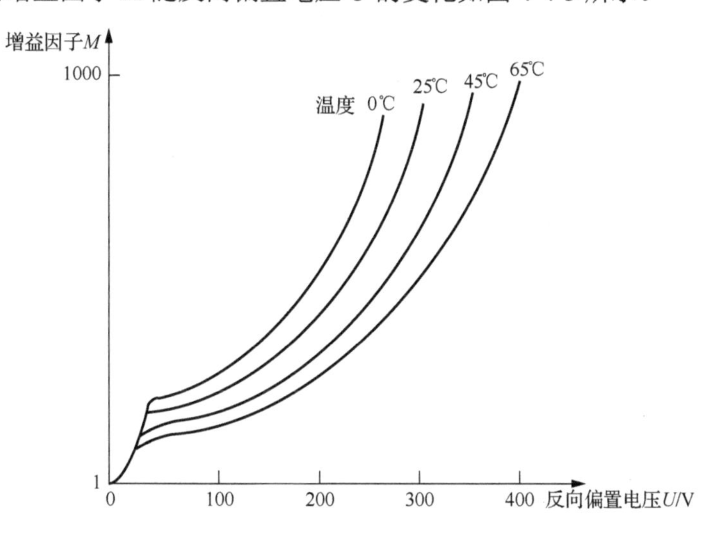

图 4-4-3　在不同温度下，APD 的增益因子 M 随反向偏置电压 U 的变化

2. 噪声特性

APD 的 M 随偏压加大而增加，但伴随噪声的倍增增长速度比 M 更快，如图 4-4-4 所示，接近击穿电压时，会使器件噪声剧增。

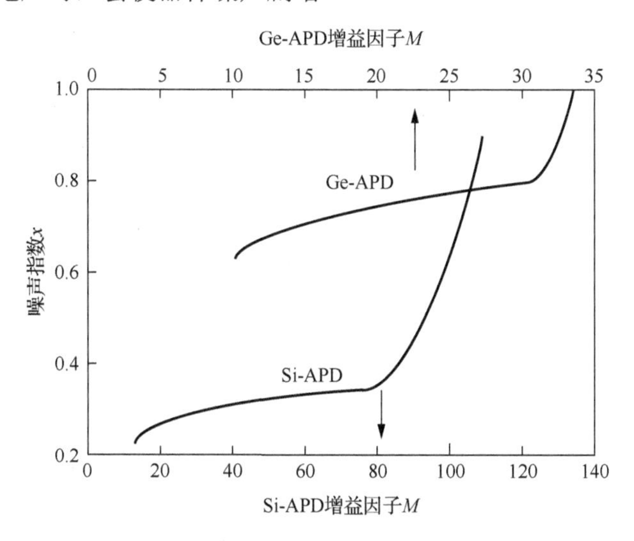

图 4-4-4　锗、硅雪崩光电二极管的噪声特性

所以在使用中，M 不要选得过大，应服从最佳工作状态，即工作在动态范围内。所谓 APD 的增益因子为 M，并不意味着每一瞬时光电流都倍增了 M 倍。M 值是一个统计平均值。由于载流子碰撞电离是随机的，迫使外部光电流出现起伏，“起伏”就是噪声的本质。

APD 噪声的倍增又称过剩噪声（excess noise），它与流过器件的电流有以下关系：

$$\overline{i_{\mathrm{sn}}^2} = 2eI_{\mathrm{P0}}M^{2+x} \cdot B \tag{4-4-10}$$

式中，$\overline{i_{\mathrm{sn}}^2}$ 是噪声的均方值；I_{P0} 是初始光电流；x 是噪声指数；M^x 是噪声因子。

式（4-4-10）说明，噪声随 M 和 x 的增大而上升很快。x 值的大小取决于制作 APD 的不同材料和 APD 的结构，对硅保护环型 APD，x 在 0.5～0.7，硅拉通型 APD 在 0.3～0.6，锗保护环型 APD，$x \approx 1$，锗拉通型 APD 在 0.7～0.9。InP 系列的异质结 APD，x 在 0.5～0.8。此外，雪崩区场强大的管型，x 也较大。拉通型 APD 有宽 π 区，降落在雪崩管区的场强小于保护环型 APD 的场强。所以拉通型 APD 的 x 值较小。更可贵的，当外施偏压波动，拉通型 APD 的宽 π 区吸收了极大部分的电场增量，所以雪崩区场强变化甚微。保护环型 APD 则不然，在很窄的雪崩区要承受全部的场强增量，不仅噪声有起落，工作稳定性也较拉通型 APD 的差。

■ 习题

1. 简述 LD 工作原理。
2. 叙述 LD 的基本特性。
3. 论述光纤激光器工作原理。
4. 讨论光纤放大器在光纤通信中的应用。
5. 比较 PIN 光电二极管与 APD 之间的异同。
6. Si-PIN 光电二极管具有直径为 0.4mm 的光接收面积，当波长 700nm 的红光以强度 0.1mW/cm^2 入射时，产生 56.6nA 的光电流。请计算 PIN 光电二极管的灵敏度和量子效率。

第5章

光纤通信系统

光纤通信从提出到应用有近五十年的时间，光纤的应用范围从初期的市话局间中继到长途干线，并进一步延伸到用户接入网，从数字电话到有线电视，从单一类型信息的传输到多种业务的传输。目前，光纤已成为信息宽带传输的主要介质，光纤通信系统成为未来国家信息基础设施的支柱。按照传输信号类型不同可将光纤通信系统分为模拟光纤通信系统和数字光纤通信系统两类。其中模拟光纤通信系统中的光信号强度随电信号的变化而线性变化，通俗地讲，就是光有“明”和“暗”之分。数字光纤通信系统中的光信号与数字电信号相似，只有两种状态——“亮”和“灭”，即“亮”为“1”，“灭”则为“0”。

5.1 模拟光纤通信系统

模拟光纤通信首先要在信源端将欲传送的电话、电报、图像和数据等信号进行电/光转换，即把电信号先变成光信号，将电信号送至光发射机，对光源发出的光波进行调制。再经由光纤传输到信宿，信宿必须将接收到的光信号做与发送端相反的变换，即进行光/电转换将光信号变成电信号，从而完成一次光纤通信的全过程。包括电信号系统的模拟光纤通信系统模型由信源、电发射机、光发射机、光纤、光中继器、光接收机、电接收机和信宿几部分构成，如图5-1-1所示，我们在第1章中简要介绍过与光信号相关的通信组成部分。

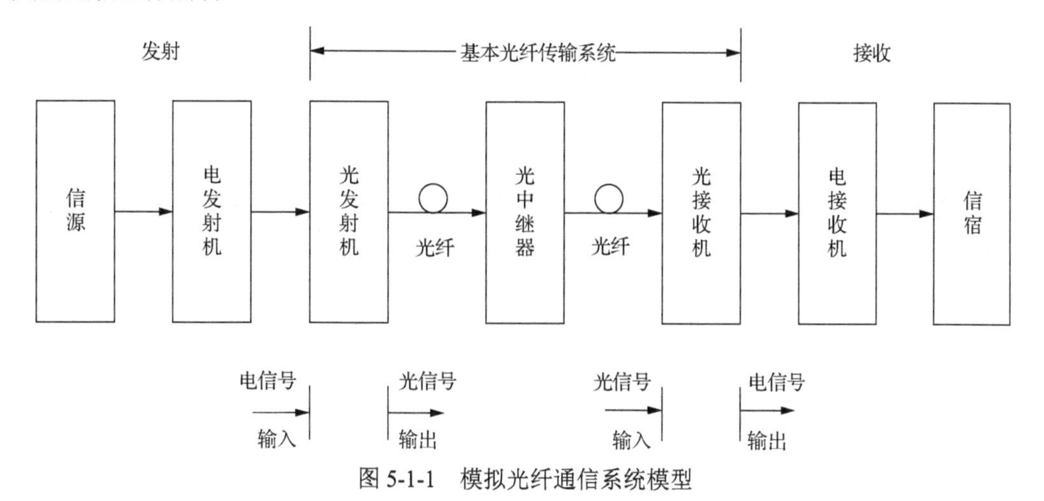

图 5-1-1　模拟光纤通信系统模型

其中信源的作用是把用户信息转换为原始电信号，这种信号称为基带信号。电发射机的作用是把基带信号转换为适合信道传输的信号，这个转换如果需要调制，则其输出信号称为已调信号。光发射机的作用是把输入电信号转换为光信号，并利用耦合技术把光信号最大限度地注入光纤线路。光发射机由光源、驱动器和调制器组成，光源包括LED和LD。光纤线路把来自光发射机的光信号，以尽可能小的畸变（失真）和衰减传输到光接收机，是信息的传输介质。光信号经光纤传输若干距离后，由于光纤的损耗和色散的影响，出现信号失真。光中继器用来放大变小的信号，恢复失真的波形，使光脉冲再生。光接收机的作用是把从光纤线路输出、产生畸变和衰减的微弱光信号转换为电信号，并经放大和处理后恢复成发射前的电信号。光接收机由光电探测器、放大器和相关电路组成，光电探测器是光接收机的核心，对光电探测器的要求是响应度高、噪声低和响应速度快。目前被广泛使用的光电探测器有两种类型：在半导体PN结中加入本征层的PIN光电二极管和APD，在第4章中我们进行了讨论。电接收机的作用与电发射机的作用相反，它把接收的电信号转换为基带信号。信宿的作用是接收信息并恢复用户信息。

实用的光纤通信系统一般都是双向的，每一端都有光发射机、光接收机、电发射机和电接收机，并且每一端的光发射机和光接收机组合在一起，称为光端机，电发射机和电接收机组合起来称为电端机。同样，中继器也有正反两个方向。在实际应用中，作为一个完整的光纤通信系统，还应包括光中继器、监控系统、脉冲复接系统、脉冲分离系统、告警系统及电源系统等，还需使用光连接器、光衰减器、解复用器、光纤耦合器、复用器、光滤波器、光开关等光源器件。

在光纤通信中，作为载波的光波频率比电波频率高得多，而作为传输介质光纤又比铜轴电缆或波导管的损耗低很多，因此相对电缆通信或微波通信，光纤通信具有许多独特的优点，在第1章中我们做过讨论。

5.1.1 模拟光纤通信系统的调制方式

模拟光纤通信系统的调制方式主要有以下三种方式：模拟基带直接光强调制、模拟基带间接光强调制和频分复用光强调制。

1. 模拟基带直接光强调制

模拟基带直接光强调制是用承载信息的模拟基带信号，直接对发射机光源，即LED或LD进行光强调制，使光源输出光功率随时间变化的波形和输入模拟基带信号的波形成比例。20世纪70年代末期，光纤开始用于模拟电视传输时，采用一根多模光纤传输一路电视信号的方式，就是这种基带传输方式。所谓基带，就是载波调制之前的视频信号频带。对广播电视节目而言，视频信号带宽最高频率是6MHz，加上调频的伴音信号，这种模拟基带光纤传输系统每路电视信号的带宽为8MHz。用这种模拟基带信号对发射机光源进行直接光强调制，若光载波的波长为850nm，传输距离不到4km，若波长为1.3μm，传输距离也只有10km左右，这就是第一代光纤通信系统。这种光纤传输系统的设备简单而且价格低廉，因而在短距离传输中得到广泛应用。

2. 模拟基带间接光强调制

模拟基带间接光强调制方式是先用承载信息的模拟基带信号进行电的预调制，然后用这个预调制的电信号对光源进行光强调制。这种系统又称为预调制直接光强调制光纤传输系统，主要有以下三种。

（1）频率调制。先用承载信息的模拟基带信号对正弦载波进行调频，产生等幅的频率受调的正弦信号，其频率随输入的模拟基带信号的瞬时值而变化。然后用这个正弦调频信号对光源进行光强调制，形成调频-强度调制（frequency modulation-intensity modulation, FM-IM）光纤传输系统。

（2）脉冲频率调制。先用承载信息的模拟基带信号对脉冲载波进行调频，产生等幅、等宽的频率受调的脉冲信号，其脉冲频率随输入的模拟基带信号的瞬时值而变化。然后用这个脉冲调频信号对光源进行光强调制，形成脉冲调频-强度调制（puls frequency modulation-intensity modulation, PFM-IM）光纤传输系统。

（3）方波脉冲频率调制。先用承载信息的模拟基带信号对方波进行调频，产生等幅、不等宽的方波脉冲调频信号，其方波脉冲频率随输入的模拟基带信号的幅度而变化。然后用这个方波脉冲调频信号对光源进行光强调制，形成方波脉冲调频-强度调制（square wave pulse frequency modulation-intensity modulation, SWFM-IM）光纤传输系统。

采用模拟基带间接光强调制的目的是提高传输质量和增加传输距离。由于模拟基带直接光强调制光纤传输系统的性能受到光源非线性的限制，一般只能使用线性良好的 LED 作光源，但是 LED 入纤功率很小，所以传输距离很短。在采用模拟基带间接光强调制时，驱动光源的是脉冲信号，它基本上不受光源非线性的影响，所以可以采用线性较差、入纤功率较大的 LD 器件作光源。

实现一根光纤传输多路信号有多种方法，目前现实的方法是先对电信号复用，再对光源进行光强调制。对电信号的复用可以是频分复用（frequency division multiplexing, FDM），也可以是时分复用（time division multiplexing, TDM）。FDM 系统的电路结构简单、制造成本较低而且模拟和数字兼容，传输容量只受光器件调制带宽的限制，与所用电子器件的关系不大，这些明显的优点，使 FDM 多路传输方式受到广泛的重视。

3. 频分复用光强调制

频分复用光强调制方式用每路模拟基带信号，分别对某个指定的射频电信号进行调幅或调频，然后用组合器把多个预调射频（radio frequency, RF）信号组合成多路宽带信号，再用这种多路宽带信号对发射机光源进行光强调制。光载波经光纤传输后，由远端光接收机进行光/电转换和信号分离。因为传统意义上的载波是光载波，为区别起见，把受模拟基带信号预调制的 RF 载波称为副载波，这种复用方式也称为副载波复用（subcarrier multiplexing, SCM）。

副载波复用模拟电视光纤传输系统的一个光载波可以传输多个副载波，各个副载波可以承载不同类型的业务。副载波复用系统灵敏度较高，又无须复杂的定时技术，制造成本较低；前后兼容。不仅可以满足目前社会对电视频道日益增多的要求，而且便于在光纤与同轴电缆混合的有线电视系统中采用。

5.1.2 模拟基带直接光强调制光纤传输系统

模拟基带直接光强调制光纤传输系统如图 5-1-2 所示，由光发射机、光纤线路和光接收机组成。

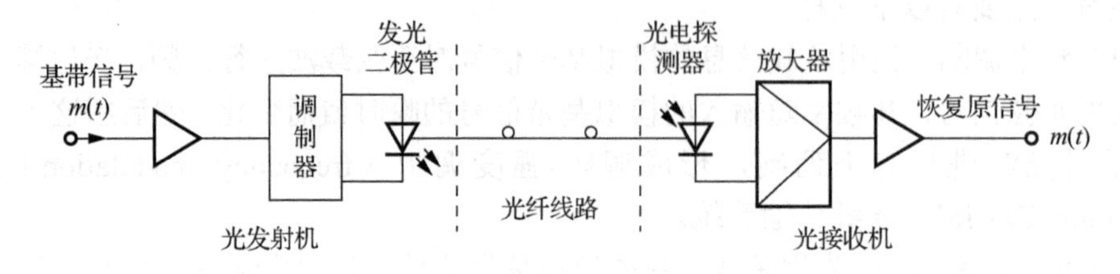

图 5-1-2 模拟基带直接光强调制光纤传输系统方框图

1. 光发射机

光发射机的功能是把模拟电信号转换为光信号。对光发射机的基本要求是：①发射光功率，即入纤光功率要大，以利于增加传输距离。在光纤损耗和接收灵敏度一定的条件下，传输距离和发射光功率成正比。发射光功率取决于光源，LD 优于 LED。②非线性失真要小，以利于减小微分相位和微分增益，或增大调制指数。LED 线性优于 LD。③调制指数要适当大，调制指数大有利于改善信噪比（signal to noise ratio, SNR）；但调制指数太大，不利于减小微分相位和微分增益。④光源温度稳定性要好。LED 温度稳定性优于 LD，用 LED 作光源一般可以不用自动温度控制和自动功率控制，因而可以简化电路、降低成本。模拟基带直接光强调制光纤电视传输系统光发射机方框图如图 5-1-3 所示，输入电视（television, TV）信号经同步分离和钳位电路后，输入 LED 的驱动电路。

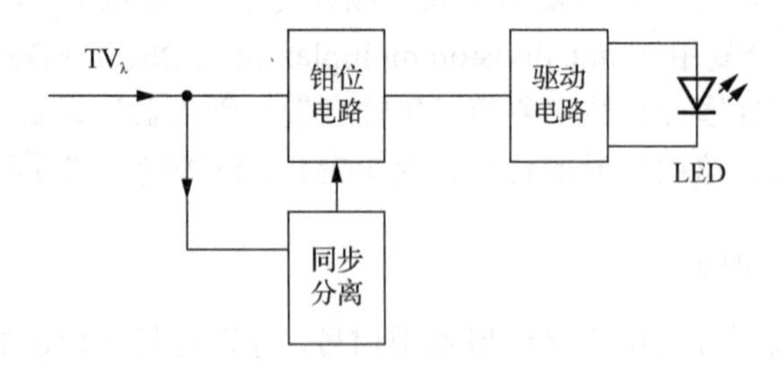

图 5-1-3 光发射机方框图

2. 光接收机

光接收机的功能是把光信号转换为电信号。对光接收机的基本要求是 SNR 要高、幅频特性要好及要有较大的带宽。模拟基带直接光强调制光纤电视传输系统光接收机方框图如图 5-1-4 所示，光电探测器把输入光信号转换为电信号，经前置放大器和主放大器放大后输出，为保证输出稳定，通常需要自动增益控制（automatic gain control, AGC）。

光电探测器可以用 PIN 光电二极管或 APD。PIN 光电二极管只需较低偏压，10～20V 就能正常工作，电路简单，但没有内增益，SNR 较低。APD 需要较高偏压，30～200V

才能正常工作，且内增益随环境温度变化较大，应有偏压控制电路。APD 的优点是有20～200倍的雪崩增益，可改善 SNR。对于模拟基带直接光强调制光纤电视传输系统，力求电路简单，光电探测器一般都采用 PIN 光电二极管。前置放大器的输入信号电平是全系统最低的，因此前置放大器决定着系统的 SNR 和接收灵敏度。主放大器是一个高增益宽频带放大器，用于把前置放大器输出的信号放大到系统需要的适当电平。由于光源老化使光功率下降，环境温度影响光纤损耗变化，以及传输距离长短不一，输入光电探测器的光功率大小不同，所以需要 AGC 电路来控制主放大器的增益倍数，使光接收机输出恒定。

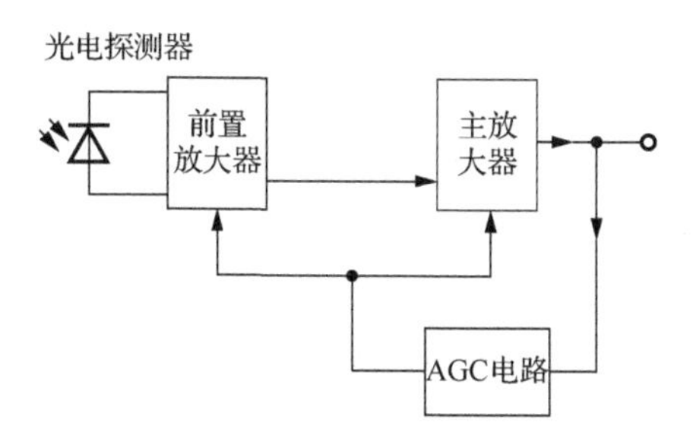

图 5-1-4 光接收机方框图

3. 特性参数

评价模拟信号直接光强调制系统传输质量的最重要特性参数是SNR和信号失真(即信号畸变)。

1）信噪比

正弦信号直接光强调制系统的 SNR 主要受光接收机性能的影响。系统的 SNR 定义为接收信号功率（P_{rs}）和噪声功率（N_p）的比值：

$$\frac{P_{rs}}{N_p}=\frac{\langle i_s^2\rangle R_L}{\langle i_n^2\rangle R_L}=\frac{\langle i_s^2\rangle}{\langle i_n^2\rangle} \tag{5-1-1}$$

式中，$\langle i_s^2\rangle$为均方信号电流；$\langle i_n^2\rangle$为均方噪声电流；R_L为光电探测器负载电阻。

SNR 一般以 dB 为单位，可表示为

$$\mathrm{SNR}=10\lg\frac{\langle i_s^2\rangle}{\langle i_n^2\rangle} \tag{5-1-2}$$

2）信号失真

为使模拟信号直接光强调制系统输出光信号真实地反映输入电信号，要求系统输出光功率与输入电信号成比例地随时间变化，即不发生信号失真。一般说，实现电/光转换的光源，由于在大信号条件下工作，线性较差，所以发射机光源的输出功率特性是直接光强调制系统产生非线性失真的主要原因。因而略去光纤传输和光电探测器在光/电转换过程中产生的非线性失真，只讨论光源 LED 的非线性失真。非线性失真一般可以用幅度失真参数——微分增益（differential gain, DG）和相位失真参数——微分相位（differential phase, DP）表示。DG 可以从 LED 输出功率特性曲线看出，其定义为

$$DG=\left[\frac{\left.\frac{dP}{dI}\right|_{I_2}-\left.\frac{dP}{dI}\right|_{I_1}}{\left.\frac{dP}{dI}\right|_{I_2}}\right]_{max}\times 100\% \tag{5-1-3}$$

DP是LED发射光功率和驱动电流I的相位延迟差，其定义为

$$DP=\left[\phi(I_2)-\phi(I_1)\right] \tag{5-1-4}$$

式中，I_1和I_2为LED不同数值的驱动电流，一般取$I_2>I_1$。

虽然LED的线性比LD好，但仍然不能满足高质量电视传输的要求。影响LED非线性的因素很多，要大幅度改善动态非线性失真非常困难，因而需要从电路方面进行非线性补偿。模拟信号直接光强调制光纤传输系统的非线性补偿有许多方式，目前一般都采用预失真补偿方式。预失真补偿方式是在系统中加入预先设计的、与LED非线性特性相反的非线性失真电路。这种补偿方式不仅能获得对LED的补偿，而且能同时对系统其他元件的非线性进行补偿。由于这种方式是对系统的非线性补偿，把预失真补偿电路置于光发射机，给实时精细调整带来一定困难，而把预失真补偿电路置于光接收机，则便于实时精细调整。

5.1.3 副载波复用光纤传输系统

图5-1-5为副载波复用模拟电视光纤传输系统方框图。N个频道的模拟基带电视信号调制频率分别为$f_1, f_2, f_3, \cdots, f_N$的射频信号，把$N$个带有电视信号的副载波$f_{1s}, f_{2s}, f_{3s}, \cdots, f_{Ns}$组合成多路宽带信号，再用这个宽带信号对光源LD进行光强调制，实现电/光转换。光信号经光纤传输后，由光接收机实现光/电转换，经分离和解调，最后输出N个频道的电视信号。

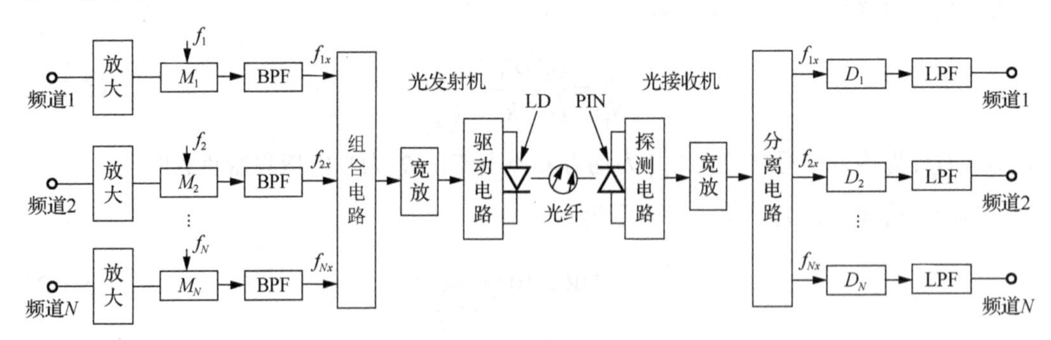

图5-1-5 副载波复用模拟电视光纤传输系统方框图

$M_t(t=1,2,\cdots,N)$表示调制器；$D_t(t=1,2,\cdots,N)$表示解调器；BPF表示带通滤波器；LPF表示低通滤波器

模拟基带电视信号对射频的预调制，通常用残留边带调幅和调频两种方式，各有不同的适用场合和优缺点。下面讨论残留边带调幅SCM模拟电视光纤传输系统。

1. 光发射机

对残留边带调幅光发射机的基本要求是：输出光功率要足够大，输出光功率特性线性要好；调制频率要足够高，调制特性要平坦；输出光波长应在光纤低损耗窗口，谱线宽度要窄；温度稳定性要好。残留边带调幅光发射机的构成如图5-1-6所示。

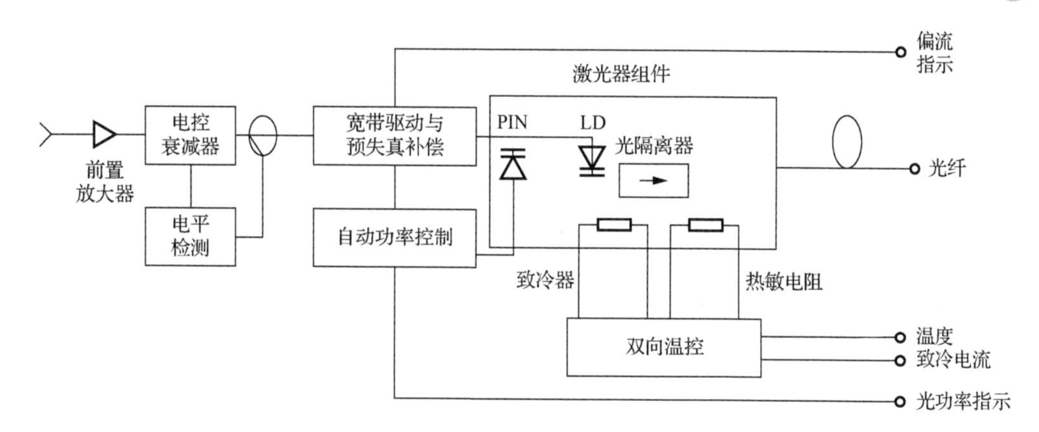

图 5-1-6　残留边带调幅光发射机的构成

输入光发射机的电信号经前置放大器放大后，受到电平监控，以电流的形式驱动激光器。LD 输出特性要求是线性的，但在实际电/光转换过程中，微小的非线性效应是不可避免的，而且要影响系统的性能。所以优质的光发射机都要进行预失真控制。方法是加入预失真补偿电路，即预失真线性器。预失真补偿电路实际上是一个与激光器的非线性相反的非线性电路，用来补偿激光器的非线性效应，以达到高度线性化的目的。为保证输出光的稳定，通常采用致冷器元件和热敏电阻进行温度控制。同时用激光器的后向输出通过 PIN 光电二极管检测的光电流实现自动功率控制。为抑制光纤线路上不均匀点反射，例如连接器的反射，在 LD 输出端设置光隔离器。

2. 光接收机

对残留边带调幅光接收机的基本要求是：在一定输入功率条件下，有足够大的 RF 输出和尽可能小的噪声，以获得大载噪比（carrier to noise ratio, CNR）或 SNR；要有足够大的工作带宽和频带平坦度，因而要采用高截止频率的光电探测器和宽带放大器。残留边带调幅光接收机的构成如图 5-1-7 所示。PIN 光电二极管把光信号转换为电流，前置放大器大多采用能把信号电流变换为电压的跨阻抗型放大器，主放大器设有 AGC 电路。

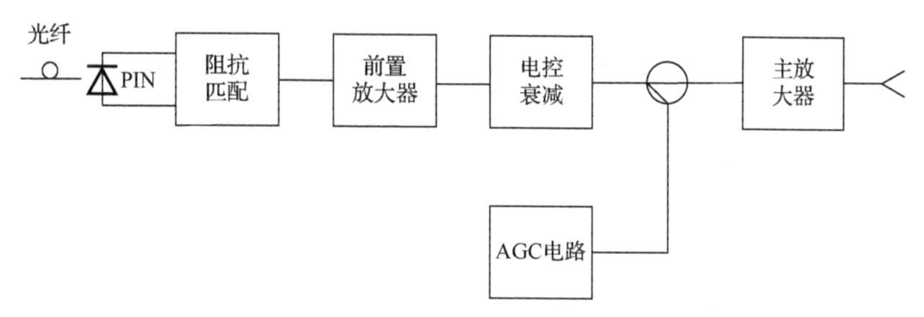

图 5-1-7　残留边带调幅光接收机的构成

PIN 光电二极管的光接收机输出信号电压 $U(V)$ 和接收平均光功率 P_0 的关系为

$$U(V)=\frac{R_0P_0\cdot \mathrm{MF}\cdot G_1G_2}{\sqrt{2}} \tag{5-1-5}$$

式中，R_0 为光电探测器响应度（A/W），与第 4 章一致；MF 为调制指数；G_1 为前置放大器的电压增益（V/A）；G_2 为主放大器的电压增益（V/A）。

3. 特性参数

对于 SCM 模拟电视光纤传输系统，评价其传输质量的特性参数主要是载噪比和信号失真。

1）载噪比

CNR 的定义是：把满负载、无调制的等幅载波置于传输系统，在规定的带宽内特定频道的载波功率（P_c）和噪声功率（N_p）的比值，并以 dB 为单位，用公式表示为

$$\frac{P_c}{N_P}=\frac{\langle i_c^2\rangle}{\langle i_n^2\rangle} \tag{5-1-6}$$

SCM 模拟电视光纤传输系统产生噪声的主要有激光器、光电探测器和前置放大器。采用 PIN 光电二极管，略去暗电流，系统的总均方噪声电流可表示为

$$\langle i_n^2\rangle=\langle i_{RIN}^2\rangle+\langle i_q^2\rangle+\langle i_T^2\rangle=(\mathrm{RIN})I_0^2\cdot B+2eI_0\cdot B+\frac{4k_BT\cdot \mathrm{NF}\cdot B_N}{R_L} \tag{5-1-7}$$

式中，$\langle i_{RIN}^2\rangle$ 为激光器的相对强度噪声（relative intensity noise, RIN），是激光器谐振腔内载流子和光子密度随机起伏产生的噪声，一般不可忽略；$\langle i_q^2\rangle$ 为光电探测器的量子噪声；$\langle i_T^2\rangle$ 为折合到输入端的放大器噪声（含光电探测器负载电阻热噪声）产生的均方噪声电流；B 为光电二极管响应带宽；B_N 为噪声带宽，与第 4 章一致；玻尔兹曼常数 $k_B=1.38\times10^{-23}\,\mathrm{J/K}$；$T$ 为热力学温度；NF 为前置放大器噪声系数，与第 4 章一致。所以得到

$$\mathrm{CNR}=10\lg\frac{(mR_0P_0)^2}{2\cdot B\cdot[(\mathrm{RIN})(R_0P_0)^2+2eR_0P_0+4k_BT\cdot \mathrm{NF}/R_L]} \tag{5-1-8}$$

式中，I_0 为平均信号电流，$I_0=R_0P_0$，P_0 为光电探测器平均接收光功率，$P_0=P_b\times10^{-\alpha L/10}$。

2）信号失真

SCM 模拟电视光纤传输系统产生信号失真的原因很多，但主要原因是作为载波信号源的 LD 在电/光转换时的非线性效应。由于到达光电探测器的信号非常微弱，在光/电转换时可能产生的信号失真可以忽略。只要光纤带宽足够大，传输过程可能产生的信号失真也可以忽略。

5.2 数字光纤通信系统

5.2.1 数字光纤通信系统简介

1. 数字光纤通信的基本概念

数字光纤通信是以数字信号的形式传递消息，采用光时分复用实现多路通信。数字信号的幅值被限制在有限个数值之内，是离散的。例如电报信号、数据信号。数字光纤

通信系统的构成模型如图 5-2-1 所示。其中信源将原始信息变换成电信号，常见的信源有产生模拟信号的电话机、话筒、摄像机和输出数字信号的电子计算机、各种数字终端设备等。信源编码是把模拟信号变换成数字信号，即完成模/数变换的任务，如果信源产生的已经是数字信号，可省去信源编码部分。信道编码则完成自动检错或纠错功能，传输过程中信道中存在噪声干扰，使得传输的数字信号产生差错，即人们常说的误码。为了在接收端能自动进行检错或纠正差错，在信源编码后的信息码元中，按一定的规律，附加一些监督码元，形成新的数字信号。接收端可按数字信号的规律性来检查接收信号是否有差错或纠正错码。调制是将基带数字信号搬移到适合于信道传输的频带上，将基带数字信号直接送到信道传输的方式称为基带传输；将基带数字信号经过调制后再送到信道传输的方式称为频带传输。信道是指传输信号的通道。根据传输介质可分为有线信道（包括明线、电缆、光缆信道）与无线信道（包括短波电离层传播、微波视距传播、卫星中继信道）。信宿是接收信息的人或各种终端设备。

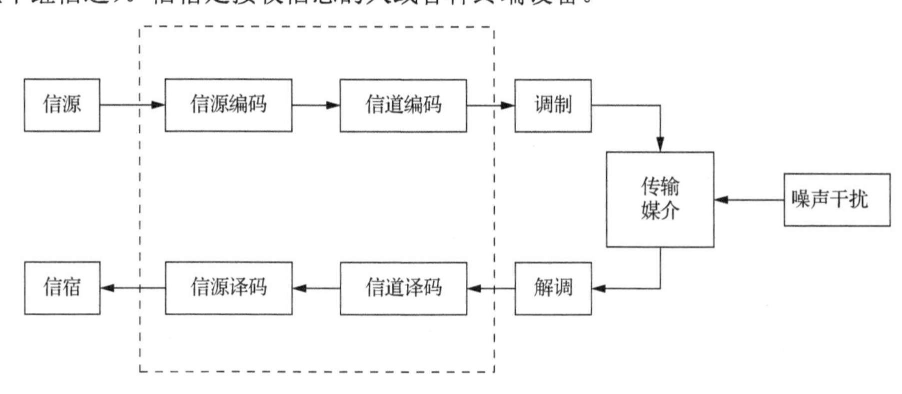

图 5-2-1　数字光纤通信系统的构成模型

对于具体的数字光纤通信系统，其方框图并非都与图 5-2-1 方框图完全一样，例如：①若信源是数字信息时，则信源编码或信源译码可去掉，这样就构成数据通信系统。②若传输距离不太远，且传输容量不太大时，信道一般采用市话电缆，即采用基带传输方式，这样就不需要调制和解调部分。③传送话音信息时，即使有少量误码，也不影响通信质量，一般不加信道编、译码。④在对保密性能要求比较高的通信系统中，可在信源编码与信道编码之间加入加密器；同时在接收端加入解密器。

2. 数字光纤通信的特点

（1）抗干扰能力强，无噪声积累。由于数字信号的幅值为有限的离散值（通常取两个幅值），在传输过程中受到噪声干扰，当 SNR 还没有恶化到一定程度时，即在适当的距离，采用再生的方法，可再生成已消除噪声干扰的原发送信号。由于无噪声积累，可实现长距离、高质量的传输。

（2）便于加密处理。信息传输的安全性和保密性越来越重要。数字通信的加密处理比模拟通信容易得多。以话音信号为例，经过模数变换后的信号可用简单的数字逻辑运算进行加密和解密处理。

（3）采用光时分复用实现多路通信。光时分复用是利用各路信号在信道上占有不同的时间间隙，同在一条信道上传输，并且互不干扰。

（4）设备便于集成化、微型化。数字光纤通信采用时分多路复用，不需要昂贵的、体积较大的滤波器。由于设备中大部分电路都是数字电路，可以用大规模和超大规模集成电路实现，这样功耗也较低。

3. 脉冲编码调制

由于数字光纤通信是以数字信号的形式来传递消息的，而话音信号是幅度、时间取值均连续的模拟信号，所以数字光纤通信所要解决的首要问题是模拟信号的数字化，即模/数（A/D）变换。脉冲编码调制（pulse code modulation, PCM）是对模拟信号的瞬时抽样值量化、编码，以将模拟信号转化为数字信号。

若 A/D 变换的方法采用 PCM，由此构成的数字光纤通信系统称为 PCM 通信系统。采用基带传输的 PCM 通信系统构成的方框图如图 5-2-2 所示。由图中可以看出，PCM 通信系统由三个部分构成：①A/D 变换，相当于信源编码部分的 A/D 变换，具体包括抽样、量化、编码三步。抽样是把模拟信号在时间上离散化，变为脉冲幅度调制（pulse amplitude modulation, PAM）信号。量化是把 PAM 信号在幅度上离散化，变为量化值（共有 N 个量化值）。编码是用二进码来表示 N 个量化值，每个量化值编 1 位码，则有 2^N 个编码。②信道部分，信道部分包括传输线路及再生中继器。由前面介绍的内容可知再生中继器可消除噪声干扰，所以数字光纤通信系统中每隔一定的距离加一个再生中继器以延长传输距离。③D/A 变换，接收端首先利用再生中继器消除数字信号中的噪声干扰，然后进行 D/A 变换。D/A 变换包括译码和低通两部分。译码是编码的反过程，译码后还原为 PAM 信号。接收端低通的作用是恢复或重建原模拟信号。

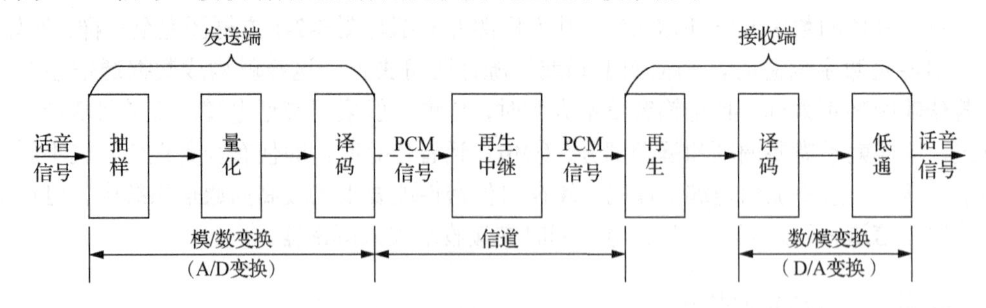

图 5-2-2 PCM 通信系统构成的方框图

5.2.2 数字光纤通信系统组成

光纤通信系统主要光纤链路和光端机构成。每一部光端机又包含光发射机和光接收机两部分，传输距离长时还要加光中继器。光端机位于电端机和光纤传输线路之间，如图 5-2-3 所示。光发射机完成电/光转换，光接收机完成光/电转换，光纤实现光信号的传输，光中继器延长传输距离。

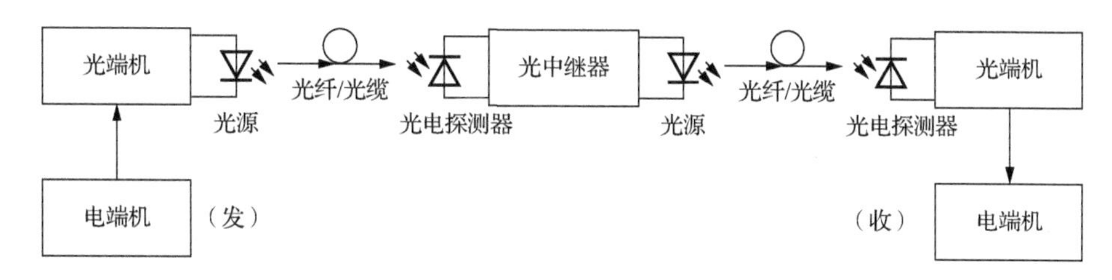

图 5-2-3　数字光纤通信系统组成

1. 光源的调制

电/光转换是用承载信息的数字电信号对光源进行调制来实现的。调制分为直接调制和间接调制两种方式，受调制的光源特性参数有功率、幅度、频率和相位。

1）光源的直接调制

要想使传输的光波携带信息，必须对其进行调制。最常用的调制方法是直接调制，如图 5-2-4 所示，即用电脉冲码流直接改变光源的工作电流，使之发出与电脉冲码流相对应的光脉冲码流。

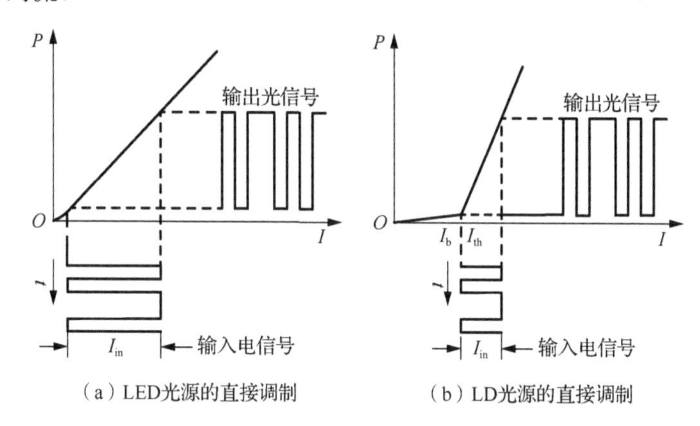

（a）LED光源的直接调制　（b）LD光源的直接调制

图 5-2-4　光源的直接调制

直接调制直接在光源上进行调制，调制 LD 的注入电流。光纤通信系统所传的信号是一系列“0”“1”数字信号。对 LD 施加了偏置电流 I_b。当激光器的驱动电流大于阈值电流 I_{th} 时，输出光功率 P 和驱动电流 I 基本上是线性关系，输出光功率和输入电流成正比，所以输出光信号反映输入电信号。直接调制方法的优点是比较简单易行，所以广泛用于较低传输速率的场合，但当传输速率很高（如 2.5Gbit/s 或 2.5Gbit/s 以上）时，会出现啁啾声现象。

2）光源的间接调制

间接调制不直接调制光源，而是利用晶体的电光、磁光和声光特性对 LD 所发出的光波进行调制，即光辐射之后再加载调制电压，使经过调制器的光波得到调制，这种调制方式又称作外调制，如图 5-2-5 所示。调制系统比较复杂、损耗大，而且造价也高。但谱线宽度窄，可以应用于≥2.5Gbit/s 的高速大容量传输系统中，而且传输距离也能超过 300km。

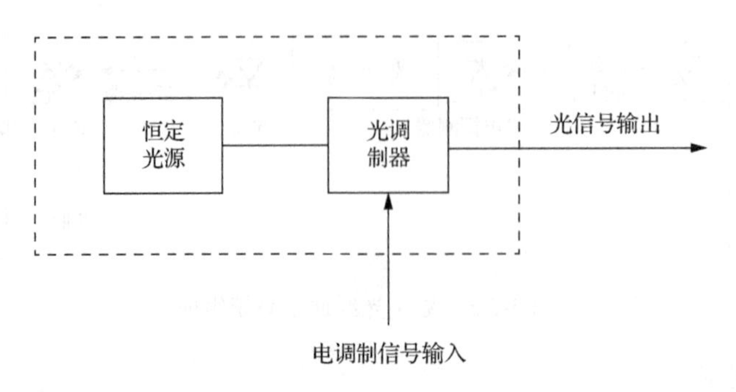

图 5-2-5 光源的间接调制

3）调制特性

LD 是光纤通信的理想光源，但在高速脉冲调制下，其瞬态特性仍会出现许多复杂现象，如常见的电光延迟、张弛振荡和自脉动现象，如图 5-2-6 所示。这种特性严重限制系统传输速率和通信质量，因此在电路的设计时要给予充分考虑。

LD 在高速脉冲调制下，输出光脉冲瞬态响应波形输出光脉冲和注入电脉冲之间存在一个初始延迟时间，称为电光延迟时间，其数量级一般为纳秒。当电脉冲注入激光器后，输出光脉冲会出现幅度逐渐变小的振荡，称为张弛振荡。张弛振荡和电光延迟的后果是限制调制速率。当最高调制频率接近张弛振荡频率时，波形失真严重，会使光接收机在抽样判决时增加误码率（bit error rate, BER），因此实际使用的最高调制频率应低于张弛振荡频率。

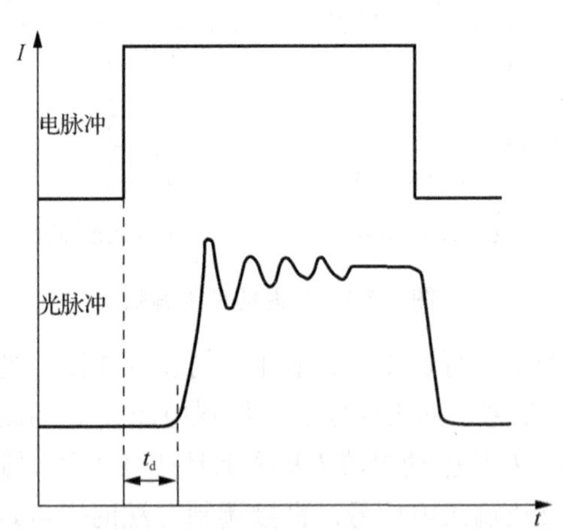

图 5-2-6 光脉冲瞬态响应波形

电光延迟要产生码型效应。当电光延迟时间 t_d 与数字调制的码元持续时间 $T/2$ 为相同数量级时，会使“0”码过后的第一个“1”码的脉冲宽度变窄、幅度减小，严重时可能使单个“1”码丢失，这种现象称为码型效应，如图 5-2-7（a）、（b）所示。在两个接连出现的“1”码中，第一个脉冲到来前，有较长的连“0”码，由于电光延迟时间长和光脉冲上升时间的影响，因此脉冲变小。第二个脉冲到来时，由于第一个脉冲的电子复合尚未完全消失，有源区电子密度较高，因此电光延迟时间短，脉冲较大。码型效应的特点是在脉冲序列中较长的连“0”码后出现的“1”码，其脉冲明显变小，而且连“0”码数目越多，调制速率越高，这种效应越明显。用适当的“过调制”补偿方法，可以消除码型效应，如图 5-2-7（c）所示。

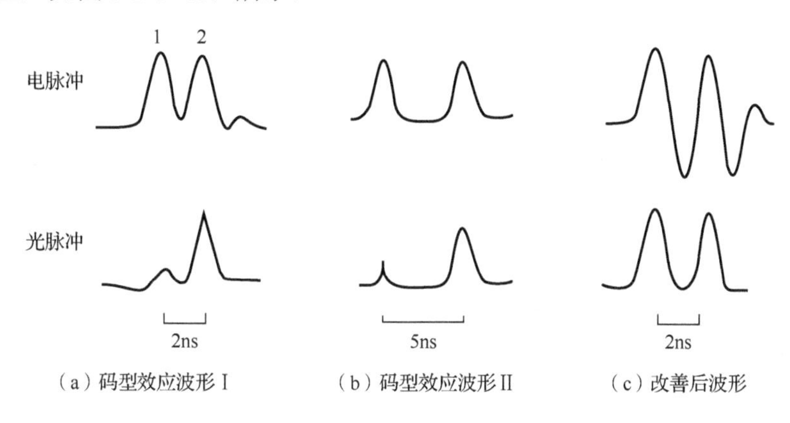

（a）码型效应波形 I　（b）码型效应波形 II　（c）改善后波形

图 5-2-7　码型效应

某些激光器在脉冲调制甚至直流驱动下，当注入电流达到某个范围时，输出光脉冲出现持续等幅的高频振荡，这种现象称为自脉动现象，如图 5-2-8 所示。自脉动频率可达 2GHz，严重影响 LD 的高速调制特性。

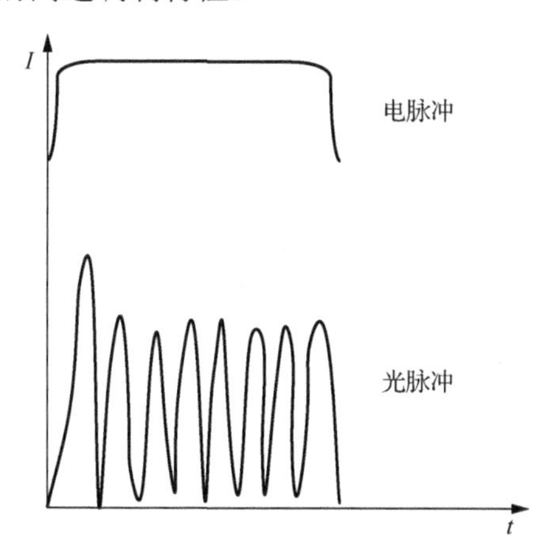

图 5-2-8　激光器自脉动现象

自脉动现象是激光器内部不均匀增益或不均匀吸收产生的，往往和 LD 的 *P-I* 曲线的非线性有关，自脉动发生的区域和 *P-I* 曲线扭折区域相对应。因此在选择激光器时应特别注意。

2. 光发射机

1）光发射机的要求

光源的发光波长要合适，发送光波的中心波长应在 850nm、1310nm 和 1550nm 附近。有合适的输出光功率，亦称入纤功率。入纤功率越大，可通信的距离就越长，但光功率太大也会使系统工作在非线性状态，对通信将产生不良影响。因此，要求光源应有合适的光功率输出，一般在 0.01～5mW；要求输出光功率要保持恒定，在环境温度变化或器件老化的过程中，稳定度要求在 5%～10%；要求有较好的消光比，消光比的定义为全“1”码平均发送光功率与全“0”码平均发送光功率之比。消光比可用式（5-2-1）

表示：

$$\mathrm{EXT} = 10\lg\frac{P_{11}}{P_{00}} \tag{5-2-1}$$

式中，P_{11}为全“1”码时的平均光功率；P_{00}为全“0”码时的平均光功率。

作为一个被调制好的光源，希望在“0”码时没有光功率输出，否则它将使光纤系统产生噪声，从而使接收灵敏度降低，一般要求EXT≤10%。光谱的谱线宽度要窄，以减小光纤色散对带宽的限制。允许的调制速率要高或响应速度要快，以满足系统大的传输容量。电/光转换效率高，发送光束方向性好，以提高耦合效率。器件体积小、重量轻、安装使用方便、价格便宜、电路简单、可靠性高、光源寿命长。

输出光功率、谱线宽度、调制速率和光束方向性直接影响光纤通信系统的传输容量和传输距离，是光源最重要的技术指标。

2）光发射机的组成

光发射部分的核心是产生激光或荧光的光源，它是组成光纤通信系统的重要器件。目前，用于光纤通信的光源主要是 LD 和 LED。前者发出的是激光，而后者发出的是荧光。光发射机主要有光源和电路两部分。光源是实现电/光转换的关键器件，在很大程度上决定着光发射机的性能。电路的设计应以光源为依据，使输出光信号准确反映输入电信号。

光发射机的结构如图 5-2-9 所示，来自电端机的信号首先要进行均放，用以补偿由电缆传输所产生的衰减或畸变，以便正确译码。由均放输出的三阶高密度双极性码（high density bipolar of order 3 code, HDB_3码）或传号反转码（coded mark inversion, CMI），前者是三值双极性码（即+1、0、−1），后者是归零码，在数字电路中为了处理方便，需通过码型变换电路，将其变换为非归零码（nonreturn to zero code, NRZ 码）。若码流中出现长连“0”或长连“1”的情况，将会给时钟信号的提取带来困难，为了避免出现这种情况，需加一扰码电路，它可有规律地破坏长连“0”和长连“1”的码流。从而达到“0”“1”等概率出现。

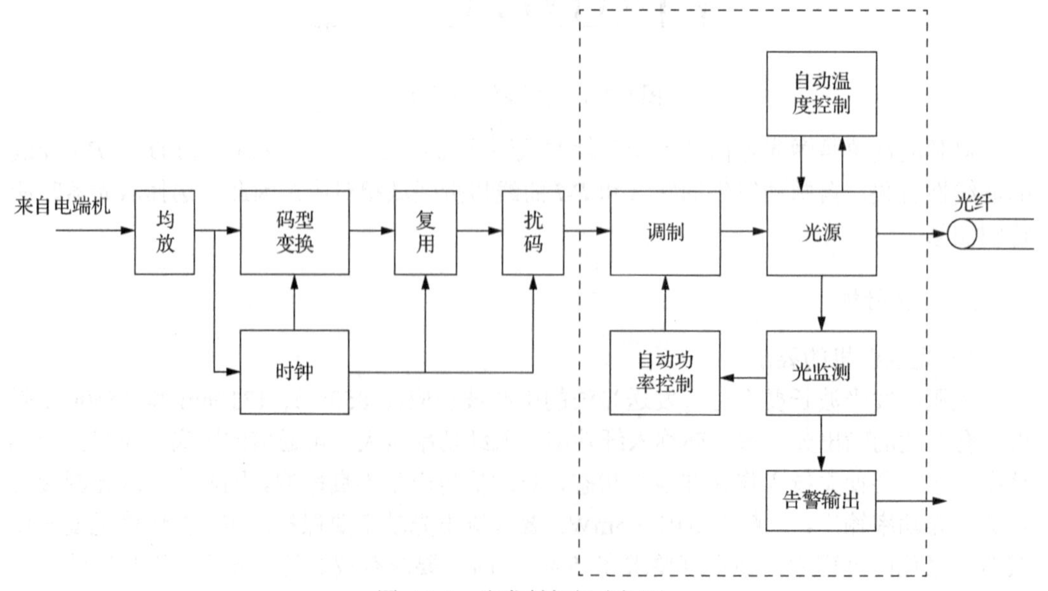

图 5-2-9　光发射机组成框图

扰码以后的信号再进行线路编码，变为适合在光纤线路中传送的单极性码型。由于码型变换、扰码和编码过程都需要以时钟信号作为依据，因此，在均衡电路之后，由时钟提取电路提取出时钟信号供给码型变换和扰码电路使用。用经过编码以后的数字信号来调制光源的发光强度，完成电/光转换。当光源为 LD 时，由于 LD 的阈值电流会随 LD 的老化或温度升高而增大，影响输出光功率，需要用自动功率控制电路和自动温度控制电路来稳定 LD 的阈值电流。自动功率控制电路利用一个 PIN 光电二极管监测激光器的背向光，测量其输出功率的大小，并以此控制激光器的偏置电流，构成一个负反馈环路，使输出稳定。短波长激光器只需加自动功率控制电路即可。自动温度控制电路使 LD 管芯的温度恒定在 20℃左右。除此之外，光发射机里还有一些其他保护、监测电路，例如，为了使光源不因通过大电流而损坏，一般需采用光源过流保护电路的措施，可在光电二极管上反向并联一只肖特基二极管，以防止反向冲击电流过大。当光发射机电路出现故障，或输入信号中断，或激光器失效时，都将使激光器“较长时间”不发光，这时延迟告警电路将发出告警指示。随着使用时间的增长，LD 的阈值电流也将逐渐增大。LD 的工作偏流也将通过自动功率控制电路的调整而增大，一般认为当偏流大于原始值的 3～4 倍时，激光器寿命完结，由于这是一个缓慢过程，所以发出的是延迟维修告警信号。

温度对激光器输出光功率的影响主要通过阈值电流和外微分量子效率产生，如图 5-2-10（a）和（b）所示。当温度升高，阈值电流增大，外微分量子效率减小，输出光脉冲幅度下降。

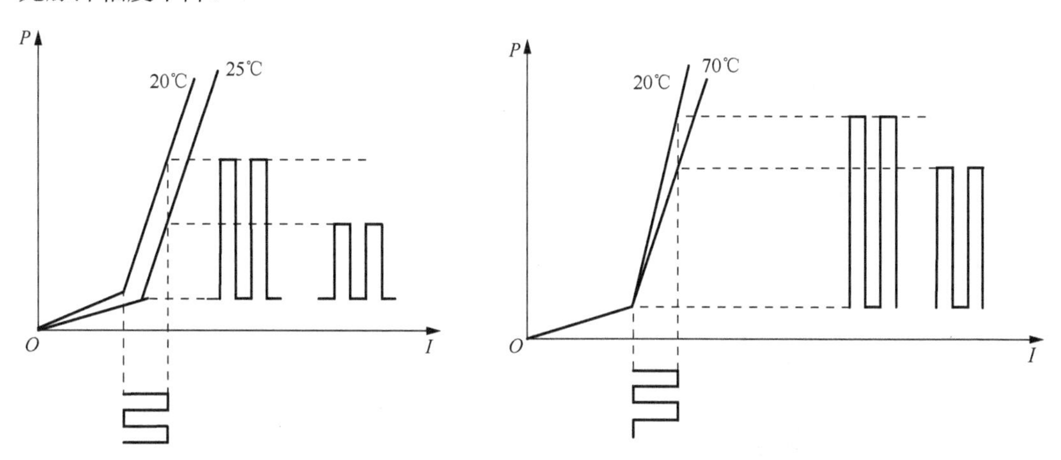

（a）阈值电流变化引起的光功率输出的变化　（b）外微分量子效率变化引起的光功率输出的变化

图 5-2-10　温度引起的光功率输出的变化

温度对输出光脉冲的另一个影响是“结发热效应”。即使环境温度不变，由于调制电流的作用，引起激光器结区温度的变化，因而使输出光脉冲的形状发生变化，这种效应称为“结发热效应”，如图 5-2-11 所示。“结发热效应”将引起调制失真。

温度控制只能控制温度变化引起的输出光功率的变化，不能控制由于器件老化而产生的输出功率的变化。对于短波长激光器，一般只需加自动功率控制电路即可。对于长波长激光器，由于其阈值电流随温度的漂移较大，因此，一般还需加自动温度控制电路，以使输出光功率达到稳定。

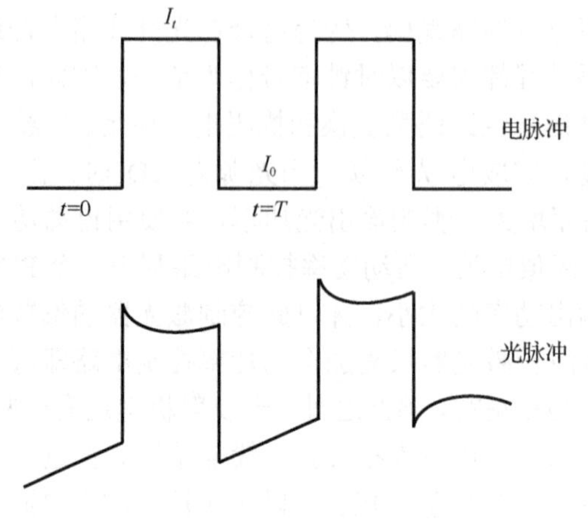

图 5-2-11　结发热效应

3）光源与光纤的耦合

LD 与单模光纤的耦合效率可以达到 30%～50%，LED 与单模光纤的耦合效率非常低，只有百分之几甚至更小。影响耦合效率的主要因素是光源的发散角和光纤的数值孔径。发散角大，耦合效率低；数值孔径大，耦合效率高。此外，光源发光面和光纤端面的尺寸、形状及两者之间的距离都会影响到耦合效率。

光源与光纤的耦合一般采用两种方法，即直接耦合与透镜耦合。直接耦合是将光纤端面直接对准光源发光面进行耦合的方法。当光源发光面积大于纤芯面积时，这是一种唯一有效的方法。这种直接耦合的方法结构简单，但耦合效率低。当光源发光面积小于纤芯面积时，可在光源与光纤之间放置透镜，使更多的发散光线汇聚进入光纤来提高耦合效率。图 5-2-12 为光源与光纤之间的耦合示意图，其中图 5-2-12（a）中光纤端部做成球透镜，图 5-2-12（b）中采用微透镜，图 5-2-12（c）采用集成微透镜。采用这种透镜耦合后，其耦合效率可以达到 10%左右。

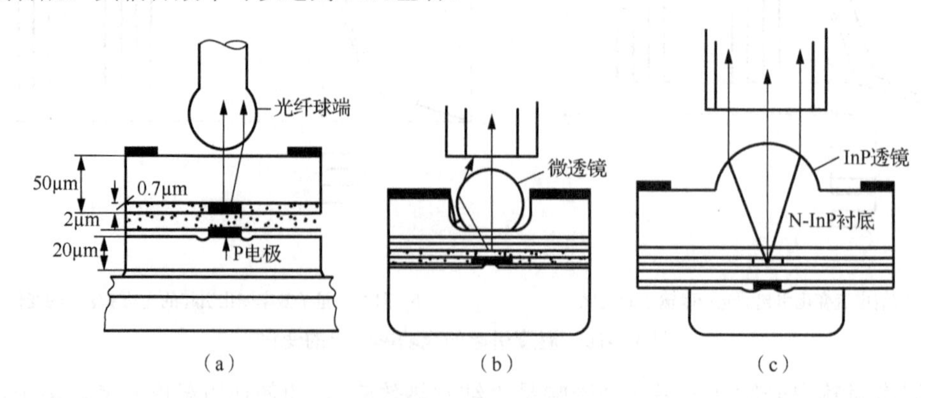

图 5-2-12　光源与光纤之间的耦合示意图

3. 光接收机

光接收机作用是将光纤传输后的幅度被损耗的、波形产生畸变的、微弱的光信号变换为电信号，并对电信号进行放大、整形、再生后，再生成与发送端相同的电信号，输入电接收机，并且用 AGC 电路保证稳定的输出。

1）光接收机的基本组成

如图 5-2-13 所示，光接收机中实现光/电转换的关键器件是半导体光电探测器，它和光接收机中的前置放大器合称光接收机前端，它是决定光接收机性能的主要因素。光电探测器的性能特别是响应度和噪声直接影响接收灵敏度。对光电探测器的要求如下：在系统的工作波长上要有足够高的响应度，即对一定的入射光功率，光电探测器能输出尽可能大的光电流；波长响应要和光纤的 3 个低损耗窗口兼容；有足够高的响应速度和足够的工作带宽；产生的附加噪声要尽可能低，能够接收极微弱的光信号；光/电转换线性好，保真度高；工作性能稳定，可靠性高，寿命长；功耗和体积小，使用简便。目前，适合于光纤通信系统应用的光电探测器有 PIN 光电二极管和 APD。

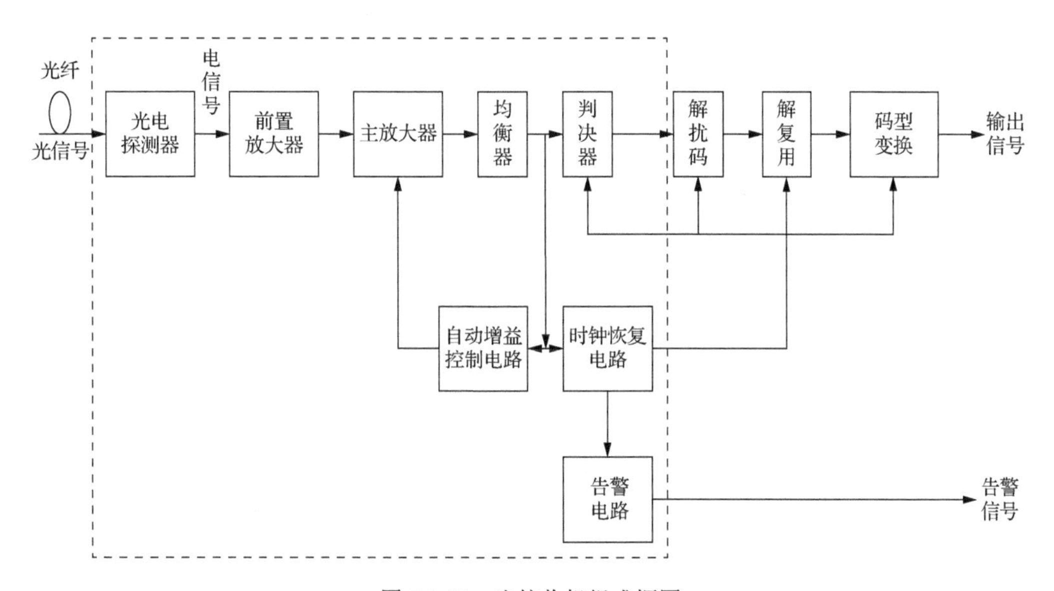

图 5-2-13　光接收机组成框图

前置放大器与光电探测器紧紧相连，放大经光电探测器输出十分微弱的光电流。前置放大器由双极型晶体管或场效应管构成。放大器在将信号放大过程中，本身的电阻将引入热噪声；放大器中的晶体管将引入散弹噪声。在一个多级放大器中，前一级放大器引入的噪声也被放大了。因此，对多级放大器的前级就有特别要求，它应是低噪声、高增益的，这样才能得到较大的 SNR。前置放大器的输出，一般为毫伏数量级。主放大器的作用有两个：一是将前置放大器输出的信号电平放大到判决电路所需要的信号电平；二是一个增益可调谐的放大器。当光电探测器输出的信号出现起伏时，通过光接收机的 AGC 电路对主放大器的增益进行调整，以使主放大器的输出信号幅度在一定范围不受输入信号的影响。一般主放大器的峰-峰值输出是几伏的数量级。均衡的目的是对经光纤传输、光/电转换和放大后已产生畸变（失真）的电信号进行补偿，使输出信号的波形适合于判决，以消除码间干扰，减小 BER。判决器由判决电路和码型生成电路构成。判决器和时钟恢复电路合起来构成脉冲再生电路，如图 5-2-14 所示。脉冲再生电路的作用是将均衡器输出的信号，例如，升余弦频谱脉冲，恢复为“0”或“1”的数字信号。

可以利用反馈环路来控制主放大器的增益，在采用 APD 的光接收机中还通过控制

APD 的高压来控制雪崩增益。当信号强时，反馈环路使增益降低；当信号变弱时，反馈环路使增益提高，从而使送到判决器的信号稳定，以利于判决。AGC 电路的作用是增加了光接收机的动态范围。

通过译码电路，将 *m*B*n*B 或 *m*B1H 等码型恢复为编码之前的码型；然后经解扰电路将发送端“扰乱”的码恢复为被扰之前的状况；最后由编码器将解扰后的码编为适于在 PCM 系统中传输的 HDB_3 码或 CMI。除此之外还有一些辅助电路，例如，为了使输入判决器的信号稳定，在判决器前面还加有钳位电路，它将已均衡波的幅度底部钳制在一个固定的电位上。当光接收机环境温度变化时，APD 的增益将发生变化，使接收灵敏度变化。为了尽可能减少这种变化，就需给 APD 的偏压加温度补偿电路，使 APD 的偏压随温度产生相应的变化。当输入光接收机的光信号太弱或无光信号时，则由告警电路输出一个告警信号至告警盘。

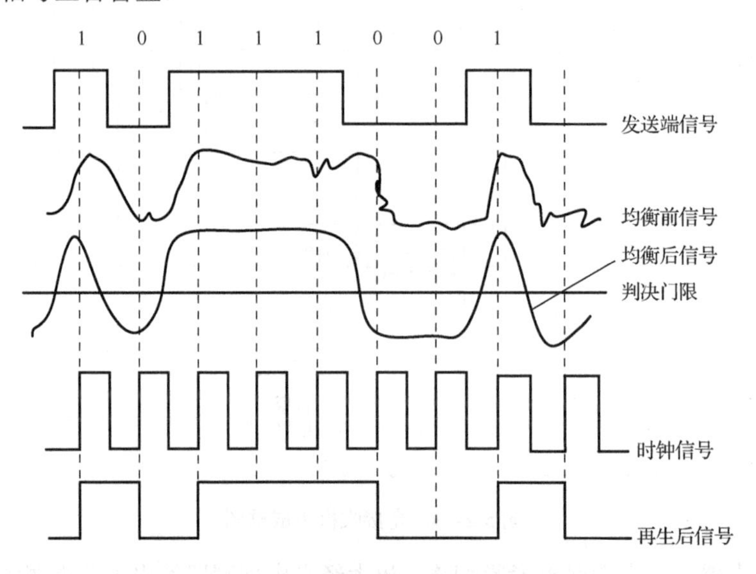

图 5-2-14 信号再生过程示意图

除光电探测器以外的所有元件都是标准的电子器件，很容易用标准的集成电路技术将它们集成在同一芯片上。人们一直在努力开发单片光接收机，即用“光电集成电路技术”在同一芯片上集成包括光电探测器在内的全部元件。例如，InGaAs 光电集成电路接收机，电元件集成在 GaAs 基片上，而光电探测器集成在 InP 基片上，两个部分通过接触片连接在一起。

2）光接收机的主要指标

接收灵敏度是描述光接收机被调整到最佳状态时，在满足给定的 BER 指标条件下，光接收机接收微弱信号的能力，我们一般用最低接收的平均光功率来表示［工程中常用毫瓦分贝（dBm）来描述］：

$$P_{\mathrm{R}} = 10\lg P_{\min} \tag{5-2-2}$$

用 dB 来描述光接收机的动态范围 DR，在保证系统的 BER 指标要求下，光接收机的最低输入光功率（用 dBm 来描述）和最大允许输入光功率（用 dBm 来描述）之差。

$$\mathrm{DR}=10\lg\frac{P_{\max}}{10^{-3}}-10\lg\frac{P_{\min}}{10^{-3}}=10\lg\frac{P_{\max}}{P_{\min}} \tag{5-2-3}$$

3）光接收机的噪声

光接收机的噪声包括光电探测器的噪声和光接收机的电路噪声。光电探测器的噪声包括量子噪声、暗电流噪声、漏电流噪声和 APD 过剩噪声；电路噪声主要是前置放大器的噪声、电阻热噪声及晶体管组件内部噪声，如图 5-2-15 所示。

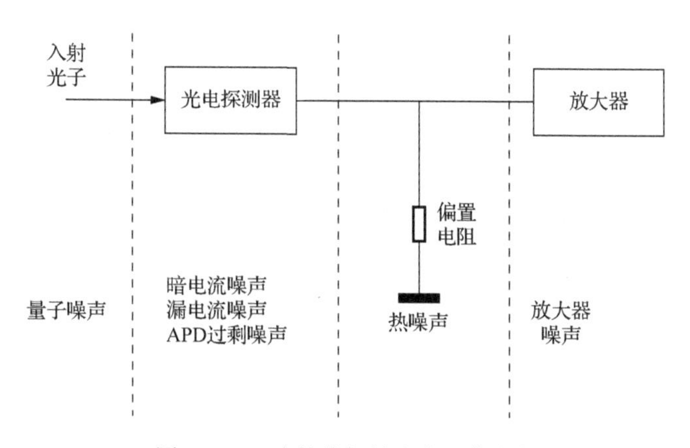

图 5-2-15　光接收机的噪声及其分布

由于光的粒子性，大量光子的相位和幅度是随机的。因此，光电探测器在某时刻实际接收到的光子数是在一个统计平均值附近浮动，因而产生了噪声。这种噪声顽固地依附于信号上，用增大发射光功率或采用低噪声放大器都不能减少它的影响，因而它限制了接收灵敏度。由于激励起暗电流的条件是随机的，因而激励出的暗电流也是浮动的，这就产生了噪声，称为暗电流噪声。由于 APD 的雪崩倍增作用是随机的，这种随机性，必然要引起 APD 输出信号的浮动，从而引入噪声。

在强度调制的光接收机中，将光信号变为电信号之后，还要经过一系列电路，例如放大、均衡等电路。显然，这些电路中的电阻要引入热噪声，电路中的晶体管亦将引入噪声，尤其是前置放大器引入的噪声更为严重。因为前置级输入的是微弱信号，其噪声对输出 SNR 影响很大，而主放大器输入的是经前置级放大的信号，只要前置级增益足够大，主放大器引入的噪声就可以忽略。

除此之外，还有一种噪声是光纤通信中特有的噪声-模分配噪声，它是在对单纵模激光器进行高速调制时，激光器的谱线出现多纵模情况，由于各模式的能量不是固定的，而是随机分配的，这种随机分配的不同频率的模式经过长光纤传输，由于材料色散，信号随机起伏，从而形成噪声，如图 5-2-16 所示。模分配噪声不是光接收机产生的，而是在光源和光纤中形成的噪声。

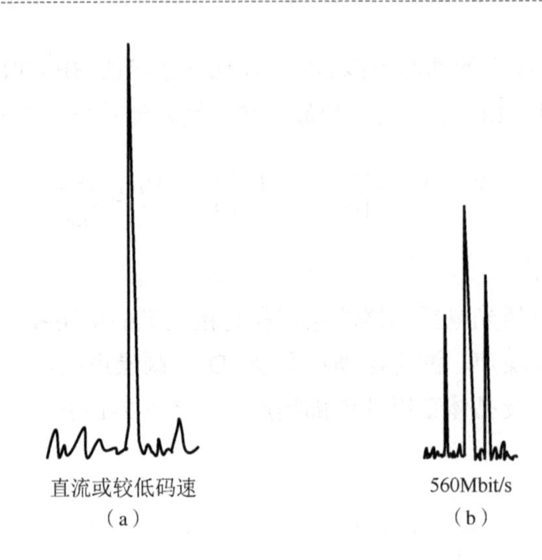

图 5-2-16　高速调制时光源产生的多纵模谱线

4. 强度调制直接检波光纤通信系统结构

强度调制直接检波（intensity modulation-direct detection, IM-DD）光纤通信系统结构如图 5-2-17 所示，包括光发射机、光接收机、光纤传输链路、光中继器、监控系统、备用系统和电源。其中光发射机和光接收机前面已经介绍过了，在此我们主要介绍光中继器和监控系统。

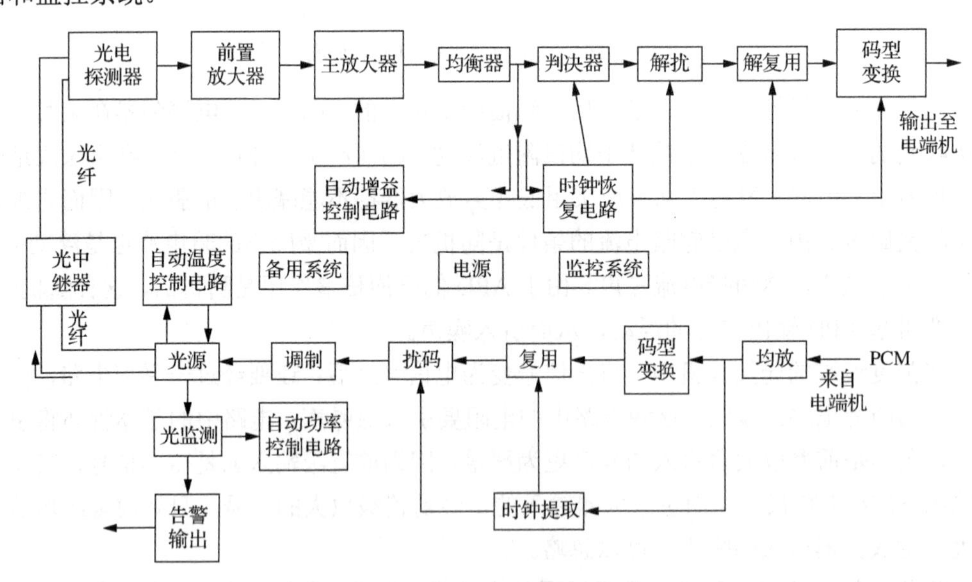

图 5-2-17　IM-DD 光纤通信系统结构

1）光中继器

光信号在传输过程会出现两个问题：一是光纤的损耗特性使光信号的幅度变小，限制了光信号的传输距离；二是光纤的色散特性使光信号波形失真，造成码间干扰，BER 增加。以上两点不但限制了光信号的传输距离，也限制了光纤的传输容量。为增加光纤的传输距离和传输容量，必须设置光中继器。所以光中继器的作用是放大幅度变小的信号，恢复失真的波形，使光脉冲得到再生。

光中继器主要有两种：一种是传统的光电中继器，另一种是全光中继器。目前全光中继器主要采用 EDFA 完成中继。它直接对光波实现放大，设备简单，没有光-电-光的转换过程，工作带宽大，但是对波形的整形不起作用。传统的光中继器采用光-电-光转换形式的中继器，如图 5-2-18 所示。

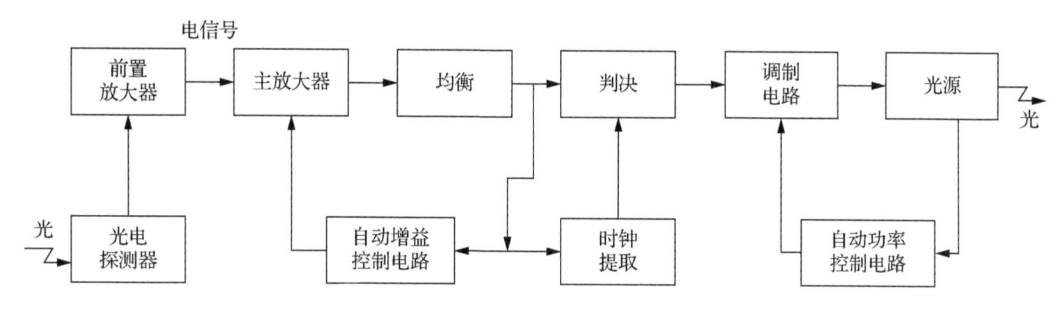

图 5-2-18　典型的光中继器原理方框图

光中继器有的是机架式，可放在机房中；有的是箱式或罐式，可直埋在地下或在架空光缆中架在杆上。对于直埋或架空的光中继器须有良好的密封性能。

2）监控系统

在一个实用的光纤通信系统中，除了要传输从电端机送来的多路信号之外，为了使整个系统完善地工作，还需传送监控信号、公务联络信号、区间通信信号及其他信号。脉冲复接是将监控信号、公务联络信号、区间通信信号等汇接后在读脉冲的作用下，将上述信号插入码流经编码后多余的时隙中，然后在光纤中传输。在光纤通信系统的接收端设有脉冲分离电路，它的作用与脉冲插入电路相反，将插入的监控信号、公务联络信号、区间通信信号分离出来，送至相应的单元中。

系统监测内容包括：在数字光纤通信系统中 BER 是否满足指标要求；各个光中继器是否有故障；接收光功率是否满足指标要求；光源的寿命；电源是否有故障；环境的温度、湿度是否在要求的范围内；根据需要设置的其他监测内容。

系统控制内容包括：当光纤通信系统中的主用系统出现故障时，监控系统即由主控站发出自动倒换指令，遥控装置将备用系统接入，主用系统退出工作。当主用系统恢复正常后，监控系统应再发出指令，将系统从备用系统倒换回主用系统。另外，当市电中断后监控系统还要发出启动油机发电的指令。又如当中继站温度过高，则发出启动风扇或空调的指令。还可根据需要设置其他控制内容。

监控系统由一个主控站、一个副控站和若干个被控站构成，如图 5-2-19 所示。其中主控站的功能是收集本站、被控站和副控站发来的监测信息。同时还可以向这些站发出指令，对这些站实行控制。副控站是辅助主控站工作的，它亦可收集本站和其他被控站的信息并可转送给主控站，但副控站不能发控制指令。

由主控站的监控微机不断地向各被控站发出各种询问指令。被控站监控微机收到询问指令后就将本站设备运行情况所编成的数字信号不断地传向主控站。主控站监控微机收到各被控站发来的信息后，进行判别处理，然后显示在监视器屏幕上，并同时由打印机将信息打印出来。主控站的监控设备可根据上述处理的信息实行人工或自动发出控制指令。被控站收到指令后，由监控设备完成所需的控制“动作”。

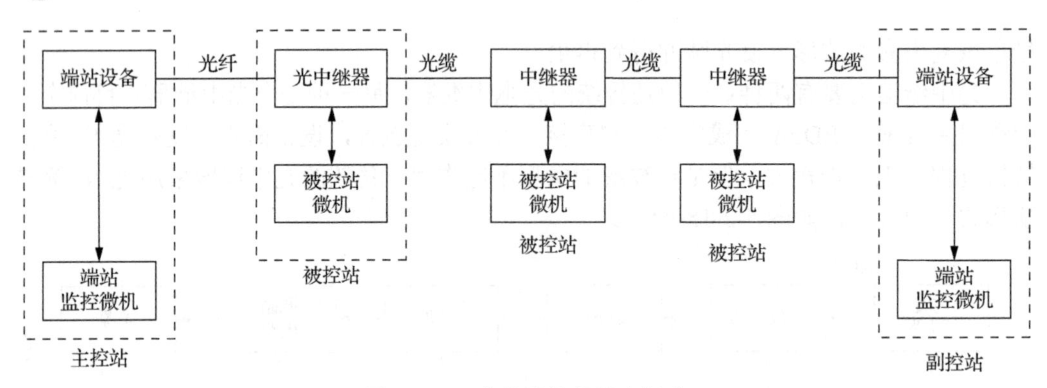

图 5-2-19　监控系统的基本组成

监控信号的传输：可以在光纤中设专用金属线来传输监控信号，让光信号“走”光纤，监控信号“走”金属线。使主信号和监控信号完全分开，互不影响，光系统的设备相对简单。但是金属线会受雷电和其他强电、磁场的干扰，影响所传输的监控信号，使监控的可靠性要求难以满足。而且，一般来说，距离越长干扰越严重，因而使监控距离受到了限制。所以，在光纤中加金属线来传输监控信号不是发展方向，将会逐渐淘汰。

目前主要是用光纤来传输监控信号，利用各种复用技术将主信号和监控信号分开传输。从对数字信号的频域分析来看，光纤通信中的高速数字信号功率谱密度是处在高频段位置上，其低频分量很小，几乎为零，而监控信号（低速数字信号）的功率谱密度则处在低频段位置，如图 5-2-20 所示，所以可以采用频分复用的方式传输监控信号。一般采用脉冲调顶法，将主信号-数字信号电脉冲作“载波”，用监控电数字信号对这个主信号进行脉冲浅调幅，即使监控信号“载”在主信号脉冲的顶部，或者说对主信号脉冲“调顶”。最后，再将这个被“调顶”的主信号对光源进行强度调制，变为光信号，耦合进光纤。目前，这种方法在 5B6B 码型的机器上用来传输监控信号。但是这种方法亦有一些缺点，如这样的调制方式将造成主信号与监控信号之间有微弱的串扰。

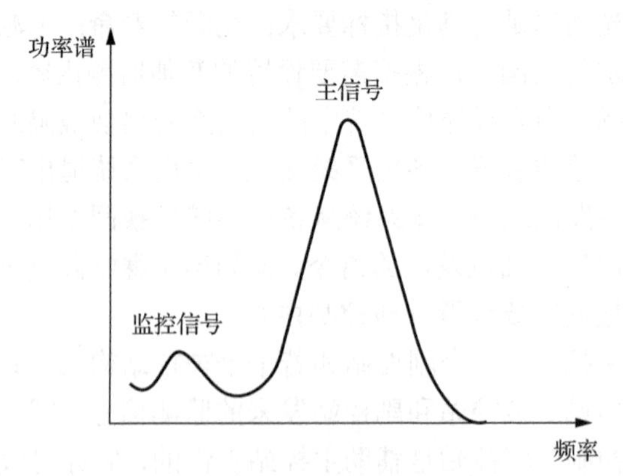

图 5-2-20　频分复用传输方式

除了频分复用之外，还可以采用光时分复用方式，在电的主信号码流中插入冗余的比特，用这个冗余的比特来传输监控信号，即将主信号和监控信号等信号码元在时间上分开传输达到复用的目的。具体实施方法是在主信号码流中每 m 个码元之后插入一个码元，一般称为 H 码，这种不断插入的 H 码就可以传输监控、区间通信、公务联络、数据等信号。

5.3　光纤通信的线路码型

在光纤通信系统中，从电端机输出的是适合电缆传输的双极性码。光源不可能发射负光脉冲，因此必须进行码型变换，以适合于数字光纤通信系统传输的要求。数字光纤通信系统普遍采用二进制二电平码，即“有光脉冲”表示“1”码，“无光脉冲”表示“0”码。因此只宜采用单极性码。

5.3.1　研究传输码型的必要性

输入和输出接口电路的主要作用是将 PCM 数字复接设备送来的数字信号变换成单极性的不归零二进制信号。其中一、二、三次群信号变换为 HDB_3 码，四次群信号变换为 CMI，输出接口则完成相反的过程。光端机与电端机接口时，首先要有接口码型变换，双极性码变成单极性码；单极性码信号在光纤中传输时，光端机要有相应的线路码型变换，进一步把信码变为线路码型。

PCM 系统中的码型不适合在数字光纤通信系统中传输，在光端机中必须进行码型变换。在光发射机中，码型变换是把 NRZ 码变成适合在光纤线路中传送的线路码型，再送入光发送设备中调制光源。在光接收机中，先把检测出来的线路码通过反变换还原为单极性 NRZ 码，经输出接口编成接口码型，由连接电缆送给 PCM 设备。

但是简单的二电平码会带来如下问题：在码流中，出现“1”码和“0”码的个数是随机变化的，因而直流分量也会发生随机波动即基线漂移，给光接收机的判决带来困难。在随机码流中，容易出现长串连“1”码或长串连“0”码，这样可能造成位同步信息丢失，给定时提取造成困难或产生较大的定时误差。不能实现在线不中断业务的误码检测，不利于长途通信系统的维护。

数字光纤通信系统对线路码型的主要要求是保证传输的透明性，具体要求有：能限制信号带宽，减小功率谱中的高低频分量，这样就可以减小基线漂移、提高输出功率的稳定性和减小码间干扰，有利于提高接收灵敏度，能为光接收机提供足够的定时信息，因而应尽可能减少连“1”码和连“0”码的数目，使“1”码和“0”码的分布均匀，保证定时信息丰富，便于信号再生判决；能提供一定的冗余码，用于平衡码流、误码监测和公务通信，但对高速光纤通信系统，应适当减少冗余码，以免占用过大的带宽；设备简单、功耗低；能实现比特序列独立性，即不论传输的信息信号如何特殊，其传输系统都不依赖于信息信号，而进行正确的传输。

5.3.2　光纤通信中常用码型

在准同步数字系列（plesiochronous digital hierarchy, PDH）光纤通信系统中，常用的线路编码有分组码（*m*B*n*B 码）和插入比特码两类，同步数字系列（synchronous digital hierarchy, SDH）光纤通信系统中广泛使用的是加扰 NRZ 码。常用的线路编码方式如表 5-3-1 所示。

表 5-3-1 常用的线路编码方式

码型		码型变换规则	传输速率	误码监测	适用系统
1B2B码	CMI	“1”：11、10 交替 “0”：01	$2f_i$	按编码规则检查	PDH
	双相码	“1”：10 “0”：01			
	DMI 码	“1”：11、10 交替 “0”：01（前 2 个码为 01、11 时） 10（前 2 个码为 10、00 时）			
分组码	mBnB	在 nB 码中选择不均等值小的码作公共码；正负模式交替	nf_i / m	（1）查禁用码字； （2）利用 DRS	
插入比特码	mB1P	（1）P 码满足奇校验规则； （2）P 码满足偶校验规则	$(m+1)f_i / m$	奇偶校验	
	mB1C	C 码为补码	$(m+1)f_i / m$	减少连“0”，连“1”	
	mB1H	混合码	—	—	
加扰 NRZ 码		给输入 NRZ 序列加扰	f_i	无	SDH

注：DMI 码为差分模式翻转码（differential mode inversion）。

1. 分组码（mBnB 码）

mBnB 码是把输入码流中每 m 比特码分为一组，然后变换为 n 比特，且 $n>m$，使变换以后码组的比特数比变换前大。这就使变换后的码流有了“富余”（冗余），可以传送与误码监测等有关的信息。

mBnB 码中有 1B2B、2B3B、3B4B、5B6B、5B7B、6B8B 等类型。最简单的 mBnB 码是 1B2B 码，即曼彻斯特码，就是把原码的“0”变换为“01”，把“1”变换为“10”。因此最大的连“0”和连“1”的数目不会超过两个，例如 1001 和 0110。但是在相同时隙内，传输 1bit 变为传输 2bit，码速提高了一倍。

我国 3 次群和 4 次群光纤通信系统最常用的线路码型是 5B6B 码，它是将信码流中每五位码元分为一组，然后，再将这组五位码变换为六位码。五位码的排列数有 2^5=32 种；六位码的排列数有 2^6=64 种。首先分析 64 个码流的“平衡”情况：六位码中含有 3 个“1”和 3 个“0”的平衡码组共有 20 个。所谓平衡是指在一个码组中“0”和“1”的个数相同。显然，这样的码组在码流中对保持码流中直流分量的稳定不起伏是有利的。六位码组中含有 4 个“1”，2 个“0”或 4 个“0”，2 个“1”的不完全平衡码组各有 15 个。这种码组虽然不完全平衡，但“0”和“1”的个数差别不太大。在 5B6B 码中只选用了其中的 12 个。除上述两种码组外，尚有 64−20−2×15=14 种码组，这种码组在一个六位码组中，“0”和“1”的个数悬殊太大，不利于稳定码流中的直流分量，因此不选用。

为了平衡码流中的直流分量及监测误码，首先应选取码组中含有 3 个“0”，3 个“1”的 20 个平衡码组。再把含有 4 个“1”、2 个“0”和 4 个“0”、2 个“1”的不完全平衡码组（2×15=30 个码组）中的 2×12=24 个码组，分为正、负两种模式。正模式中“1”的个数多；负模式中“0”的个数多。当码流中出现上述某个模式后，则后一码组应选用另一种模式。这样，由于正负模式交替使用，就保持了码流中“0”和“1”出现的概率相同，从而保持直流分量稳定，基线不起伏。对于上述“0”“1”个数悬殊的 14 种码组则不予选用。在 5B6B 的 64 个码组中，只用了 20+2×12=44 个码组。尚有 64−44=20 个码组未使用。这样，当接收端出现了这 20 个码组中的任一组，必定在传输过程中出现误码，可对误码进行监测。一般把这种不使用的码组称为禁字。

*m*B*n*B 码是一种分组码，设计者可以根据传输特性的要求确定某种码表。*m*B*n*B 码的特点是：码流中“0”和“1”的概率相等，连“0”和连“1”的数目较少，定时信息丰富。高低频分量较小，信号频谱特性较好，基线漂移小。在码流中引入一定的冗余码，便于在线误码检测。*m*B*n*B 码的缺点是传输辅助信号比较困难。因此，在要求传输辅助信号或有一定数量的区间通信的设备中，不宜用这种码型。

2. 插入比特码

插入比特码是把输入二进制原始码流分成每 *m* 比特码一组，然后在每组 *m*B 码末尾按一定规律插入一个码，组成 *m*+1 个码为一组的线路码流。根据插入比特码的规律，可以分为 *m*B1P 码、*m*B1C 码和 *m*B1H 码三种。

（1）*m*B1P 码。它是在每 *m* 比特码以后插入一个奇偶校正码，称为 P 码。P 码有以下两种情况：P 码为奇校验码时，其插入规律是使 *m*+1 个码内“1”码的个数为奇数；P 码为偶校验码时，其插入规律是使 *m*+1 个码内“1”码的个数为偶数，例如：8B1P 码为 11011001→110110011。

（2）*m*B1C 码。这种码型是将码流每 *m* 比特码分为一组，然后在其末位之后再插入一个反码，又称补码（C 码）。C 码的作用是：如果第 *m* 位码为“1”，则 C 码为“0”；反之则为“1”。例如，*m*=8 的一组码为 11011001→110110010。C 码的作用是引入冗余码，可以进行在线 BER 监测；同时改善了“0”码和“1”码的分布，有利于定时提取。

（3）*m*B1H 码。这种码是将码流中每 *m* 比特码分为一组，在其末位插入一个混合码，称为 H 码（Hybid）。这种码型具有多种功能。它除了可以完成 *m*B1P 或 *m*B1C 码的功能外，还可同时用来传输若干路区间通信、公务联络、数据传输及误码监测等。

所插入的 H 码可以根据不同用途分为三类：第一类是 C 码，它是第 *m* 位码的补码，用于在线 BER 监测；第二类是 L 码，用于区间通信；第三类是 G 码，用于帧同步、公务、数据、监测等信息的传输。常用的插入比特码是 *m*B1H 码，有 1B1H 码、4B1H 码和 8B1H 码。以 4B1H 码为例，它的优点是码速提高不大，误码增值小；可以实现在线误码检测、区间通信和辅助信息传输。缺点是码流的频谱特性不如 *m*B*n*B 码。但在扰码后再进行 4B1H 变换，可以满足通信系统的要求。

3. 1B2B 码

1B2B 码主要包括 CMI、双相码和 DMI 码。其中 CMI 又称传号反转码，其变换规则是原码的“0”用“01”代替，原码的“1”用“00”或“11”交替代替。双相码又称分相码，其变换规则是原码的“0”用“01”代替，原码的“1”用“10”代替。DMI 码的变换规则是原码的“1”用“00”或“11”交替代替；原码为“0”时，若前两个码为“01”“11”，原码用“01”代替，若为“10”“00”，原码用“10”代替。

4. 扰码

为了保证传输的透明性，在系统光发射机的调制器前，需要附加一个扰码器，将原始的二进制码序列加以变换，使其接近于随机序列。相应地，在光接收机的判决器之后，附加一个解扰器，以恢复原始序列。扰码与解扰可由反馈移位寄存器和对应的前馈移位寄存器实现。扰码改变了“1”码与“0”码的分布，从而改善了码流的一些特性。

SDH 光纤通信系统中广泛使用的是加扰的 NRZ 码，它是利用一定规则对信号码流进行扰码，经过扰码后使线路码流中的“0”和“1”出现的概率相同，因此码流中不会出现长连“0”或长连“1”的情况，从而有利于接收端提取时钟信号。信号序列扰乱方法一是用一个随机序列与输入信号序列进行逻辑加，这样就能把任何输入信号序列变换为随机序列，但完全随机的序列不能再现。二是用伪随机序列来代替完全随机序列进行扰码与解扰。

但是扰码有以下缺点：不能完全控制长串连“1”和长串连“0”序列的出现；没有引入冗余，不能进行在线误码监测；信号频谱中接近于直流的分量较大，不能解决基线漂移。因为扰码不能完全满足光纤通信对线路码型的要求，所以许多光纤通信设备除采用扰码外还采用其他类型的线路编码。

5.4 光纤通信系统的性能指标

5.4.1 误码性能

1. 误码的概念和产生

所谓误码，就是在数字光纤通信系统的接收端，通过判决电路后产生的比特流中，某些比特发生了差错，对传输质量产生了影响。传统上常用 BER 来衡量信息传输质量，即以某一特定观测时间内的错误比特数与传输比特总数之比作为 BER。误码产生的因素有：各种噪声产生的误码；色散引起的码间干扰；定位抖动产生的误码；复用器、交叉连接器和交换机等设备本身引起的误码；各种其他外界因素产生的误码。

2. 误码性能度量

PDH 传输网中的误码性能用 BER、严重误码秒（severely errored seconds, SES）和误码秒（errored seconds, ES）来描述。SDH 网络中，由于数据传输是以块的形式进行的，因而在高传输速率（≥2Mbit/s）通道的误码性能参数主要依据 ITU-T G.826 建议，是以“块”为基础的一组参数，而且主要用于不停业务的监视。块是指一系列与通道有关的连续比特，每个比特属于且仅属于一个块。当块内任意比特发生差错时，就称该块是误块。对于 STM-*N*，开销中的 BIP-*N* 即属于单个监视块。误码性能参数包括以下三种。

（1）误块秒比。当某 1 秒具有一个或多个误块，或至少有一种缺陷时，则该秒称为误块秒（errored block second, EBS）。在规定测量时间间隔内，出现的 EBS 数与总的可用时间（在测试时间内扣除其间的不可用时间）之比，称为误块秒比（errored block second ratio, EBSR）。

（2）严重误块秒比。当某 1 秒内包含有不少于 30%的误块或者至少出现一种缺陷时，则该秒称为严重误块秒（severely errored block second, SEBS）。SEBS 是 EBS 的子集。在规定测量时间间隔内，出现的 SEBS 数与总的可用时间之比称为严重误块秒比（severely errored block second ratio, SEBSR）。

（3）背景误块比。扣除不可用时间和 SEBS 期间出现的误块后所剩下的误块，称为背景误块。对一个确定的测试时间而言，在可用时间以内出现的背景误块数与扣除不可用时间和 SEBS 期间所有块数后的总块数之比称为背景误块比（background block error ratio, BBER）。

以上三种参数各有特点，EBSR 适于度量零星误码，SEBSR 适于度量很大的突发性误码，而 BBER 则大体上反映了系统的背景误码。经验表明，上述三种参数中 SEBSR 最严，BBER 最松。大多数情况下，只要通道满足了 SEBSR 和 EBSR 指标，BBER 指标也可以满足。

误码性能参数的评价只有在通道处于可用状态时才有意义。当连续 10s 都是 SEBS 时，不可用时间开始，即不可用时间包含这 10s；当连续 10s 都未检测到 SEBS 时，不可用时间结束，即可用时间包含这 10s。另外，通道分为单向通道和双向通道，通道的每一方向均应满足所有参数的分配目标，只要有任一参数在任一方向不满足要求就认为通道不满足要求。

3. 误码性能规范

（1）全程误码指标。由假设参考通道模型可知，最长的假设参考数字通道为 27500km，其全程端到端的误码性能应满足表 5-4-1 的要求。

表 5-4-1　高传输速率全程 27500km 通道的端到端误码性能规范要求

性能参数	速率/(Mbit/s)					
	2.048	8.448	34.368	139.264 或 155.520	622.080	2448.30
EBSR	0.04	0.05	0.075	0.16	待定	待定
SEBSR	0.002	0.002	0.002	0.002	0.002	0.002
BBER	2×10^{-4}	2×10^{-4}	2×10^{-4}	2×10^{-4}	2×10^{-4}	10^{-4}

（2）误码指标分配。我们采用在按区段分段的基础上结合按距离分配的方法。将全程分为国际部分和国内部分。我国国内标准最长假设参考通道为 6900km。国内网可分成两部分，即接入网（access network, AN）和核心网（core network, CN），核心网由长途网和中继网组成。核心网按距离线性分配直到再生段为止，我国 420km、280km 各类假设参考数字段（hypothetical reference digital section, HRDS）的通道误码性能要求应满足表 5-4-2 和表 5-4-3。

表 5-4-2　420km HRDS 误码性能指标

性能参数	速率/(Mbit/s)				
	2.048	34.368	139.264 或 155.520	622.080	2 448.320
EBSR	9.24×10^{-4}	1.733×10^{-3}	3.696×10^{-3}	待定	待定
SEBSR	4.62×10^{-5}	4.62×10^{-5}	4.62×10^{-5}	4.62×10^{-5}	4.62×10^{-5}
BBER	4.62×10^{-6}	4.62×10^{-6}	4.62×10^{-6}	2.31×10^{-6}	2.31×10^{-6}

表 5-4-3　280km HRDS 误码性能指标

性能参数	速率/(Mbit/s)				
	2.048	34.368	139.264	622.080	2 488.320
EBSR	6.16×10^{-4}	1.155×10^{-3}	2.464×10^{-3}	待定	待定
SEBSR	3.08×10^{-5}	3.08×10^{-5}	3.08×10^{-5}	3.08×10^{-5}	3.08×10^{-5}
BBER	3.08×10^{-6}	3.08×10^{-6}	3.08×10^{-6}	1.54×10^{-6}	1.54×10^{-6}

4. 误码率

BER 是衡量数字光纤通信系统传输质量优劣的非常重要的指标，它反映了在数字传输过程中信息受到损害的程度。BER 是在一个较长时间内的传输码流中出现误码的概率，BER=错误接收的码元数/传输的码元总数，它对话音影响的程度取决于编码方法。对 PCM 而言，BER 对话音的影响程度如表 5-4-4 所示。

表 5-4-4　BER 对话音的影响程度

BER	受话者的感觉
10^{-6}	感觉不到干扰
10^{-5}	在低话音电平范围内刚觉察到有干扰
10^{-4}	在低话音电平范围内有个别“喀喀”声干扰
10^{-3}	在各种话音电平范围内都感觉到有干扰
10^{-2}	强烈干扰，听懂程度明显下降
5×10^{-2}	几乎听不懂

由于 BER 随时间变化，用长时间内的平均 BER 来衡量系统性能的优劣，显然不够准确。在实际监测和评定中，应采用误码时间百分数和误码秒百分数的方法。

规定一个较长的监测时间 T_L，例如几天或一个月，并把这个时间分为“可用时间”和“不可用时间”。在连续 10s 内，BER 劣于 1×10^{-3}，为“不可用时间”，或称系统处于故障状态；故障排除后，在连续 10s 内，BER 优于 1×10^{-3}，为“可用时间”。对于 64kbit/s 的数字信号，BER=1×10^{-3}，相当于每秒有 64 个误码。同时，规定一个较短的取样时间 T_0 和 BER 门限值 M，统计 BER 劣于 M 的时间，并用劣化时间占可用时间的百分数来衡量系统 BER 性能。

如表 5-4-5 所示，定义 BER 劣于 1×10^{-6} 的分钟数为劣化分（degrade minute, DM）；BER 劣于 1×10^{-3} 的秒钟数为严重误码秒；凡是出现误码的秒数称为误码秒。

表 5-4-5　误码率随时间变化分类

性能分类	定义	门限值	要求达到的指标	每次观测的时间
DM	每分钟的 BER 劣于门限值	1×10^{-6}	平均时间百分数少于 10%	1min
SES	1 秒钟内的 BER 劣于门限值	1×10^{-3}	时间百分数少于 0.2%	1s
ES	每个观测秒内，出现误码数（与之对应的每个观测秒内未出现误码，则称之为无误码秒）	0	误码秒的时间百分数不得超过 8%（与之对应的无误码秒的时间百分数不少于 92%）	1s

5.4.2　抖动性能

1. 抖动的概念和产生

一般来说抖动又称相位抖动或定时抖动，它是数字信号传输中的一种不稳定现象，即数字信号在传输过程中，脉冲在时间间隔上不再是等间隔的，而是随时间变化的一种现象。我们把抖动定义为数字信号的特定时刻（例如最佳抽样时刻）相对于其理想参考时间位置的短时间偏离，如图 5-4-1 所示，图中，Δt 为接收信号与发射信号的时间偏离，由于抖动的不确定性，引起各处偏离程度不同。所谓短时间偏离是指变化频率高于 10Hz 的相位变化。

抖动常用抖动幅度和抖动频率两个参量描述。抖动幅度指的是数字信号的特定时刻相对于其理想参考时间位置偏离的时间范围，单位为 UI（unit interval），$1\text{UI}=1/f_{\text{b}}$。例如，对于 2.028Mbit/s 的信号，其抖动幅度的单位 $1\text{UI}=1/f_{\text{b}}=1/(2.048\times10^6)=488\text{nm}$；而抖动频率则是偏差的出现频率，单位为 Hz。

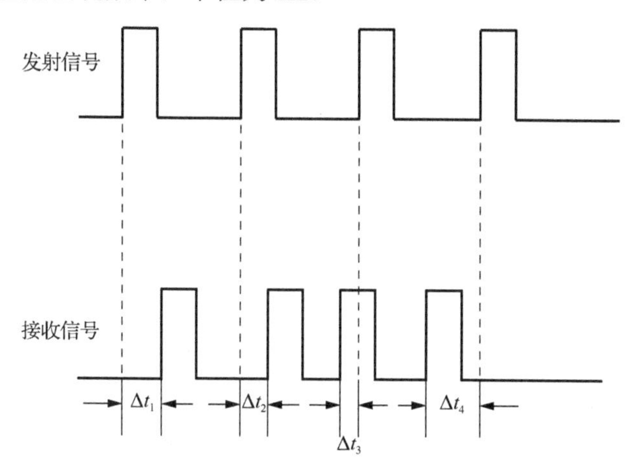

图 5-4-1　抖动示意图

抖动来源于系统线路与设备。一般光缆线路引入的总抖动量仅为 0.002～0.011UI，可忽略不计，因此设备是抖动的主要来源，包括指针调整抖动、映射/去映射抖动和复用/解复用抖动。

减小由于指针调整引入抖动的方法主要包括比特泄漏法、门限调制法和调整率改变法等。其中比特泄漏法（也称相位扩散法）的基本原理是在抑制抖动的电路中，采用两个电路的级联形式。第一级的功能是以某种方法将幅度高、频度低的抖动展宽为幅度低、频度高的抖动。例如，将输入的一个 24UI 相位抖动阶梯展宽为有 24 个 1UI 相位抖动的阶梯，这个处理过程即称为比特泄漏或相位扩散。第二级的功能则是将经处理后的 1UI 阶梯抖动平滑滤波。

2. 抖动容限

为了使数字光纤通信系统在有抖动的情况下，仍能保证系统的指标，那么抖动就应限制在一定范围之内，这个就是所谓的抖动容限。抖动容限可分为输入抖动容限和输出抖动容限。输入抖动容限是指数字光纤通信系统允许输入脉冲产生抖动的范围；输出抖动容限则为输入信号无抖动的情况下，数字光纤通信系统输出信号的抖动范围。一般来说，传输不同信号时，抖动容限的指标是不相同的。例如传输语言、数据信号时系统的抖动容限为4%UI；传输彩色电视信号时，系统的抖动容限为2%UI。

抖动容限往往是用峰-峰抖动来描述的，它是指某个特定的抖动比特的时间位置，相对于该比特无抖动时的时间位置的最大部分偏离。测量输入抖动容限时，是用一个低频信号发生器在100～300Hz频率范围内选几个频率点对伪随机码发生器进行调制，同时监测系统的误码情况。然后，逐渐加大低频信号发生器的输出幅度直到出现误码，这时从PCM系统分析仪上即可测出相应的频率点上的输入抖动容限。输入抖动容限越大越好，而输出抖动容限越小越好。

3. 抖动产生的原因

（1）噪声引起的抖动。在逻辑电路中，当输入信号阶跃时，由于信号叠加了噪声，输入信号提前超过了逻辑电路的门限电平，使跃变信号提前发生，从而引起了抖动，如图5-4-2所示。

（2）时钟恢复电路产生的抖动。在时钟恢复电路中有谐振放大器，如果谐振回路元件老化，初始调谐不准等因素可引起谐振频率的变化。这样，这种输出信号经时钟恢复电路限幅整形，恢复为时钟信号时，就会出现抖动。

（3）其他原因引起的抖动。如数字系统的复接、分接过程，光缆的老化等都会产生抖动。

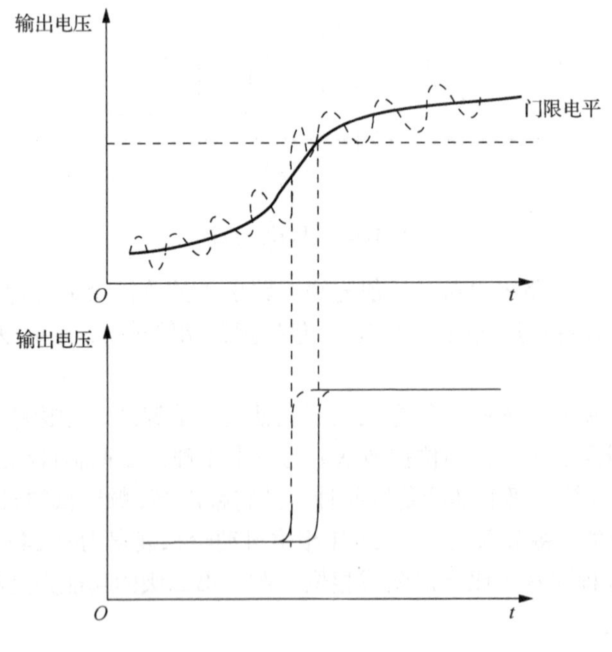

图5-4-2　噪声引起的抖动

4. 漂移性能

所谓漂移是指数字信号的特定时刻（如最佳抽样时刻）相对于其理想参考时间位置

的长时间偏离。所谓长时间偏离是指变化频率低于 10Hz 的相位变化。

漂移产生的原因包括：指针调整引起抖动和漂移；时钟系统引起漂移；传输系统引入的漂移。

5.4.3　可靠性

可靠性直接影响通信系统的使用、维护和经济效益。对光纤通信系统而言，可靠性包括光端机、光中继器、光缆线路、辅助设备和备用系统的可靠性。确定可靠性一般采用故障统计分析法，即根据现场实际调查结果，统计足够长时间内的故障次数，确定每两次故障的时间间隔和每次故障的修复时间。

1. 可靠性和故障率

可靠性是指在规定的条件和时间内系统无故障工作的概率，它反映系统完成规定功能的能力。可靠性 R_e 通常用故障率 FR 表示，两者的关系为 $R_e=\exp(-\mathrm{FR}\cdot t)$ 。故障率 FR 是系统工作到时间 t，在单位时间内发生故障即功能失效的概率。FR 的单位为 10^{-9}/h，称为非特（failure in term，FIT），1FIT 等于在 10^9h 内发生一次故障的概率。

如果通信系统由 n 个部件组成，且故障率是统计无关的，则系统的可靠性 R_s 可表示为

$$R_s=R_1\times R_2\times\cdots\times R_n=\exp\left(-\mathrm{FR}_s\cdot t\right)\tag{5-4-1}$$

$$\mathrm{FR}_s=\sum\mathrm{FR}\tag{5-4-2}$$

式中，R_i 和 FR_i 分别为系统第 i 个部件的可靠性和故障率。

2. 平均故障修复时间

故障率 FR 和平均故障修复时间 MTTR 的关系为

$$\mathrm{FR}=1/\mathrm{MTTR}\tag{5-4-3}$$

3. 可用率和失效率

可用率 VR 是在规定时间内，系统处于良好工作状态的概率，它可以表示为

$$\mathrm{VR}=\frac{\text{可用时间}}{\text{总工作时间}}\times100\%=\frac{\mathrm{MTBF}}{\mathrm{MTBF+MTTR}}\times100\%\tag{5-4-4}$$

式中，MTBF 为正常工作时间，即可用时间。

失效率 PF 可以表示为

$$\mathrm{PF}=\frac{\text{不可用时间}}{\text{总工作时间}}\times100\%=\frac{\mathrm{MTTR}}{\mathrm{MTBF+MTTR}}\times100\%\tag{5-4-5}$$

根据国家标准的规定，具有主备用系统自动倒换功能的数字光纤通信系统，容许 5000km 双向全程每年 4 次全阻故障，对应于 420km 和 280km 数字段双向全程分别约为每 3 年 1 次和每 5 年 1 次全阻故障。市内数字光纤通信系统的假设参考数字链路长为 100km，容许双向全程每年 4 次全阻故障，对应于 50km 数字段双向全程每半年 1 次全阻故障。此外，要求 LD 光源寿命大于 10×10^4h，光电探测器寿命大于 50×10^4h，APD 寿命大于 50×10^4h。

5.5 光纤通信系统的设计

设计一个光纤通信系统时，首先需清楚设计系统的整体情况、所处的地理位置、未来几年（3～5年）内对容量的需求及当前设备和技术的成熟程度等。在此基础上对下列问题进行具体的考虑和设计。

5.5.1 系统部件的选择

1. 网络拓扑、线路路由的选择

一般可以根据网络/系统在通信网中的位置、功能和作用，根据承载业务的生存性要求等选择合适的网络拓扑。一般位于骨干网中的、网络生存性要求较高的网络适合采用网络拓扑；位于城域网的、网络生存性要求较高的网络适合采用环形拓扑；位于接入网的、网络生存性要求不高而要求成本尽可能低廉的网络适合采用星形拓扑或树形拓扑。

节点之间的光缆线路路由选择要服从通信网络发展的整体规划，要兼顾当前和未来的需求，而且要便于施工和维护。选定路由的原则：线路尽量短直、地段稳定可靠、与其他线路配合最佳、维护管理方便。同时应考虑不同级别线路（一级干线、二级干线）的配合，以达到最高的线路利用效率和覆盖面积。中继站的设置既要考虑上、下话路的需要，又要考虑放大、再生的需要。

2. 传输系列、网络/系统容量的确定

PDH 主要适用于中、低速率点对点的传输，例如 34Mbit/s、140Mbit/s。SDH 多路波分复用（2.5Gbit/s、10Gbit/s）不仅适合点对点传输，而且适合多点之间的网络传输。20 世纪 90 年代中期，SDH 设备已经成熟并在通信网中大量使用，由于 SDH 设备具有良好的兼容性和组网的灵活性，新建设的骨干网和城域网一般都应选择能够承载多业务的下一代 SDH 设备。

网络/系统容量一般按网络/系统运行后的几年里所需能量来确定，而且网络/系统应方便扩容以满足未来容量需求。目前城域网中系统的单波长速率通常为 2.5Gbit/s、骨干网单波长速率通常为 10Gbit/s，而且根据容量的需求采用几波到几十波的波分复用。

3. 工作波长的确定

工作波长可根据传输距离和传输容量进行选择。如果是短距离小容量的系统，则可以选择短波长范围，即 800～900nm。如果是长距离大容量的系统，则选用长波长的传输窗口，即 1310nm 和 1550nm，因为这两个波长区具有较低的损耗和色散。另外，还要注意所选用的波长区具有可供选择的相应器件。

4. 光纤/光缆的选择

光纤有多模光纤和单模光纤，并有阶跃型和渐变型折射率分布。对于短距离传输和短波长系统可以用多模光纤。对于长距离传输和长波长系统一般使用单模光纤。目前可选择的单模光纤有G.652,G.653,G.654,G.655等。光纤/光缆是传输网络的基础，光缆网的设计规划必须要考虑在未来15～20年的寿命期内仍能满足传输容量和速率的发展需要。另外，光纤的选择还与光源有关，LED与单模光纤的耦合率很低，所以LED一般用多模光纤，但1310nm的边发光二极管与单模光纤的耦合取得了进展。另外，对于传输距离为数百米的系统，可以用塑料光纤配以LED。

5. 光源的选择

选择LED还是LD，需要考虑一些系统参数，比如色散、码速、传输距离和成本等。LED输出频谱的谱宽比LD宽得多，这样引起的色散较大，使得LED的传输容量较低，1310nm波段限制在2500(Mbit/s)·km以下；而LD的谱线较窄，1550nm波段传输容量可达500(Gbit/s)·km。典型情况下，LD耦合进光纤中的光功率比LED高出10～15dB，因此会有更大的无中继传输距离。但是LD的价格比较昂贵，发送电路复杂，并且需要自动功率和温度控制电路。而LED价格便宜，线性好，对温度不敏感，线路简单。设计电路时需要综合考虑这些因素。

6. 光电探测器的选择

选择光电探测器需要看系统在满足特定BER的情况下所需的最小接收光功率，即接收灵敏度，此外还要考虑光电探测器的可靠性、成本和复杂程度。PIN光电二极管比APD结构简单，温度特性更加稳定，成本低廉，低速率小容量系统采用LED+PIN光电二极管组合。若要检测极其微弱的信号，还需要灵敏度较高的APD，高速率大容量系统采用LD+APD组合。

选择系统部件时还要考虑中继距离的估算，影响中继距离的主要因素是系统的损耗和色散。确定中继距离是中心问题，尤其是对长途光纤通信系统，中继距离设计是否合理，对系统的性能和经济效益影响很大。

5.5.2 系统设计方法

1. 常用的系统设计方法

（1）最坏值设计法。其是系统设计中最常用的方法，在设计再生段距离时，将所有参考值按照最坏值选择，而不考虑具体分布。用这种方法设计出来的指标一定满足系统要求，系统的可靠性较高，但由于在实际应用中所有参数同时取最坏值的概率非常小，所以这种方法的冗余度较大，总成本偏高，资源利用率低。在用最坏值法设计数字系统时，设备冗余度与未分配的冗余度是分散给光发射机、光接收机和光缆线路设施的。通常光发射机冗余度取1dB左右，光接收机冗余度取2～4dB，系统总冗余度取3～5dB。

（2）统计设计法。其是按各参数的统计分布特性取值的，即通过事先确定一个系统的可靠性代价来换取较长的中继距离。这种方法考虑各参数统计分布时较复杂，系统可靠性不如最坏值法，但成本相对较低，中继距离可以有所延长。

（3）联合设计法。综合考虑这两种方法，部分参数按最坏值处理，部分参数取统计值，从而得到相对稳定，成本适中，计算简单的系统。将统计法中得益较小的光参数（如发送光功率、接收灵敏度和光纤连接器损耗等）按最坏值设计方法进行处理；将统计设计中得益较大的参数（如光纤的损耗、光纤接头的损耗等）按统计分布处理。

2. 功率预算和色散预算

在中继距离的设计中应考虑损耗和色散这两个限制因素，如果损耗是限制中继距离的主要因素，则这个系统就是损耗受限的系统；如果光信号的色散展宽最终成为限制系统中继距离的主要因素，则这个系统就是色散受限的系统。

1）功率预算-损耗受限系统

按照ITU-T的G.957规定，允许的光通道损耗P_{SR}为

$$P_{SR}=P_T-P_R-P_P \tag{5-5-1}$$

式中，P_T为发射光功率；P_R为接收灵敏度；P_P为光通道功率代价。P_P在实际中可以等效为附加接收损耗，可扣除，于是实际S（发射）-R（接收）点的允许损耗为

$$P_{SR}=\alpha_f L+\frac{\alpha_s L}{L_f}+M_c L+2\alpha_c \tag{5-5-2}$$

式中，α_f为光纤损耗（dB/km）；α_s为再生段平均接头损耗（dB）；L_f为单盘光缆的盘长（km）；M_c为光纤余量（dB/km）；α_c为光纤配线盘上的附加光纤连接器损耗，这里的附加光纤连接器按两个考虑。所以，采用最坏值方法进行设计系统时需考虑发射和接收点之间光纤线路总损耗不超过系统的总功率损耗，因此损耗受限系统的实际可达再生段距离可以用式（5-5-3）来估算。

$$L\left(\alpha_f+\frac{\alpha_s}{L_f}+\alpha_f\right)\leqslant P_T-\left(P_R+P_P+2\alpha_c+M_e\right) \tag{5-5-3}$$

式中，M_e为设备余量。

式（5-5-3）中参数的取值应根据产品技术水平和系统设计需要来确定。光源功率、灵敏度随传输速率而变化。对于实际的系统，除了考虑合适的再生距离的选择应小于L外，还需要考虑光接收机的动态范围的限制。发射光功率P_T取决于所用光源，对单模光纤通信系统，LD的平均发射光功率一般为-9～-3dBm，LED平均发射光功率一般为-25～-20dBm。光接收机灵敏度P_R取决于光电探测器和前置放大器的类型，并受BER的限制，随传输速率而变化。连接器损耗一般为0.3～1dB/对。设备余量M_e包括由于时间和环境的变化而引起的发射光功率和接收灵敏度下降，以及设备内光纤连接器性能劣化，M_e一般不小于3dB。光纤损耗α_f取决于光纤类型和工作波长，例如单模光纤在1310nm，α_f为0.35dB/km；在1550nm，α_f为0.2～0.25dB/km。光纤余量M_c一般为0.06dB/km，但一个中继段总余量不超过5dB。平均接头损耗可取为0.05dB/km。

功率预算也可以用作图法完成，如图5-5-1所示。图5-5-1中的横轴表示传输距离，纵轴表示光功率，在光发射机输出功率为-13dBm处和光接收机光功率为-42dBm处各画一水平线，其间距离表示线路上所允许的光功率损耗。发送和接收端各有接头损耗1dB，所以在此光发射机光功率之下和光接收机功率之上各画一条水平线，在其间再作出6dB的系统冗余度，则剩下的距离是光纤链路可用的损耗，假设光纤损耗（包括熔接头损耗）为3.5dB/km，再作斜率为3.5dB/km的斜线，此斜线起点为耦合入纤的光功率，即-14dBm处，则最终相交点D表示的距离为线路预期的传输距离，即为6km。

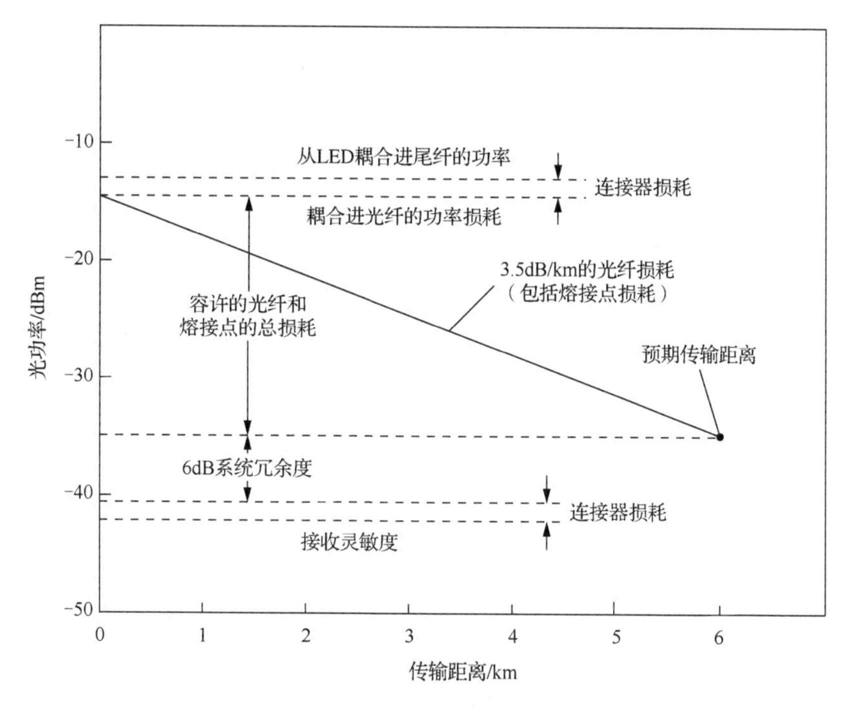

图 5-5-1　系统功率预算作图法

在上述计算中认为接收灵敏度是常数，而在实际系统中，光纤中脉冲展宽会随着传输距离的增长而增长，此时的接收灵敏度会下降，即图 5-5-1 中的光接收机灵敏度不是一条直线，而是向上弯曲的曲线，这样提早与斜线相交，从而使传输距离下降。此时的接收灵敏度 P_R 是传输距离 L 的隐函数，所以不能直接求解传输距离，只能用数值解法或图解法。

2）色散预算-色散受限系统

如果系统的传输速率较高，光纤线路色散较大，中继距离主要受色散（带宽）的限制。为使接收灵敏度不受损伤，保证系统正常工作，必须对光纤线路总色散（总带宽）进行规范。要确定一个传输速率已知的数字光纤线路系统允许的线路总色散是多少，并据此计算中继距离。对数字光纤线路系统而言，色散增大，意味着数字脉冲展宽增加，因而在接收端要发生码间干扰，使接收灵敏度降低，或 BER 增大。严重时甚至无法通过均衡来补偿，使系统失去设计的性能。

对于多模光纤系统，色散特性通常用 3dB 带宽表示

$$f_{3dB} = \frac{440}{\Delta\tau} \tag{5-5-4}$$

因此，$\Delta\tau = 0.44/B$，B 为长度等于 L 的光纤线路总带宽，它与单位长度光纤带宽的关系为 $B = B_1/L^\gamma$。B_1 为 1km 光纤的带宽，通常由测试确定。$\gamma = 0.5 \sim 1$，称为串接因子，取决于系统工作波长、光纤类型和传输距离。可以得到光纤线路总带宽 B 和速率 f_b 的关系为

$$B = (0.83 \sim 0.56) f_b \tag{5-5-5}$$

中继距离 L 与 1km 光纤带宽 B_1 的关系如式（5-5-6）所示：

$$L=\left[(1.21\sim 1.78)B_1/f_b\right]^{1/\gamma} \quad (5\text{-}5\text{-}6)$$

对于单模光纤系统，受色散限制的中继距离 L 可以表示为

$$L=\frac{\varepsilon_1\times 10^6}{f_b D_m \delta_\lambda} \quad (5\text{-}5\text{-}7)$$

式中，ε_1 为光脉冲的相对展宽值，它与功率代价和光源特性有关，对于多纵模激光器，$\varepsilon_1=0.115$，对于发光二极管，$\varepsilon_1=0.306$；f_b 为系统的码速，单位为 bit/s，它随线路码型的不同有所变化；D_m 为所用光纤的色散系数，单位为 ps/(nm·km)；δ_λ 为光源谱线宽度，单位为 nm。

光纤通信系统的中继距离受损耗限制时由式（5-5-8）确定。

$$L=\frac{P_T-P_R-2\alpha_c-P_P-M_E+\alpha_s}{\alpha_f+\dfrac{\alpha_s}{L_f}+M_c} \quad (5\text{-}5\text{-}8)$$

从损耗限制和色散限制两个计算结果中选取较短的距离，作为中继距离计算的最终结果。

【例】计算 140 Mbit/s 单模光纤通信系统的中继距离。

设发射光功率 $P_T=-3\text{dBm}$，接收灵敏度 $P_R=-42\text{dBm}$，设备余量 $M_e=3\text{dBm}$，连接器损耗 $\alpha_c=0.3\text{dB}$，光纤损耗 $\alpha_f=0.35\text{dB/km}$，光纤余量 $M_c=0.1\text{dB/km}$，每 km 光纤平均接头损耗 $\alpha_s=0.03\text{dB/km}$。根据以上数据，得到损耗限制中继距离为

$$L=\frac{-3-(-42)-3-2\times 0.3+0.03}{0.35+0.03+0.1}\approx 74(\text{km})$$

又设线路码型为 5B6B，线路码速 $f_b=140\times(6/5)=168\text{Mbit/s}$，$\delta_\lambda=2.5\text{nm}$，$D_m=3.0\text{ps/(nm}\cdot\text{km)}$。根据这些数据得到色散限制中继距离为

$$L=\frac{0.115\times 10^6}{168\times 3.0\times 2.5}\approx 91(\text{km})$$

在工程设计中，中继距离应取 74km。在本例中中继距离主要受损耗限制。但是，如果假设 $D_m=3.5\text{ps/(nm}\cdot\text{km)}$，$\delta_\lambda=3.0\text{nm}$，而上述其他参数不变，计算得到的中继距离 $L\approx$65km，则此时中继距离主要受色散限制，中继距离应确定为 65km。

实际系统设计分析时，首先根据损耗受限系统的设计估算其最大中继距离，然后根据色散受限系统的设计估算中继距离，最后选择其中较短的一个即为最大再生段距离。色散受限系统的估算与码间干扰和频率啁啾有关，码间干扰时色散引起光脉冲展宽导致光脉冲发生重叠，使光信号发生损伤。由于光纤的色散，频率啁啾造成光脉冲波形展宽，影响到接收灵敏度。

■ 习题

1．在光纤通信中，对光源的调制可以分为哪几类？各自是怎样定义的？

2．光纤通信系统对光发射机的要求是什么？

3．试说明光接收机前置放大器与主放大器功能的区别。
4．什么是光波分复用技术？它有哪些优势？
5．光纤通信系统有哪些噪声？
6．如何判断光纤通信系统的中继类型？

第6章

同步数字系列

光纤数字传输多数采用同步时分复用技术，先后有两种传输系列：准同步数字系列（PDH）和同步数字系列（SDH）。PDH 早在 1976 年就实现了标准化，随着光纤通信技术和网络的发展，PDH 遇到了许多困难。在技术迅速发展的推动下，美国提出了同步光纤网（synchronous optical network, SONET）。1988 年，ITU-T 参照 SONET 的概念，提出了被称为 SDH 的规范建议。SDH 解决了 PDH 存在的问题，是一种比较完善的传输系列，现已得到大量应用。这种传输系列不仅适用于光纤信道，也适用于微波和卫星干线传输。

6.1　同步数字系列的产生

PDH 主要适用于中、低速率点对点的传输。随着技术的进步和社会对信息的需求，数字系统传输容量不断提高，网络管理和控制的要求日益提高，宽带综合业务数字网和计算机网络迅速发展，迫切需要建立在世界范围内统一的通信网络。在这种形势下，现有 PDH 的许多缺点也逐渐暴露出来，主要包括：①北美地区、西欧地区和亚洲所采用的三种数字系列互不兼容，没有世界统一的标准光接口，使得国际电信网的建立及网络的营运、管理和维护变得十分复杂和困难。北美地区和日本采用以 1.544Mbit/s 为基群速率的 PCM24 路系列，中国采用以 2.048Mbit/s 为基群速率的 PCM30/32 路系列。②无统一的光接口，无法实现横向兼容。③准同步复用方式，上传、下载信息不便。④网络管理能力弱，建立集中式电信管理网困难。⑤网络结构缺乏灵活性。⑥只能面向话音业务。

所谓 SDH 是一套可进行同步信息传输、复用、分插和交叉连接的标准化数字信号的结构等级。SDH 网络则是由一些基本网元（network element, NE）组成的，在传输介质上（如光纤、微波等）进行同步信息传输、复用、分插和交叉连接的传送网络。它的基本网元有终端复用器（terminal multiplexer, TM）、分插复用器（add-drop multiplexer, ADM）、同步数字交叉连接器（synchronous digital cross connect equipment, SDXC）和再生中继器（regenerative repeater, REG）等。

1. 网络节点接口

网络节点接口（network node interface, NNI）是表示网络节点之间的接口，在实际中也可以看成传输设备和网络节点之间的接口。它在网络中的位置如图 6-1-1 所示。SDH 的 NNI 有标准化接口速率、信号帧结构和信号码型，即 SDH 在 NNI 实现了标准化。

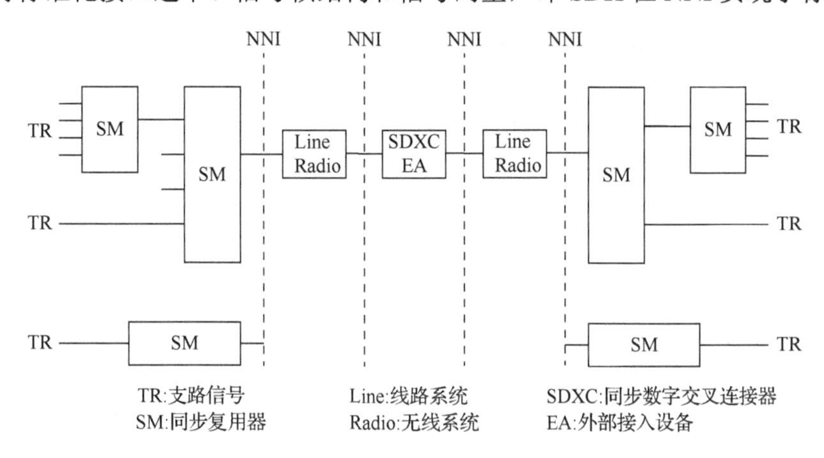

图 6-1-1　NNI 在网络中的应用

2. SDH 网络的基本特点

SDH 网络有很多优势，主要包括：①新型的复用映射方式：同步复用方式和灵活的映射结构。②接口标准统一：全世界统一的 NNI，体现了横向兼容性。③网络管理能力强：帧结构中丰富的开销比特。④组网与自愈能力强：采用先进的 ADM、数字交叉连接器（digital cross connect equipment, DXC）等组网。⑤兼容性好：具有完全的前向兼容性和后向兼容性。⑥先进的指针调整技术：可实现准同步环境下的良好工作。⑦独立的结合虚容器（virtual container, VC）设计：具有很好的信息透明性。⑧系列标准规范：便于国内、国际互连互通。其中最为核心的三个优点就是同步复用、强大的网络管理能力和统一的光接口及复用标准。

SDH 网络也存在若干问题，主要包括：①频带利用率低，频带利用率不如传统的 PDH 系统；②抖动性能劣化，引入了指针调整技术，使抖动性能劣化；③软件权限过大，给安全带来隐患，须进行强的安全管理；④定时信息传送困难，分插、重选路由及指针调整所致；⑤IP 业务对 SDH 传送网结构有影响。

6.2　同步数字系列的速率与帧结构

6.2.1　同步数字系列的速率

SDH 传输网中的信号是以同步传输模块（synchronous transmission module, STM）的形式来传输的。STM 有一套标准化的结构等级 STM-N（N=1、4、16、64），它是同步传输并以模块化形式传输。根据 ITU-T 的建议，STM-1 的传输速率为 155.520Mbit/s；4 个 STM-1 同步复接组成 STM-4，传输速率为 4×155.52Mbit/s=622.080Mbit/s；16 个 STM-1 组成 STM-16，传输速率为 2488.320Mbit/s，以此类推，它们之间彼此都呈 4 倍的关系。

6.2.2 同步数字系列的帧结构

SDH 的帧结构是一种以字节为基本单元的矩形块状帧结构，其由 9 行和 270×*N* 列字节组成，如图 6-2-1 所示。图的上半部表示 SDH 的信号在一帧一帧地向左传输，图的下半部是将其中一帧的详细结构画出来。帧结构中字节的传输是由左到右逐行进行的。从结构组成来看，整个帧结构可分成 3 个区域，分别是段开销（section overhead, SOH）区域、信息净负荷（payload）区域和管理单元指针（administrative unit pointer, AU-PTR）区域。

采用块状帧结构的理由包括：①由于 SDH 网络的一个主要功能是要对支路信号进行同步复用、交叉连接和交换，因此，SDH 帧结构的形式应适应上述功能；②为了便于将支路信号插入帧结构中并从帧结构中取出，这必然希望支路信号在一帧内的分布是有规律且均匀的；③要求帧结构的形式能方便地兼容北美的 1.544Mbit/s 和欧洲的 2.048Mbit/s 系列。

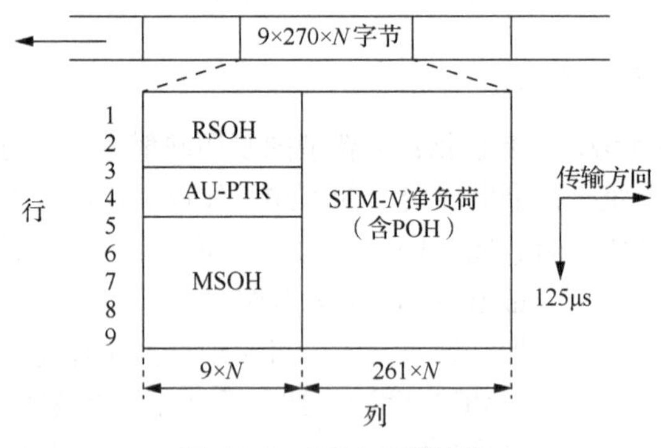

图 6-2-1 STM-*N* 帧结构

1. 帧结构概览

SDH 帧结构从上到下分布，一帧中共有 9 行。沿帧结构纵方向，从左到右的列数，随着不同的 STM-*N* 等级，一帧中共有 270×*N* 列。SDH 的帧结构是以字节为基础的，一个字节为 8bit。SDH 一帧中字节的个数即为帧长，STM-1 的字节数为 270×9=2430；STM-*N* 的字节数为 $(270\times N)\times 9$。STM-1 一帧比特数为 270×9×8=19440bit；STM-*N* 一帧比特数为 19440*N* bit。STM 传输一帧所用的时间均为 125μs，这是 SDH 的一个特点。每帧信息的传送顺序为：从左→右；从上→下。我们知道信息的码速=1 帧比特数/传 1 帧的时间，所以 SDH 系统中 STM-1 的码速为 $270\times9\times8/(125\times10^{-6})$= 155.520Mbit/s；STM-*N* 的码速为 STM-1×*N*=155.520*N*Mbit/s。

2. 信息净负荷区域

信息净负荷区域是指在帧结构中存放等待传输的各种业务信息的地方。它的范围是：第 10×*N*～270×*N* 列，第 1～9 行，字节数为(261*N*)×9=2349*N*（*N*=1、4、16、64）。对 STM-1 而言，每秒可用于信息净负荷区域的比特数为 2349×8×800=150.336Mbit。其中还包括少量用于通道性能监视、管理和控制的通道开销（path overhead, POH）字节。通常，POH 作为净负荷的一部分并与其一起在网络中传输。

3. 段开销区域

SOH 是指 SDH 帧结构中为了保证信息净负荷正常、灵活、有效地传送所必须附加的字节。SOH 又分为再生段开销（regeneration section overhead, RSOH）和复用段开销（multiplex segment overhead, MSOH）。所谓开销是指在网络节点的信息码流中扣除信息净负荷后的字节，用作网络的运行、维护和管理。由于不是信息净负荷，从这种角度上来看，它们是一种额外的开支，故称为开销，当然，它们也是一些不可缺少的字节。

SOH 区域：它在帧结构左侧 1～9*N* 列中 1～3 行和 5～9 行两个区域中。SOH 比特数为$(3+5)\times N\times 9\times 8=576N$ bit。由于 SDH 中每帧传输时间均 125×10^{-6}s，即每秒可传 $1/125\times 10^{-6}=8000$ 帧。若以 STM-1 为例，则每秒可用于 SOH 的比特数为 $576\times 8000=$ 4.608Mbit。由此可见，SDH 用于网络运行、维护和管理的比特数比传统的 PDH 要丰富得多，这是 SDH 的一个重要特点。

4. 管理单元指针区域

AU-PTR 是一种指示符，主要用于指示净负荷第一个字节在帧内的准确位置，如图 6-2-2 所示。

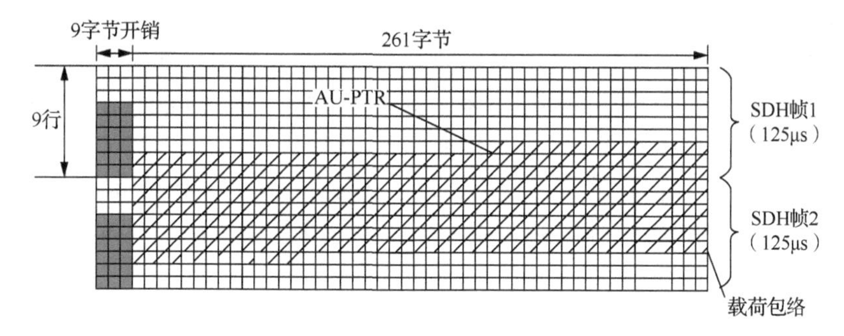

图 6-2-2　AU-PTR 的作用

AU-PTR 处在帧结构左侧 1～9*N* 列第 4 行的区域中。AU-PTR 是由一组码来构成的。这组码与信息在信息净负荷区域中的位置（位置被编号）相对应。这样，使得接收端能准确地从信息净负荷区中分离出信息净负荷来。对 STM-1 而言，AU-PTR 有 9 个字节（第 4 行），每秒相应的比特数为：$9\times 8\times 8000=0.576$Mbit。AU-PTR 还可用于频率调整，以便实现网络各支路同步工作。SDH 系统中采用先进的指针调整技术，并且引入了虚容器（VC）的概念，解决了低速信号复接成高速信号时，由于小的频率误差所造成的载荷相对位置漂移的问题。

6.3　同步数字系列复用映射方法及其传送网结构

6.3.1　我国采用的复用映射方法

同步复用和映射方法是 SDH 较有特色的内容之一。它使数字复用由 PDH 僵硬的大量硬件配置转变为灵活的软件配置。它可将 PDH 两大系列的绝大多数速率信号都复用进 STM-*N* 帧结构中。

1. SDH 的通用复用映射方法

ITU-T 规定了 SDH 的一般复用映射方法，如图 6-3-1 所示。这种方法可以把目前 PDH 的绝大多数标准速率信号装入 SDH 帧中，其中主要步骤是映射、定位和复用。

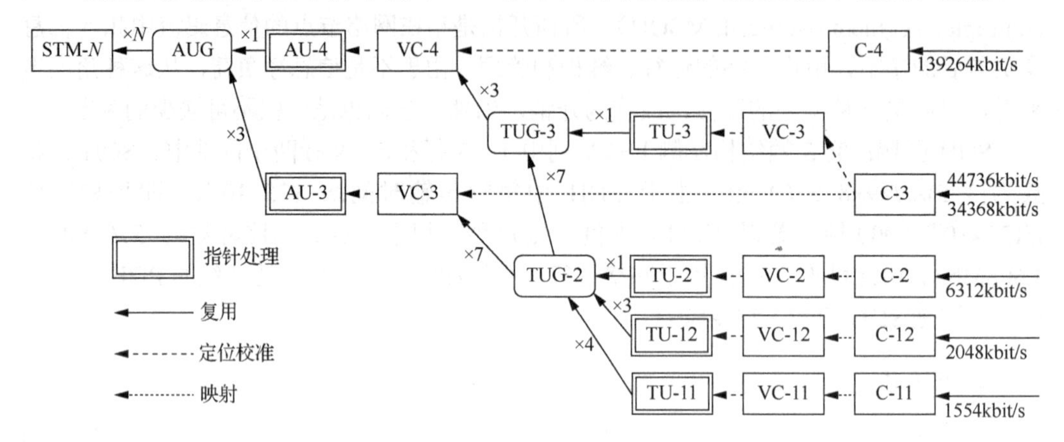

图 6-3-1 SDH 复用映射方法

图 6-3-1 中各部分的功能如下：①容器（container, C）。容器是一种用来装载各种速率业务信号的信息结构，参与 SDH 复用的各种速率的业务信号都应首先通过码速调整等适配技术“装进”一个合适的标准容器。其基本功能是完成 PDH 信号与 VC 之间的适配，即码速调整。ITU-T 规定了五种标准容器，C-11、C-12、C-2、C-3 和 C-4，每一种容器分别对应于一种标称的输入速率，即 1.544Mbit/s、2.048Mbit/s、6.312Mbit/s、34.368Mbit/s（44.736Mbit/s）和 139.264Mbit/s。我国采用的复用映射方法使每种速率的信号只有唯一的复用路线到达 STM-*N*，接口种类由五种简化为三种，主要包括 C-12、C-3 和 C-4 三种进入方式。所谓的码速调整是这样的一种过程，例如将欧洲标准的 2.048Mbit/s 调整为 2.224Mbit/s，否则后面将无法将这种支路信号“组装”为标准的 STM-*N* 结构等级的模块信号。已“装载”完成的标准容器又将作为后面的 VC 的净负荷。②VC。VC 主要支持 SDH 通道层连接。VC 由 C 输出的信息净负荷和 POH 来组成，即 VC-*n*=C-*n*+VC-*n*POH，这种过程称为映射。所谓映射是指把支路信号适配装入 VC 的过程，其实质是使支路信号与传送的载荷同步。VC 的输出作为后面单元，支路单元（tributary unit, TU）或管理单元（administrative unit, AU）的信息净负荷。关于 VC，还有一个重要的特点，即除非在 VC 的组合及分解点外，VC 在 SDH 的传送过程中作为一个独立体在通道中任一点取出和插入，不分解。另外，VC 的包封速率与 SDH 网络是同步的。因此，不同的 VC 互相是同步的，然而，在 VC 的内部是容许“装载”来自不同容器的异步净负荷。其中的 VC 可分成低阶 VC 和高阶 VC 两类。TU 前的 VC 为低阶 VC，有 VC-11、VC-12、VC-2 和 VC-3（我国有 VC-12 和 VC-3）；AU 前的 VC 为高阶 VC，有 VC-4 和 VC-3（我国有 VC-4）。用于维护和管理这些 VC 的开销称为 POH。管理低阶 VC 的 POH 称为低阶通道开销（lower order path overhead, LPOH），管理高阶 VC 的 POH 称为高阶通道开销（higher order path overhead, HPOH）。③TU。TU 是一种提供低阶通道层和高阶通道层之间适配的信息结构。TU 由 VC 和一个相应的支路单元指针来构成，即 TU-*n*=VC-*n*+TU-*n*PTR。这种 TU 为支路的信息载入高阶 VC 做准备，并且通过它的指针来指示出这

个 VC 在高一阶 VC 中的位置。这种在净负荷中对 VC 位置的安排称为定位。④支路单元组（tributary unit group, TUG）。TUG 是由一个或多个在高阶 VC 净负荷中固定占有规定位置的支路单元组成。例如：1×TUC-2=3×TU-12；1×TUG-3=7×TUG-2=21×TU-12；1×VC-4=3×TUG-3=63×TU-12。这种 TU 经 TUG 到高阶 VC 及后面从 AU 到 STM-*N* 的过程称为复用，复用的方法是字节间插。⑤AU。AU 是提供高阶通道层和复用段层之间适配的信息结构。AU 由一个相应的高阶 VC 和一个相应的 AU-PTR 构成，即 AU-*n*=VC-*n*+AU-*n*PTR。AU-PTR 的作用是用来指示这个相应的高阶 VC 在 STM-*N* 内的位置。⑥管理单元组（administrative unit group, AUG）。AUG 由一个或多个在 STM 帧内占据固定位置的 AU 按字节间插方式组成。例如：1×AUG=1×AU-4。⑦同步传输模块 STM-*N*。*N* 个 AUG 信号按字节间插同步复用后再加上 SOH 就构成了 STM-*N* 信号（*N*=4, 16, 64, …），即 *N*×AUG+SOH=STM-*N*。AUG+SOH=STM-1，由 *N* 个 STM-1 可同步复用为 STM-*N*。

2. 基本复用映射步骤

各种信号复用映射进 STM-*N* 帧的过程都要经过映射、定位和复用 3 个步骤。①映射（mapping）即装入，是一种在 SDH 网络边界处，把支路信号适配装入相应 VC 的过程。例如，将各种速率的 PDH 信号先分别经过码速调整装入相应的标准容器，再加进 LPOH 或 HPOH，以形成标准的 VC。②定位（pointing）是把 VC-*n* 放进 TU-*n* 或 AU-*n* 中，同时将其与帧参考点的偏差也作为信息结合进去的过程。通俗地讲，定位就是用指针值指示 VC-*n* 的第一个字节在 TU-*n* 或 AU-*n* 帧中的起始位置。③复用（multiplex）是一种将多个低阶通道层的信号适配进高阶通道或者把多个高阶通道层信号适配进复用段层的过程，即指将多个低速信号复用成一个高速信号。其方法是采用字节间插的方式将 TU 组织进高阶 VC 或将 AU 组织进 STM-*N*。

3. 映射方法

映射方法包括异步映射、比特同步映射和字节同步映射三类，其中异步映射是一种对映射信号的结构无任何限制，也无须与网络同步，仅利用正码速调整将信号适配装入 VC 的映射方法。异步映射可直接接入/取出 PDH 速率等级的信号，我国多采用此种方法。比特同步映射是一种对映射信号无任何限制，但要求其与网络同步，从而无须码速调整即可使信号适配装入 VC 的映射方法。此种方法无须去映射，即可直接取出 64kbit/s 或 *N*×64kbit/s 信号。字节同步映射是一种要求映射信号具有帧结构，并与网络同步，无须任何速率调整即可将信息字节装入 VC 内规定位置的映射方法。它特别适用于在 VC-11 和 VC-12 内无须组帧或解帧即可直接接入或取出 64kbit/s 或 *N*×64kbit/s 信号的情况。

工作模式包括浮动模式和锁定模式两类，其中浮动模式是指 VC 净负荷在 TU 帧内的位置不固定，并由支路单元指针（tributary unit pointer, TU-PTR）指示其起点位置的一种工作模式。此种模式无须滑动缓存器即可实现同步，且引入的信号时延最小。在浮动模式下，VC 帧内安排有相应的 VC POH，因此可进行通道性能的端到端监测。锁定模式是一种信息净负荷与网同步并处于 TU 帧内固定位置，因而无须 TU 的工作模式。锁定模式省去了 TU-PTR，且在 VC 内不能安排 VC POH，因此需用滑动缓存器来容纳 VC 净负荷与 STM-*N* 帧的频差和相差，从而引入较大的信号时延，并且不能进行通道性能的端到端监测。

三种映射方法和两类工作模式最多可以组合成 5 种映射方式，即浮动的异步映射、浮动的字节同步映射、浮动的比特同步映射、锁定的字节同步映射和锁定的比特同步映射，如表 6-3-1 所示。目前，我国的映射方式大多采用浮动的异步映射。

表 6-3-1　PDH 信号进入 SDH 的映射方式

PDH	VC-*n*	映射方式		
		异步映射	比特同步映射	字节同步映射
139.264Mbit/s	VC-4	浮动模式	无	无
34.368Mbit/s	VC-3	浮动模式	浮动模式	浮动模式
2.048Mbit/s	VC-12	浮动模式	浮动/锁定模式	浮动/锁定模式

下面举例说明如何将不同码速的信号装入 VC 中。

映射方式示例：将 139.264Mbit/s 信号异步映射进 VC-4。

（1）VC-4 帧结构：如图 6-3-2 所示，令 C-4 的每一行为一个子帧，每个子帧分成 20 个字节块，每个字节块 13 个字节。每个字节块的首字节依次是 W,X,Y,Y,Y,X,Y,Y,Y,X, Y,Y,Y,X,Y,Y,Y,X,Y,Z。每个字节块的后 12 个字节由信息比特组成。因此每行有 5 个 C 码和 1 个 S 码，由 5 个 C 码来控制 1 个 S 码，当 5 个 C 全为 0 时 S=D，当 5 个 C 全为 1 时 S=R。因此 C-4 子帧=(C-4)/9=241W+13Y+5X+1Z=260 字节=(1934D+1S)+5C+130R+10O=2080bit。

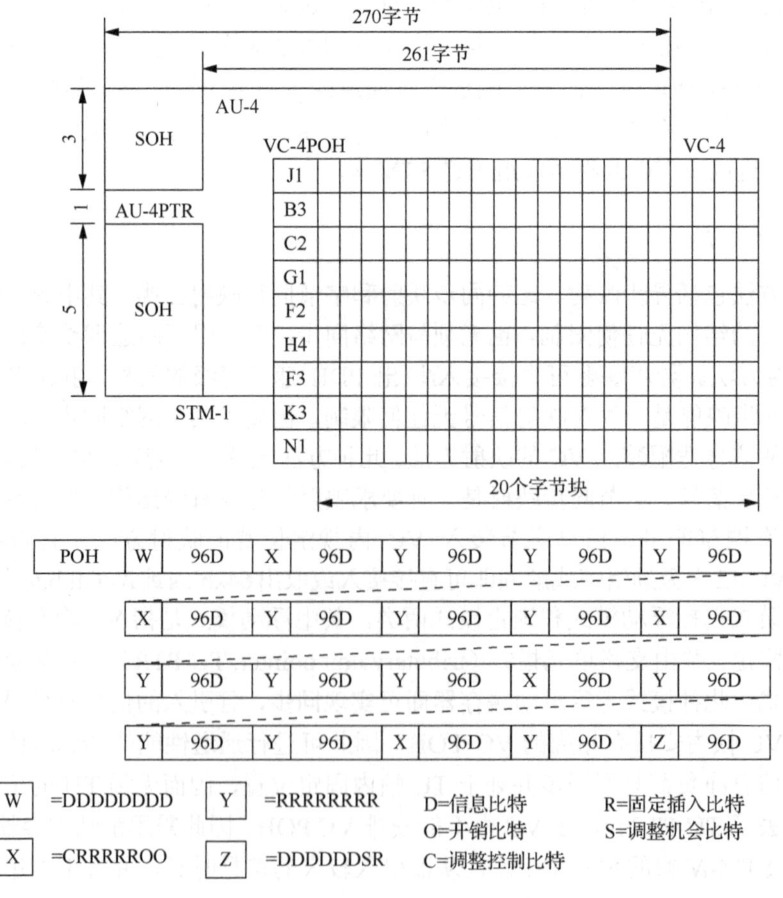

图 6-3-2　139.264Mbit/s 支路信号的异步映射结构和 VC-4 的子帧结构

（2）码速调整：当支路信号速率>C-4 标称速率时，令 5 个 C 全为 0，相应的 S=D；当支路信号速率<C-4 标称速率时，令 5 个 C 全为 1，相应的 S=R。接收端采用多数判决准则，即当 5 个 C 码中≥3 个 C 码为 1 时，则解同步器把 S 比特的内容作为填充比特，不理睬 S 比特的内容；而当 5 个 C 码中≥3 个 C 码为 0 时，解同步器把 S 比特的内容作为信息比特解读。根据 S 全为 D 和全为 R，可算出 C-4 容器能够容纳的输入信息速率 IC=(1934D+S)的上限和下限，即 IC_{max}=(1934+1)×9×8000=139.320Mbit/s；IC_{min}=(1934+0)×9×8000=139.248Mbit/s。PDH 四次群支路信号的速率范围为 139.262～139.266Mbit/s，所以能适配地装入 C-4。

（3）加入 VC-4POH：在 C-4 的 9 个子帧前分别依次插入 VC-4POH 字节 J1,B3,C2,G1,F2,H4,F3,K3,N1 就构成 VC-4 帧，完成向 VC-4 的映射。

（4）VC-4 的级联：若需要传送大于单个 C-4 容量的净负荷，例如，传送高清电视的数字编码信号，此时可将多个 C-4 复合在一起当作单个容器使用，这种方式称为级联。X 个 C-4 级联成的容器记为 C-4-X_c，可用于映射的容量是 C-4 的 X 倍。相应地，C-4-X_c 加上 VC-4-X_c POH 即构成 VC-4-X_c。VC-4-X_c 帧的第 1 列是 VC-4-X_c POH，第 2～X 列规定为固定插入字节，如图 6-3-3 所示。

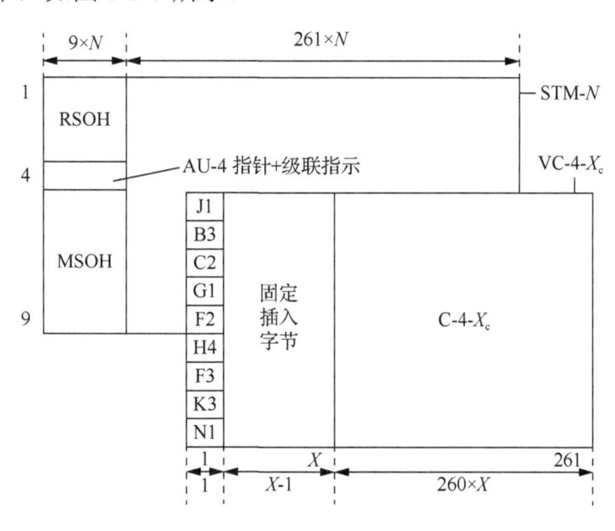

图 6-3-3　VC-4 的级联

4. 复用方法

SDH 采用字节间插同步复用的方法将多个低阶通道层信号适配进高阶通道层，或将多个高阶通道层信号适配进复用段层。

1）将 N 个 AU-4 复用进 STM-N 帧

（1）AU-4 复用进 AUG：AU-4 由 VC-4（9×261 字节）净负荷加上 AU-4 指针组成。VC-4 是个整体，它在 AU-4 帧内的位置可以由其第一个字节的位置来确定。为了将 AU-4 装入 STM-N 帧结构，先要经过 AUG 的复用。单个 AU-4 复用进 AUG 的结构如图 6-3-4 所示。

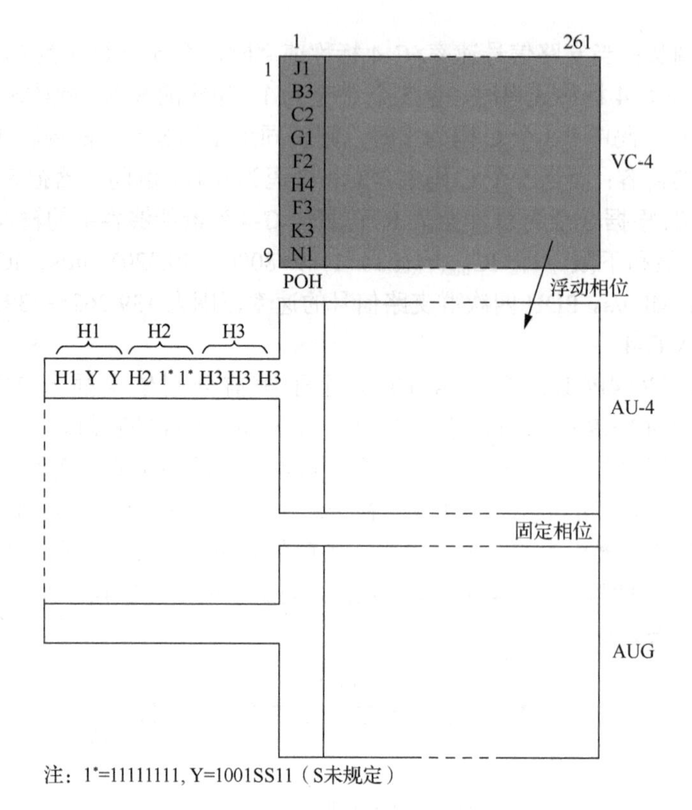

图 6-3-4 单个 AU-4 复用进 AUG

（2）将 N 个 AUG 复用进 STM-N 帧，如图 6-3-5 所示。

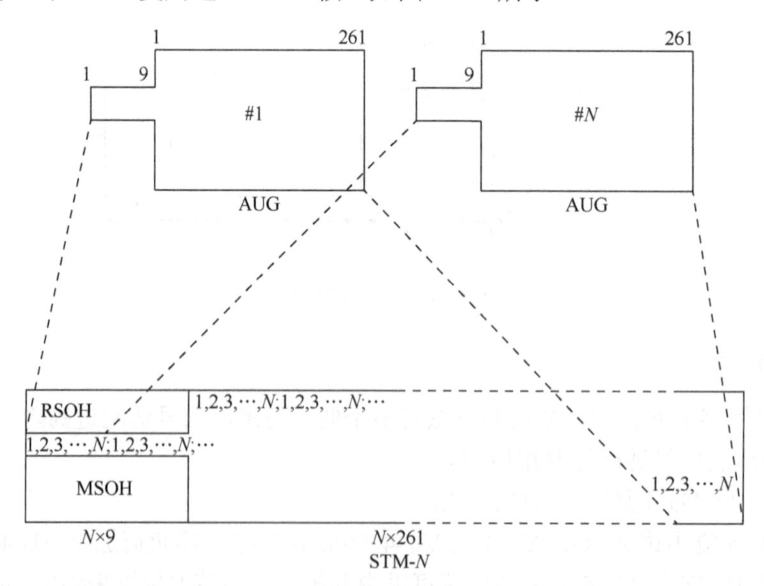

图 6-3-5 N 个 AUG 复用进 STM-N 帧

2）将 TU-3 复用进 VC-4 帧

（1）单个 TU-3 复用进 TUG-3 如图 6-3-6 所示。TU-3 由 VC-3 和 TU-3 指针组成，TU-3 指针由 H1、H2 和 H3 构成。TU-3 加上 6 个字节的 R 比特即可构成 TUG-3。

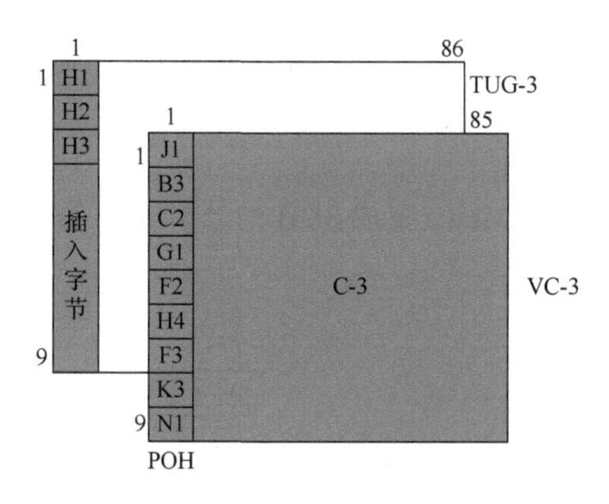

图 6-3-6　单个 TU-3 复用进 TUG-3

（2）将 3 个 TUG-3 复用进 VC-4，如图 6-3-7 所示。TUG-3 是 9 行×86 列的结构，而其 VC-4 是由 1 列 VC-4 POH、两列固定插入字节和 258 列净负荷组成的。可见一个 VC-4 可容纳 3 个 34.368Mbit/s 的信号。

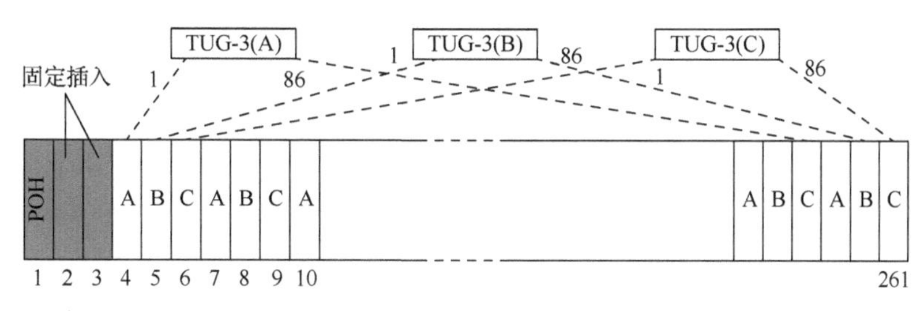

图 6-3-7　3 个 TUG-3 复用进 VC-4

3）将 TU-12 复用进 VC-4 帧

（1）TU-12 复用进 TUG-2：TU-12 由 VC-12（34 个字节的 C-12 加 1 个字节的 VC-12 POH）和 TU-12 指针组成，所以 TU-12 由 9 行×4 列=36 字节组成。3 个 TU-12 复用成 TUG-2（9 行×12 列）。

（2）7 个 TUG-2 复用进 TUG-3：TUG-3 共占有 9 行×86 列字节，其中第 1 列和第 2 列由插入字节组成，一组 7 个 TUG-2 按单字节间插复用进 TUG-3。复用安排参见图 6-3-8。

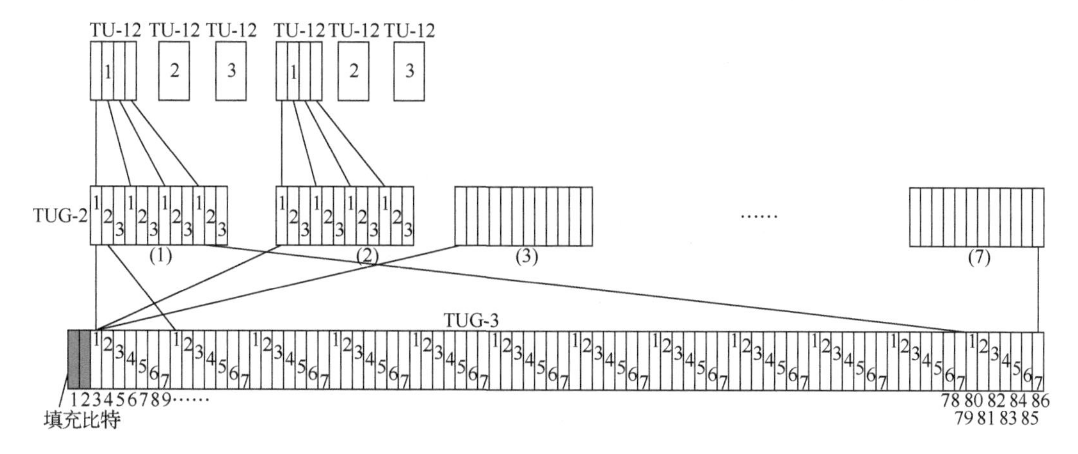

图 6-3-8　7 个 TUG-2 复用进 TUG-3 的字节安排

（3）3 个 TUG-3 复用进 VC-4：VC-4 帧由 3×7×3=63 个 TU-12 复用而成，即一个 VC-4 可容纳 63 个 2.048Mbit/s 的信号。

4）实例说明

（1）PDH 基群信号 2.048Mbit/s 变成 SDH 信号 STM-1 的过程如图 6-3-9 所示。

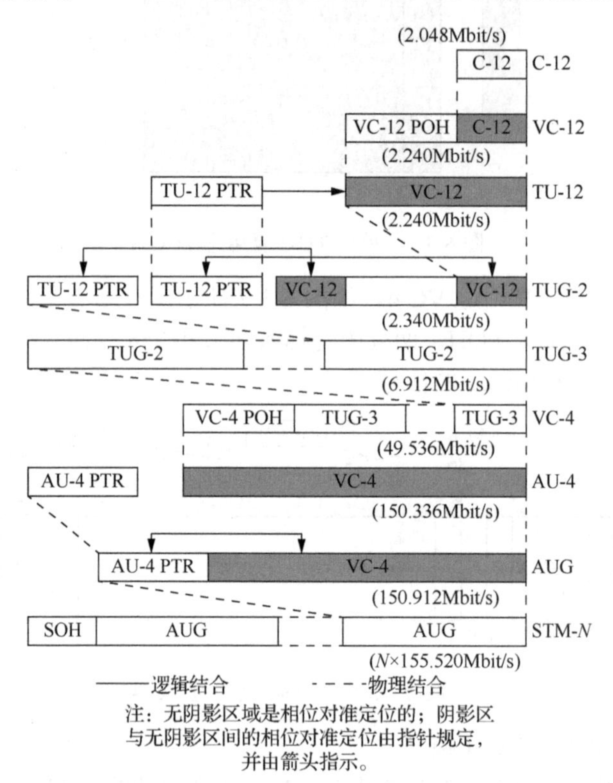

图 6-3-9　2.048Mbit/s 信号至 STM-1 的形成过程

（2）PDH 四次群信号 139.246Mbit/s 变成 SDH 信号 STM-1 的过程如图 6-3-10 所示。

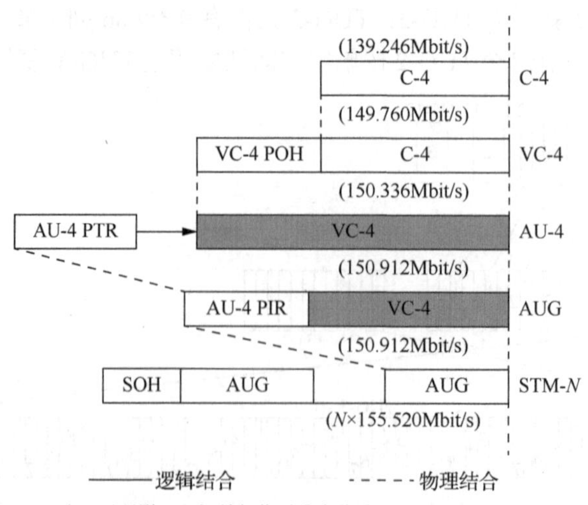

图 6-3-10　139.246Mbit/s 信号至 STM-1 的形成过程

5. 指针

SDH 中的指针是一种指示符，其值定义为 VC-*n* 相对于支持它的传送实体参考点的帧偏移。指针的作用不仅可以进行频率和相位校准，而且可以容纳网络中的频率抖动和漂移。指针分为 AU-PTR 和 TU-PTR。AU-PTR 又包括 AU-4 PTR 和 AU-3 PTR；TU-PTR 包括 TU-3 PTR、TU-2 PTR、TU-11 PTR 和 TU-12 PTR。在我国的复用映射方法中，有 AU-4 PTR、TU-3 PTR 和 TU-12 PTR，此外还有表示 TU-12 位置的指示字节 H4。

（1）AU-4 指针位置：AU-4 PTR 的内容和位置如图 6-3-11 所示，AU-4=VC-4+AU-4PTR，AU-4 PTR=H1,Y,Y,H2,1*,1*,H3,H3,H3，其中，Y=1001SS11，S 是未规定值的比特，1*=11111111。

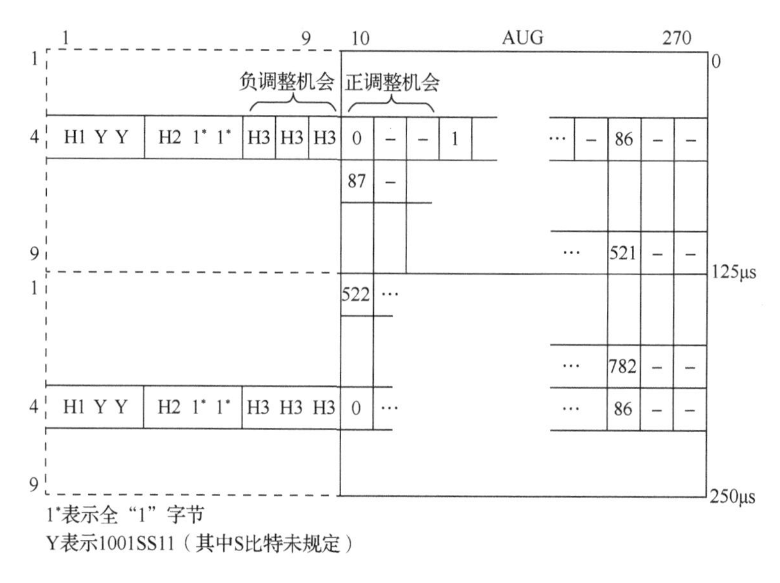

图 6-3-11　AU-4 指针位置和偏移编号

（2）AU-4 指针值：H1、H2 字节可以看作一个码字，其中最后 10 个比特（7～16 比特）携带具体指针值，共可提供 210=1024 个指针值。而 AU-4 指针值的有效范围为 0～782。因为 VC-4 帧内共有 9 行×261 列=2349 字节，所以需要用 2349/3 字节=783（AU-4 以 3 个字节为单位调整）个指针值来表示，如图 6-3-12 所示。该值表示指针和 VC-4 第一个字节间的相对位置。指针值每增减 1，代表 3 个字节的偏移量。指针值为 0 表示 VC-4 的首字节将于最后一个 H3 字节后的字节开始。H3 为负调整机会字节，用于帧速率调整，负调整时可携带额外的 VC 数据。AU-4 PTR 中由 H1 和 H2 构成的 16bit 指针码字。指针值由码字的第 7～16bit 表示，这 10bit 的奇数比特记为 I 比特，偶数比特记为 D 比特。以 5 个 I 比特或 5 个 D 比特中的全部或多数比特发生反转来分别指示指针值应增加或减少。因此 I 和 D 分别称为增加比特和减少比特。图 6-3-12 也给出了一个附加的级联指示，当若干 AU-4 级联起来以便传送大于单个 C-4 容量的净负荷时，除了第 1 个 AU-4 以外，其余 AU-4 指针都设置为级联指示（cascade indication, CI），其具体值是

1001SS1111111111。

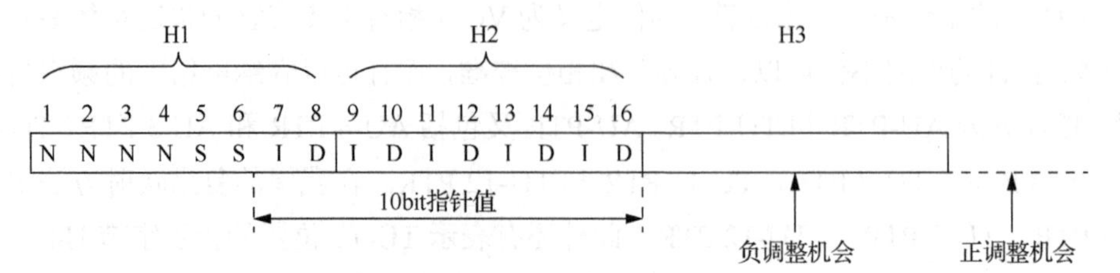

I: 增加比特　D: 减少比特　N: 新数据

新数据标识（NDF）:

· 当4个N比特中至少有3个与“1001”相符时，NDF解释为“使能”（允许）

· 当4个N比特中至少有3个与“0110”相符时，NDF解释为“止能”（禁止）

其他码为无效

SS值	AU和TU类型
10	AU-4，TU-3

指针值:（比特7～16）

正常范围:

AU-4: 0～782（十进制数），TU-3: 0～764（十进制数）。

负调整: 反转5个D比特，5个比特多数表决判定。

正调整: 反转5个I比特，5个比特多数表决判定。

级联指示: 1001SS1111111111（S比特未做规定）。

注1: 当出现“AIS”时，指针全置为“1”。

图 6-3-12　AU-4 指针值

频率调制包括正调整、负调整和理想情况三种方式，这里不做展开论述。

6. SDH 开销

SDH 开销是指用于 SDH 网络的运行、管理和维护的比特。SDH 的开销分两类：SOH 和 POH，分别用于段层和通道层的维护。SOH 分为 RSOH 和 MSOH 两种。RSOH 负责管理再生段，可在再生中继器接入，也可在终端设备接入；MSOH 负责管理复用段，它将透明地通过每个再生中继器，只能在 AUG 组合或分解的地方才能接入或终结。POH 主要用于通道性能监视及告警状态的指示，分为 LPOH 和 HPOH 两种，LPOH 在低阶 VC-n 的组装和拆卸处接入或终接；HPOH 在高阶 VC-n 的组装和拆卸处接入或终接。各种开销对应于相应的管理对象，如图 6-3-13 所示。

1）SOH

STM-1 的 SOH 字节安排，如图 6-3-14 所示。STM-N（$N>1$; N=4, 16, …）的 SOH 字节，可利用字节间插方式构成，安排规则如下：第 1 个 STM-1 的 SOH 被完整保留，其余 $N-1$ 个 SOH 中仅保留 A1，A2、B2 和 M1 字节，其他字节均省去。

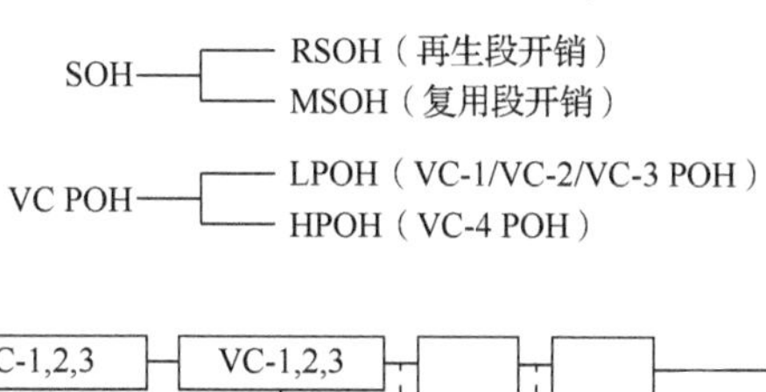

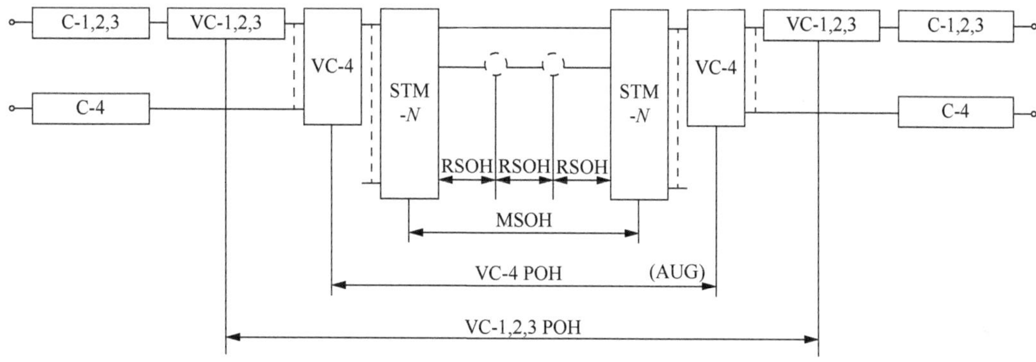

图 6-3-13　SDH 开销的类型和作用

图 6-3-14 中 A1 和 A2 是定帧字节，它们的作用是识别一帧的起始位置，以区分各帧，即实现帧同步功能。A1 和 A2 的十六进制码分别为 F6 和 28。对于 STM-N 帧，定帧字节由 3×N 个 A1 字节和 3×N 个 A2 字节组成。在接收端若连续 3ms 检测不到定帧字节 A1 和 A2，则产生帧丢失（loss-of-frame, LOF）告警。A1 和 A2 不经扰码，全透明传送。当收信正常时，再生中继器直接转发该字节；当收信故障时，再生中继器产生该字节。J0 是再生段踪迹字节，该字节用于确定再生段是否正确连接。该字节被用来重复发送“段接入点识别符”，以便使段接收机能据此确认其与指定的发送端是否处于持续的连接状态。若收到的值与所期望的值不一致，则产生再生段踪迹标识失配告警。D1～D12 是数据通信通路（data communication channel, DCC），用来构成 SDH 管理网（SDH management network, SMN）的传送链路，在网元之间传送操作维护管理（operation administration and maintenance, OAM）信息。D1～D3 字节称为再生段 DCC，用于再生段终端间传送 OAM 信息，速率为 192kbit/s（3×64kbit/s）。D4～D12 字节称为复用段 DCC，用于复用段终端之间传送 OAM 信息，速率为 576kbit/s（9×64kbit/s）。E1 和 E2 是公务联络字节，这两个字节用于提供公务联络的话音通路，速率为 64kbit/s。E1 属于 RSOH，再生段之间的本地公务联络，可在所有终端接入。E2 属于 MSOH，用于复用段终端之间的直达公务联络，可在复用段终端接入。F1 是使用者通路字节，该字节是留给使用者（通常为网络提供者）专用的，主要为特殊维护目的而提供临时的数据/话音通路连接，其速率为 64kbit/s。B1 是比特间插奇偶校验 8 位码（bit interleaved polarity 8, BIP-8），在不中断业务的前提下，提供误码性能监测。B1 字节用于再生段在线误码监测，使用偶校验的比特间插奇偶校验码。BIP-8 误码监测的原理如下：发送端对上一 STM-N 帧除 SOH 的第一行以外的所有比特扰码后按 8bit 为一组分成若干码组，如图 6-3-15 所示。将每一码组内的第 1 个比特组合起来进行偶校验，如校验后“1”的个数为奇数，则本帧 B1 字节的第 1 个比特置为“1”，如检验后“1”的个数为偶数，则本帧 B1 字节的第 1 个比特置为“0”。以此类推，组成本帧扰码前的 B1（b1～b8）字节数值，接收端进行校验。当 B1 误码过量，误块数超过规定值时，系统产生再生段误码率越限（regeneration section excessive errors, RS-EXC）告警。

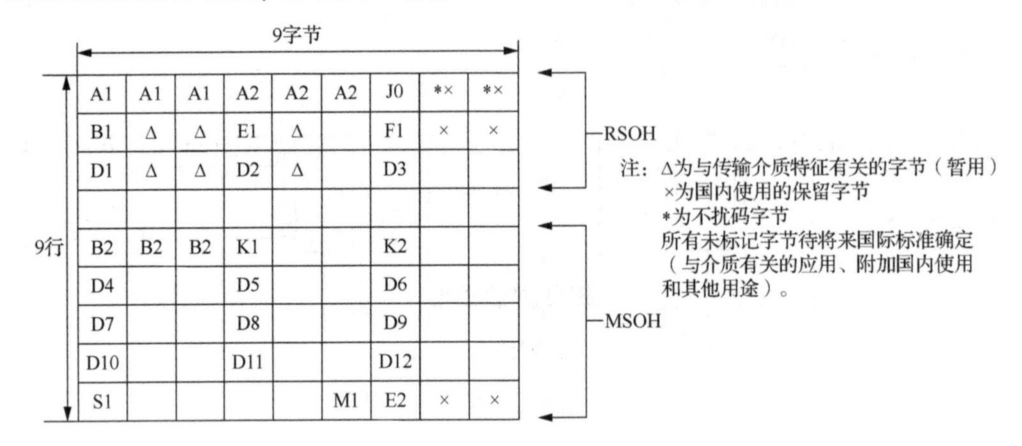

图 6-3-14 STM-1 的 SOH 字节安排

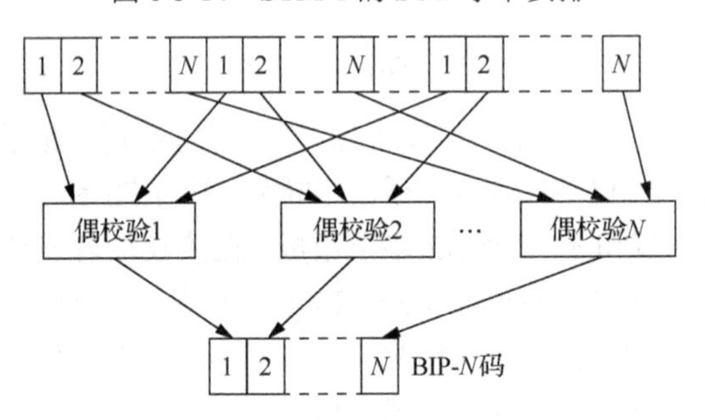

图 6-3-15 BIP-N 偶校验运算方法

B2 字节是比特间插奇偶校验 N×24 位码（BIP-N×24），用作复用段在线误码监测，其误码监测的原理与 BIP-8（B1）类似，只不过计算的范围是对前一个 STM-N 帧中除了 RSOH（SOH 的第一至第三行）以外的所有比特进行 BIP-N×24 计算，并将计算结果置于本帧扰码前的 B2 字节位置上。误码检测在接收设备进行，监测过程与 BIP-8 类似，将监测结果用 M1 字节中的复用段远端差错指示（multiplex section remote error indication, MS-REI）使误块的情况回送发送端。若 B2 误码过量，检测的误块个数超过规定值时，本端产生复用段误码率越限（multiplex section excessive errors, MS-EXC）告警。K1 和 K2（b1～b5）是自动保护倒换（automatic protection switched, APS）通路字节，用作复用段自动保护倒换（multiplex section-automatic protection switched, MS-APS）指令，实现复用段的保护倒换，响应时间较短，一般小于 50ms。若系统发生复用段的保护倒换，则产生保护倒换（protection switching, PS）告警。K2（b6～b8）是复用段远端缺陷指示（multiplex segment remote defect indication, MS-RDI）字节，用来向发送端回送指示信号，表示接收端已经检测到上游段缺陷（即输入失效）或正在接收复用段告警指示信号（multiplex segment alarm indication signal, MS-AIS）。MS-RDI 产生是在扰码前在 K2 字节的 b6～b8 插入“110”码。M1 是 MS-REI 字节，用作接收端向发送端回传，由 BIP-N×24（B2）所检出的差错块（误块）个数（0～255），用 M1 的 b2～b8 表示。S1（b5～b8）是同步状态字节，S1（b5～b8）表示同步状态消息，4 个比特可以表示 16 种不同的同步质量等级。其中“0000”表示同步质量未知；“1111”表示不应用作同步；“0010”表示 G.811 时钟信号；“0100”表示 G.812 转接局时钟信号；“1000”表示 G.812 本地局时钟信号；“1011”表示同步设备定时源（synchronous equipment timing source, SETS）信号；其他编码保留未用。若在优先级表中配置了外部源，当外部源失效后，产生外同步丢失告警，表示外同步时钟源丢失。

2）POH

SOH 主要用于再生段和复用段的管理，而 POH 用于通道的 OAM。POH 根据所管理 VC 的不同可分为 HPOH 和 LPOH。HPOH 包括 VC-3 POH、VC-4 POH 和 VC-4-X_c POH。HPOH 共有 9 个字节，用来完成高阶 VC 通道性能监视、告警状态指示、维护用信号及复帧结构指示，依次为 J1,B3,C2,G1,F2,H4,F3,K3,N1。其中 J1 是通道踪迹字节，它是 VC 的第一个字节，其位置由 AU-4 PTR 或 TU-3 PTR 来指示。该字节功能同 J0，只是被用来重复发送“高阶通道接入点识别符”。若收到的值与所期望的值不一致，则产生高阶通道踪迹标识失配（higher order path trace identification mismatch, HP-TIM）告警。B3 是通道 BIP-8 字节，用作 VC-3/VC-4/VC-4-X_c 通道的误码监测，它使用偶校验的 BIP-8 码。其误码监测的原理与 SOH 中的 B1 类似，只是计算范围是对扰码前上一帧中 VC-3/VC-4/VC-4-X_c 的所有字节进行计算，并将结果置于本帧扰码前 B3 字节。若接收端检测有误块，则将误块情况在 G1 字节中的高阶通道远端差错指示（higher order path remote error indication, HP-REI）回送源端。若 B3 误码过量，本端产生高阶通道误码率越限（higher order path excessive errors, HP-EXC）告警。C2 是信号标记字节，用来指示 VC 帧内的复帧结构和信息净负荷性质。例如，00000000 表示通道未装载；00010010 表示 139.264Mbit/s 信号异步映射进 C-4 等。若此值与净负荷的内容不符，则产生高阶通道信号标记失配（higher order path signal label mismatch, HP-SLM）告警。G1 是通道状态字节，用来将通道宿端检测出的通道状态和性能回送给通道的源端，实现双向通道状态和性能监视。G1 字节的比特分配如图 6-3-16 所示。其中 b1～b4 是 HP-REI，用来传递通道终端用 BIP-8 码（B3）检出的比特间插错误块计数。b5 是高阶通道远端缺陷指示（higher order path remote defect indication, HP-RDI），当通道的终端检测到通道信号失效时，接收端将 b5 置“1”，向通道的源端回送 HP-RDI 表示通道远端有缺陷；否则置“0”。b6、b7 是保留作为任选项。若不采用该任选项，b6、b7 被设置为 00 或 11，此时的 b5 为单比特 HP-RDI，光接收机应将这两个比特的内容忽略不计；若采用该任选项，b6、b7 与 b5 一起作为增强型 HP-RDI 使用。究竟是否使用该任选项，由产生 G1 字节的通道源端决定。b8 是留用，其值未做规定，要求光接收机对其内容忽略不计。

HP-REI				HP-RDI	备用		保留
1	2	3	4	5	6	7	8

图 6-3-16　VC-4/VC-3/VC-4-X_c 通道状态字节（G1）

F2 和 F3 是通道使用者通路字节，这两个字节为使用者提供与净负荷有关的通道单元间的通信。H4 是位置指示字节，该字节为净负荷提供一般位置指示，也可以指示特殊的净负荷位置，例如，它可以作为 VC-12 的复帧位置指示器，提供 500μs 复帧来识别下一个 VC-4 净负荷的帧相位。Nb 是网络操作者字节，用来提供高阶通道的串联连接监视（tandem connection monitor, TCM）功能，比较容易地解决各网络运营者之间的争议。

K3（b1～b4）是 APS 通路字节，这几个比特用作高阶通道自动保护倒换（higher order path automatic protection switched, HP-APS）指令。K3（b5～b8）是备用比特，未规定值，光接收机忽略即可。

7. 举例

下面以 PDH 基次群 2.048Mbit/s 信号经映射、定位、复接为 STM-1 的过程为例说明低码速的信号如何变为高码速的同步传输信号，如图 6-3-17 所示。

2.048Mbit/s 的信号经码速调整放到容器 C-12 中，变成 2.224Mbit/s 的信号；容器 C-12 的内容加入一定的 POH 映射到 VC-12 中，码速变成 2.240Mbit/s；VC-12 的内容加上 TU-PTR 定位到支路单元 TU-12 中，码速变成 2.304Mbit/s；三个支路单元 TU-12 复用成支路单元组 TUG-2，码速变成 6.912Mbit/s，七个支路单元组 TUG-2 复用成支路单元组 TUG-3，码速变成 48.384Mbit/s；三个支路单元组 TUG-3 复用成高阶 VC-4，加入 POH，码速变成 150.3Mbit/s；高阶 VC-4 的内容加入一定的 AU-PTR 定位到管理单元 AU-4 中，码速变成 150.9Mbit/s；一个管理单元 AU-4 复用成 AUG，码速是 150.9Mbit/s；AUG 加入一定的 SOH 变成同步传输模块 STM-1，码速变成 155.520Mbit/s，完成整个码速变换过程。

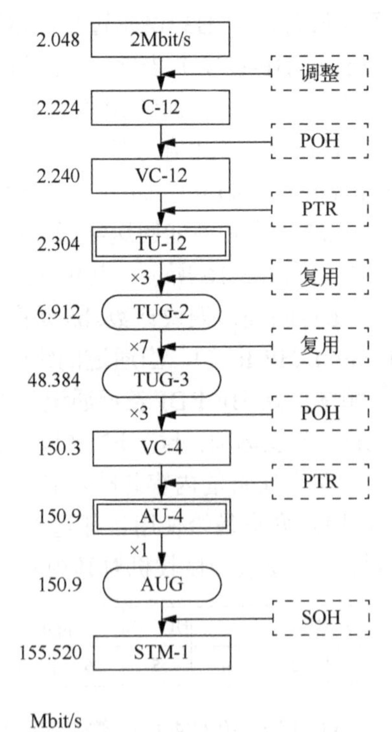

图 6-3-17　SDH 映射、定位、复用过程举例

6.3.2　同步数字系列传送网的分层模型

传送网主要指逻辑功能意义上的网络，即网络的逻辑功能集合。传输网是指实际信息传递设备（如光缆）组成的物理网络。传送是以信息传递的功能过程来描述的，而传

输是以信号在具体物理介质中传输的物理过程来描述的。传送网可以有基于 SDH 的传送网、基于 PDH 的传送网和基于异步传输模式（asynchronous transfer mode, ATM）的传送网等。

1. 分层与分割的概念

传送网可从垂直方向分解为 3 个独立的层网，即电路层、通道层和传输介质层。分割往往是从地理上将层网络再细分为国际网、国内网和地区网等，并独立地对每一部分行使管理。分层和分割是正交的，如图 6-3-18 所示。

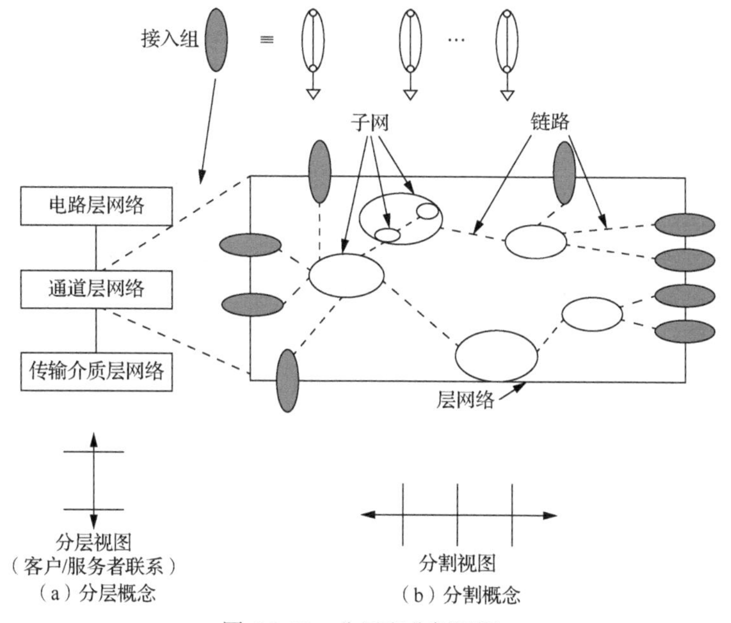

图 6-3-18　分层和分割视图

（1）对网络进行分层的好处：对每一层网络比对整个网络作为单个实体进行设计简单；简化了电信管理网（telecommunication management network, TMN）管理目标的规定；使网络规范与具体实施方法无关，保持较长时间的稳定；某一层网络的更新与改变不会影响其他层。

（2）对网络进行分割的好处：便于管理；便于改变网络组成，使之最佳化等。

2. SDH 传送网的分层

电路层网络是面向业务的，严格上讲不属于传送层网络。传送网本身大致分为两层，即通道层和传输介质层，如图 6-3-19 所示。

（1）电路层网络。电路层网络直接为用户提供通信业务，例如：电路交换业务、分组交换业务、IP 业务和租用线业务等。根据提供的业务不同可以区分不同的电路层网络。电路层网络的主要节点设备包括用于交换各种业务的交换机，用于租用线业务的交叉连接器及 IP 路由器等。

（2）通道层网络。通道层网络支持一个或多个电路层网络，为电路层网络节点（如交换机）提供透明的传送通道（即电路群）。通道层网络又可进一步划分为低阶通道层（VC-11、VC-12、VC-2 和 VC-3）和高阶通道层（VC-4、VC-4-X_c 和 VC-3）。

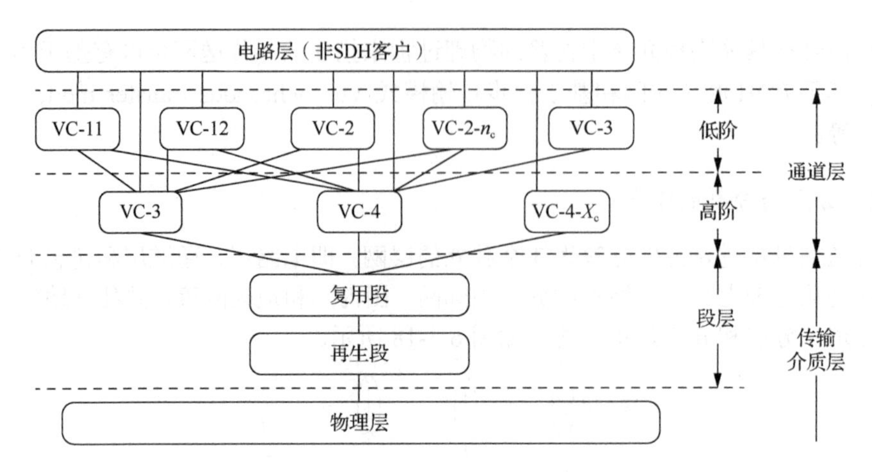

图 6-3-19　SDH 传送网的分层模型

（3）传输介质层网络。传输介质层网络与传输介质（光缆或微波）有关，它支持一个或多个通道层网络，为通道层网络节点（如 DXC、ADM 等）提供合适的通道容量。传输介质层又分为段层和物理介质层（简称物理层）。段层网络可分为复用段层网络和再生段层网络。复用段层网络为通道层提供同步和复用功能，并完成有关 MSOH 的处理和传送等功能；再生段层网络提供定帧、扰码、再生段误码监视及 RSOH 的处理和传送等功能。物理层网络涉及支持段层网络的光纤、金属线对或无线信道等传输介质，主要完成光/电脉冲形式的比特传送任务。

6.3.3　同步数字系列传送网的物理拓扑

网络的物理拓扑泛指网络的形状，它反映了物理上的连接性。网络的基本物理拓扑有 5 种类型，如图 6-3-20 所示。

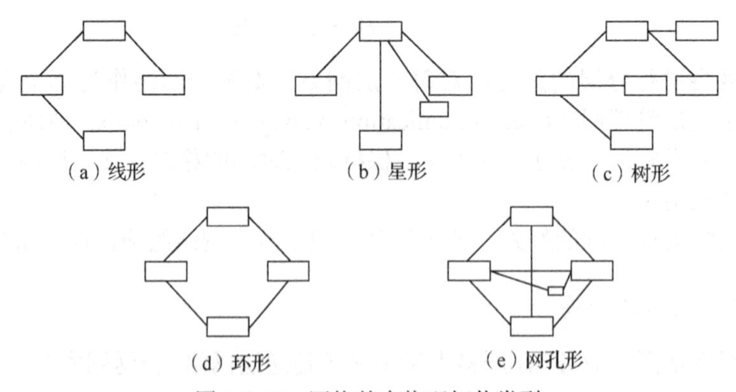

图 6-3-20　网络基本物理拓扑类型

1. 线形

将涉及通信的所有点串联起来，并使首末两个点开放。这种网络拓扑结构的特点是：经济性较好但生存性较差。其主要应用在市话局间中继网和本地网中。

2. 星形（枢纽形）

当涉及通信的所有节点中有一个特殊节点与其余所有节点直接相连，而其余节点间不能直接相连，便形成星形拓扑。这种网络拓扑结构的特点是：成本较低、生存性较差。其通常用于用户接入网。

3. 树形

将点到点拓扑单元的末端点连接到几个特殊点时就形成了树形拓扑。树形拓扑可以看成是线形拓扑和星形拓扑的结合。其适合于广播式业务，不适于提供双向通信业务。有线电视网多采用这种网络。

4. 环形

当涉及通信的所有点串联起来，且首尾相连，没有任何点开放时，就形成了环形网。其主要应用于长途干线网、市话局间中继网及本地网。

5. 网孔形

当涉及通信的许多节点直接互连时就形成了网孔形拓扑，如果所有的点都直接互连则称为网状形。这种网络拓扑结构的特点是：可靠性很高，但结构复杂、成本较高。其主要应用于一级长途干线。

一般来说，本地网（即接入网或用户网）中，适于用环形和星形，有时也可用线形拓扑。在市内局间中继网中适于用环形和线形拓扑，而长途网可能需要网孔形拓扑和环形拓扑。

6.4 同步数字系列中的关键设备

SDH 传输网由各种网元构成，网元的基本类型有 TM、ADM、SDXC 等。TM、ADM 和 SDXC 的主要功能框图如图 6-4-1 所示。

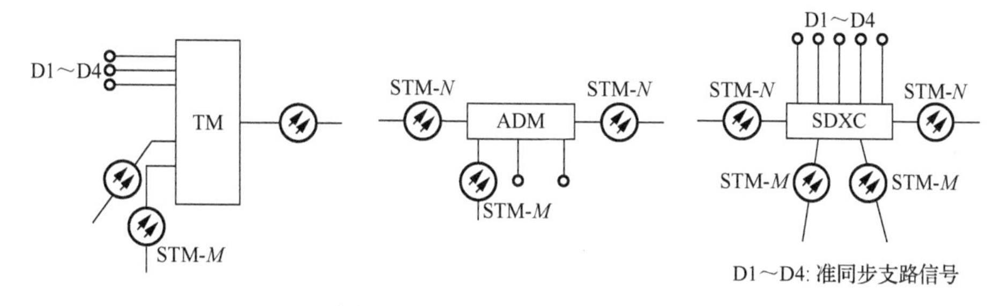

图 6-4-1　SDH 网元功能示意图

6.4.1 同步数字系列复用设备

1. 终端复用器

TM 的作用是将准同步电信号（2Mbit/s、34Mbit/s 或 140Mbit/s）复接成 STM-*N* 信号，并完成电/光转换；也可将准同步支路信号和同步支路信号（电的或光的）或将若干个同步支路信号（电的或光的）复接成 STM-*N* 信号，并完成电/光转换。TM 在发射端可以完成以上功能，而在接收端则实现相反的功能，即可将 STM-*N* 信号解复用成准同步电信号，并完成光/电转换；也可将 STM-*N* 信号解复用成准同步支路信号或同步支路信号，并完成光/电转换。与 PDH 相比，SDH 的终端复用器减少了多个分立的复用器，去掉了配线架及其相应的线缆，而且因 TM 本身具有的功能，大大提高了通道管理能力，Ⅰ·1 型复用设备示意图如图 6-4-2 所示。

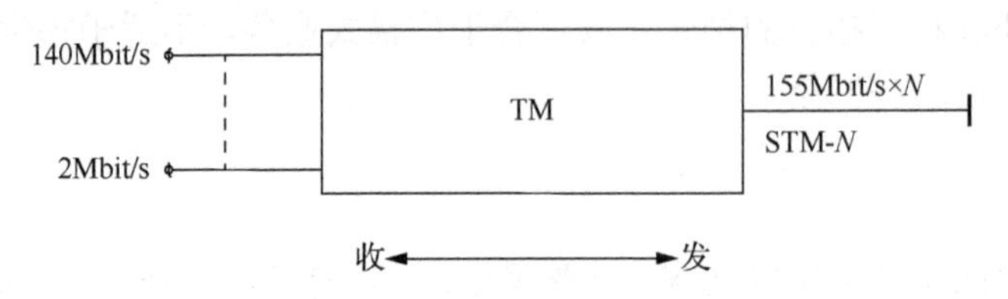

图 6-4-2　Ⅰ·1 型复用设备示意图

另一种也属于 TM 的复用设备Ⅰ·2，如图 6-4-3 所示，它包含有 VC-1,2,3 或 VC-3,4 通道的连接功能。因此，这种复用设备能将输入支路中的信号灵活地分配给 STM-*N* 帧中的任何位置。

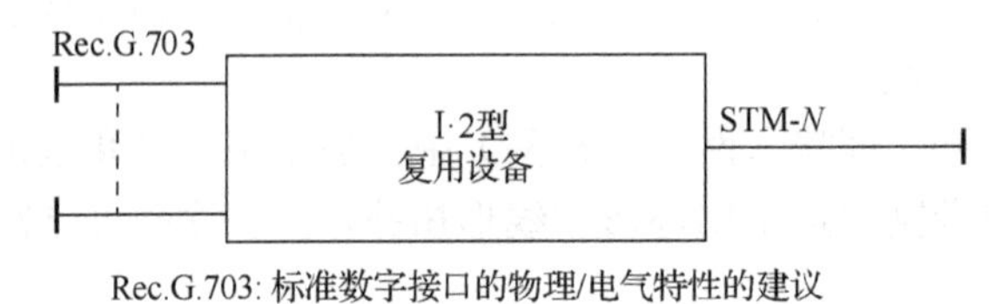

图 6-4-3　Ⅰ·2 型复用设备示意图

TM 一般用于线形网络的两端，实现不同码速信号与 SDH 同步信号的转换，如图 6-4-4 所示。

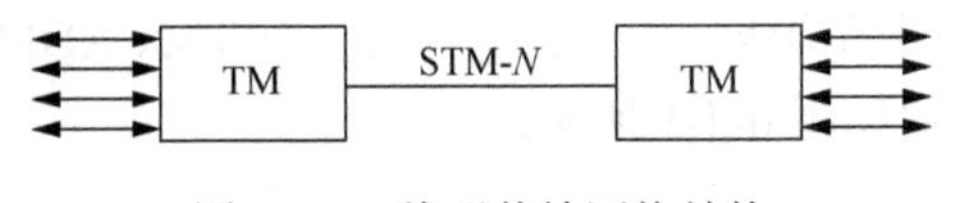

图 6-4-4　线形传输网络结构

2. 分插复用器

ADM 是一个三端口设备，有两个线路（也称群路）口和一个支路口，支路信号可以是各种准同步信号，也可以是同步信号。ADM 的作用是从主流信号中分出一些信号并接入另外一些信号。图 6-4-5 和图 6-4-6 分别为Ⅲ·1 型和Ⅲ·2 型复用设备示意图。

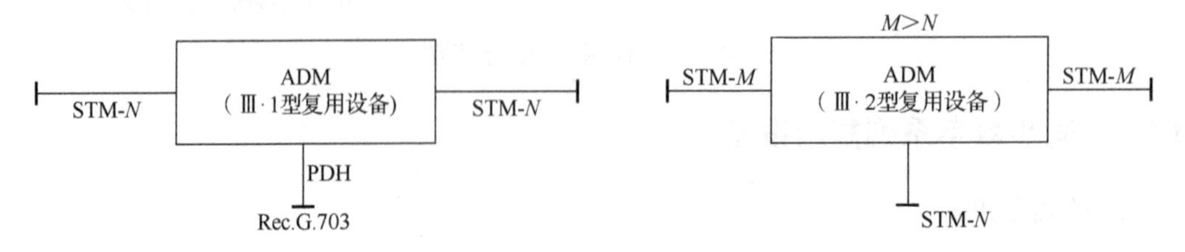

图 6-4-5　Ⅲ·1 型复用设备示意图　　图 6-4-6　Ⅲ·2 型复用设备示意图

Ⅲ·1 型的复用设备具有能够在不需要对信号进行解复用和完全终结 STM-*N* 的情况下经 G.703 接口接入各种准同步信号的能力。Ⅲ·2 型的复用设备能够在无须解复用和完全终结 STM-N（M>N）信号的情况下，将支路信号通过 STM-N 接口接入。此外还具有某些Ⅲ·1 型复用设备所没有的附加能力。在 SDH 网络中的复用设备还有称为Ⅱ·1 及Ⅱ·2 型的复用设备，又称为高阶复用器，具有能将若干个 STM-N 信号结合为单个 STM-M（M>N）的功能。

ADM 设备应具有支路-群路（上/下支路信号）和群路-群路（直通）的连接能力。支路-群路又可分为部分连接和全连接，如图 6-4-7（a）和（b）所示。支路-支路的连接功能，如图 6-4-7（c）所示。具有支路连接能力的 ADM 设备进行有机地组合可实现小型 DXC 的功能，如图 6-4-7（d）所示。

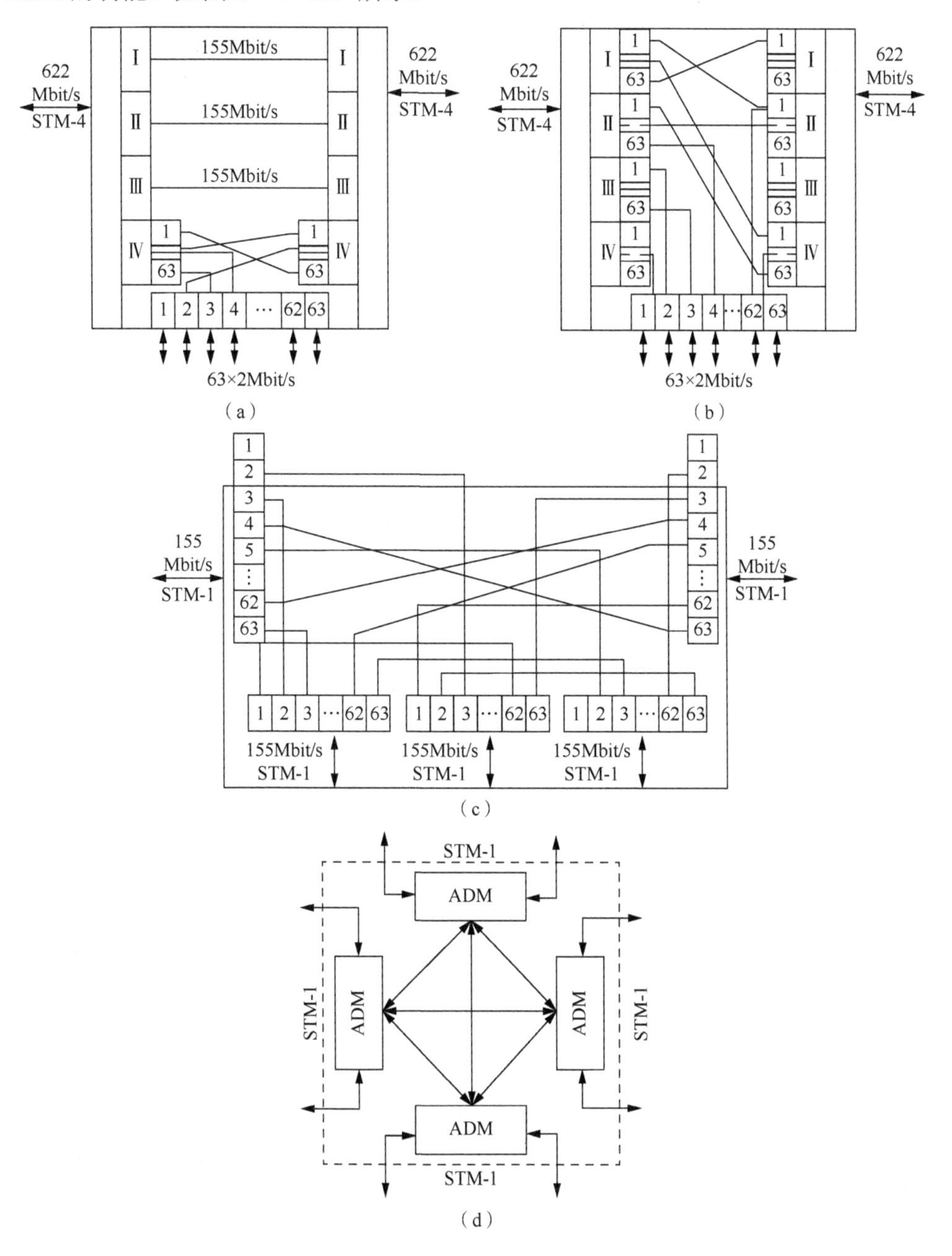

图 6-4-7　ADM 设备的连接能力

ADM 常用于线性网和环形网，如图 6-4-8 所示。由于 ADM 具有能在 SDH 网中灵活地插入和分接电路的功能，即通常所说的上、下电路的功能，因此，ADM 可以用在 SDH 网中点对点的传输上，亦可用于环形网和链状网的传输上。

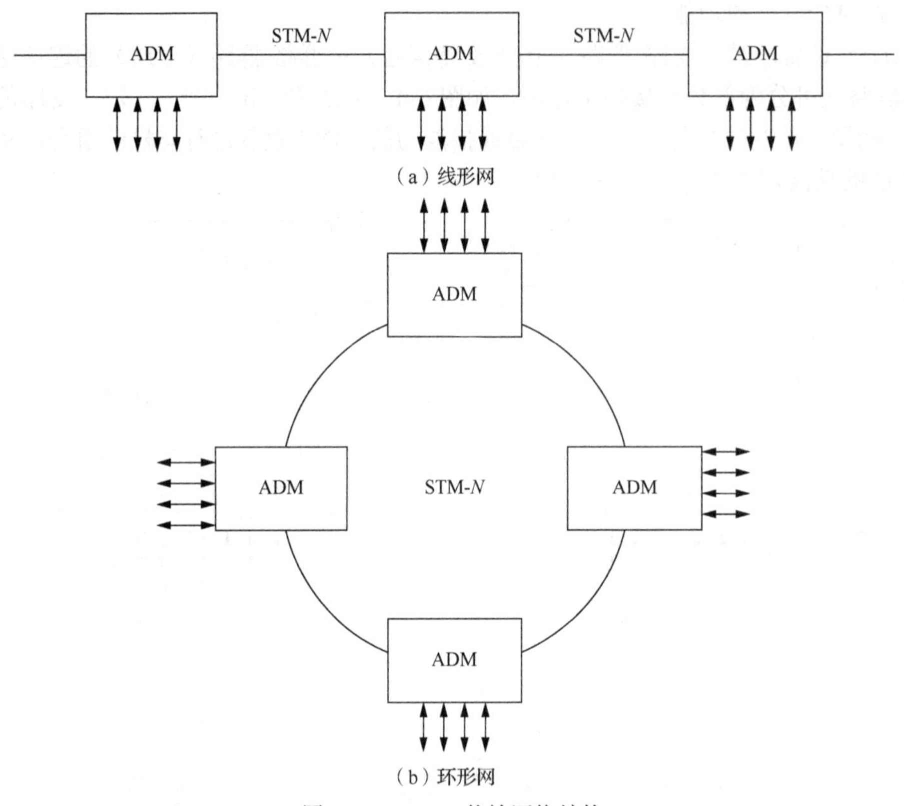

图 6-4-8　ADM 传输网络结构

6.4.2　同步数字交叉连接器

1. SDXC 简介

DXC 是一种具有一个或多个 PDH（G.702）或 SDH（G.707）信号的端口，可以在任何端口信号速率（及其子速率）间进行可控连接和再连接的设备，适用于 SDH 的 DXC 称为 SDXC，SDXC 能进一步在端口间提供可控的 VC 透明连接和再连接。这些端口信号可以是 SDH 速率，也可以是 PDH 速率。

如图 6-4-9 所示，SDXC 由复用/解复用器和交叉连接矩阵组成。SDXC 的核心部分是交叉连接矩阵，参与交叉连接的速率一般等于或低于接入速率。而交叉连接速率与接入速率之间的转换需要由复用和解复用功能来完成。它的基本功能为：①分离本地交换业务和非本地交换业务；②为非本地交换业务（如专用电路）迅速提供可用路由；③为临时性重要事件（如政治事件、重要会议和运动会）迅速提供电路；④网络出现故障时，迅速提供网络的重新配置；⑤按业务流量的季节性变化使网络最佳化；⑥网络运营者可以自由地在网络中使用不同的数字系列（PDH 或 SDH）。

交叉连接器与交换机的区别有：①SDXC 的输入输出不是单个用户话路，而是由许多话路组成的群路；②两者都能提供动态的通道连接，但连接变动的时间尺度是不同的。

前者按大量用户的集合业务量的变化及网络的故障状况来改变连接，由网管系统配置；后者按照用户的呼叫请求来建立或改变连接，由信令系统实现呼叫连接控制。

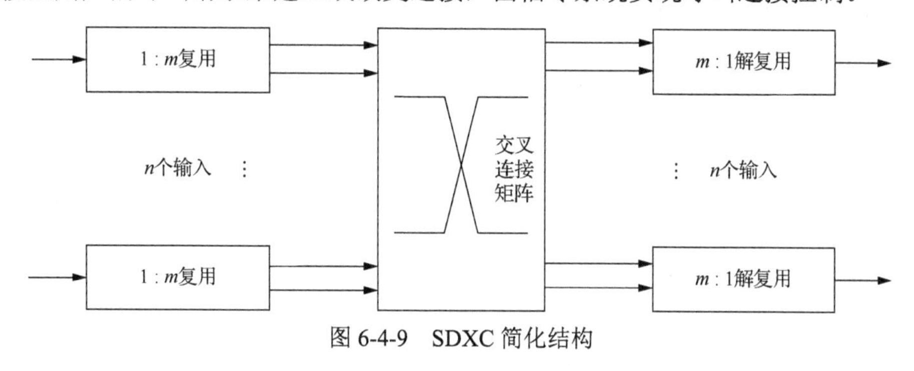

图 6-4-9　SDXC 简化结构

2. SDXC 构成方框图

图 6-4-10 为 SDXC 构成方框图，图中各部分的作用如下。①线路接口：完成对信号的光/电、电/光转换；完成对信号码速的变换和反变换等；对 STM-*N* 信号分解为 VC-*n* 信号；对 PDH 信号则映射为 VC-*n*；将交叉连接矩阵输出的 VC-*n* 根据输出端口的需要"组装"为 STM-*N* 信号，或去掉映射还原为 PDH 网需要的 PDH 信号。②线路接口控制器：具有采集信号、计算系统误码率等一系列功能。③交叉连接矩阵：完成由线路接口输出的 VC-*n* 信号进行无阻塞交叉连接（由此可见这是 SDXC 的一个关键器件），完成交叉连接再送返到线路接口。④矩阵控制器：根据主控制器的控制指令来控制交叉连接矩阵的交叉连接。⑤主控制器：对接口控制器和矩阵控制器进行管理，下达由网管系统传来的控制指令等。⑥定时系统：完成 SDXC 对外信号源的同步，产生定时信号送到 SDXC 的各相关部分。

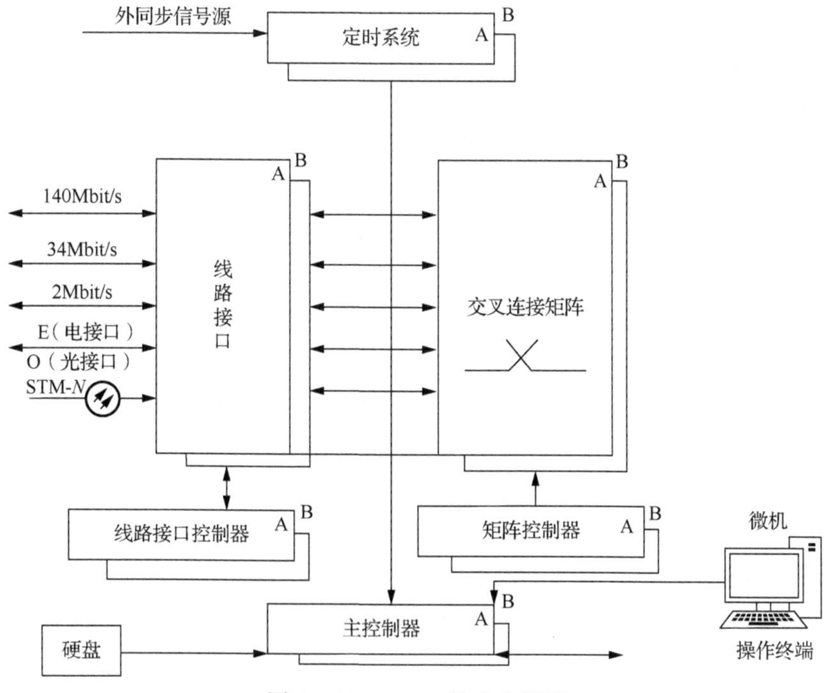

图 6-4-10　SDXC 构成方框图

3. REG

REG 的功能是对经传输损耗后的信号进行放大、整形和判决再生，以延长传输距离。首先将线路口接收到的光信号变换成电信号，然后对电信号进行放大、整形和判决再生，最后再把电信号转换为光信号送到线路上。

6.5 同步数字系列的自愈网

6.5.1 网络保护的概念

自愈网是指通信网络发生故障时，无须人为干预，网络就能在极短的时间内从失效故障中自动恢复所携带的业务，使用户感觉不到网络已出故障。其基本原理是使网络具备发现替代传输路由的能力，并在一定时限内重新建立通信。

自愈网技术可分为“保护”型和“恢复”型两类。保护型自愈要求在节点之间预先提供固定数量的用于保护的容量配置，以构成备用路由。当工作路由失效时，业务将从工作路由迅速倒换到备用路由，保护倒换的时间很短（小于 50ms）。恢复型自愈所需的备用容量较小，网络中并不预先建立备用路由。当发生故障时，利用网络中仍能正常运转的空闲信道建立迂回路由，恢复受影响的业务，恢复时间较长。

6.5.2 网络保护的分类

目前有三种自愈技术：线路保护倒换、ADM 自愈环和 SDXC 网状自愈网。前两种是保护型策略，后一种是恢复型策略。

1. 线路保护倒换

当因某种原因造成传输中断时，系统将从主用光纤自动倒换到备用光纤，这就是传统的 PDH 所采用的保护倒转方式。它的缺点是：如果主用、备用光纤同时被切断，则保护作用完全丧失。线路保护倒换有 1+1 和 1∶N 两种方式。其中 1+1 方式如图 6-5-1（a）所示，采用并发优收，正常情况下保护段传送业务信号，所以不能提供无保护的额外业务。1∶N 方式如图 6-5-1（b）所示，保护段（1 个）由 N（N=1～14）个工作段共用，当其中任意一个出现故障时，均可倒换至保护段，在正常情况下，保护段不传送业务信号，因而可以在保护段传送一些级别较低的额外业务信号，也可不传。

线路保护倒换包括双向倒换和单向倒换两种类型，其中双向倒换是两个方向的信道都倒换到保护段；单向倒换是故障信道倒换到保护信道时便完成了倒换。倒换模式有恢复模式和非恢复模式两种，其中恢复模式是工作段故障被恢复，工作通道由保护段倒换回工作段；非恢复模式是即使故障恢复后倒换仍保持。线路保护倒换可以采用双向倒换也可采用单向倒换，这两种倒换方式都可使用恢复模式或非恢复模式。线路保护倒换的特点：业务恢复时间短（小于 50ms），易配置和管理，可靠性好，但成本较高。

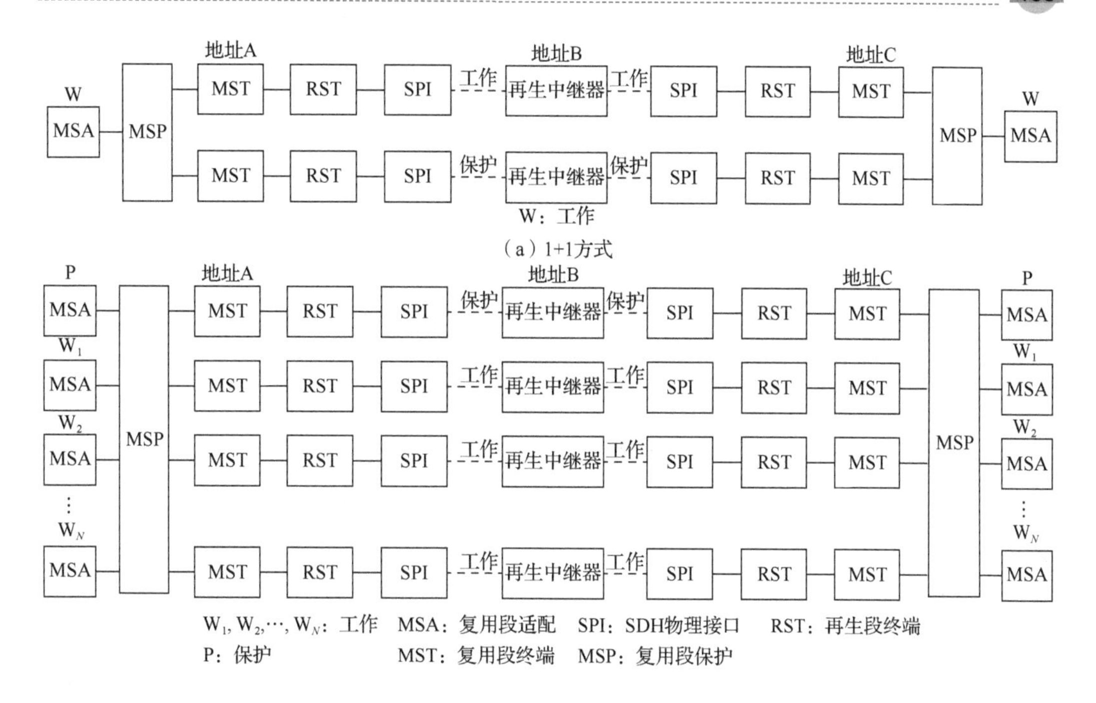

图 6-5-1 线路保护倒换

2. ADM 自愈环保护

所谓 ADM 自愈环（self-healing ring , SHR）是指采用 ADM 组成环形网实现自愈的一种保护方式，如图 6-5-2 所示。

根据自愈环的结构，可分为通道保护环和复用段保护环。通道保护环，保护的单位是通道（如 VC-12,VC-3 或 VC-4），倒换与否以离开环的每一个通道信号质量的优劣而定，一般利用告警指示信号（alarm indication signal, AIS）来决定是否应该进行倒换。这种环属于专用保护，保护时隙为整个环专用，在正常情况下保护段绝大多数时间也传送业务信号。复用段保护环，业务量的保护以复用段为基础，倒换与否以每一对节点间复用段信号质量的优劣而定。复用段保护环需要采用 APS 协议，多属于共享保护，即保护时隙由每一个复用段共享，正常情况下保护段绝大多数时间是空闲的。根据环中节点间信息的传送方向，自愈环可分为单向环和双向环。单向环中收发业务信息的传送线路是一个方向。双向环中收发业务信息的传送线路是两个方向。通常，双向环工作于复用段倒换方式，单向环工作于通道倒换方式或复用段倒换方式。根据环中每一对节点间所用光纤的最小数量来分，自愈环有二纤环和四纤环。对于双向复用段倒换环既可用二纤方式也可用四纤方式，而对于通道倒换环只可用二纤方式。

（1）二纤单向通道保护环：如图 6-5-3 所示，采用两根光纤，其中一根用于传送业务信号，称 W1 光纤，另一根用于保护，称 P1 光纤。此种方式采用 1+1 保护方式，即保护段光纤 P1 和工作段光纤 W1 均传送业务信号，并发优收。

（2）二纤双向通道保护环：如图 6-5-4 所示，采用两根光纤，可分为 1+1 和 1：1 两种方式。

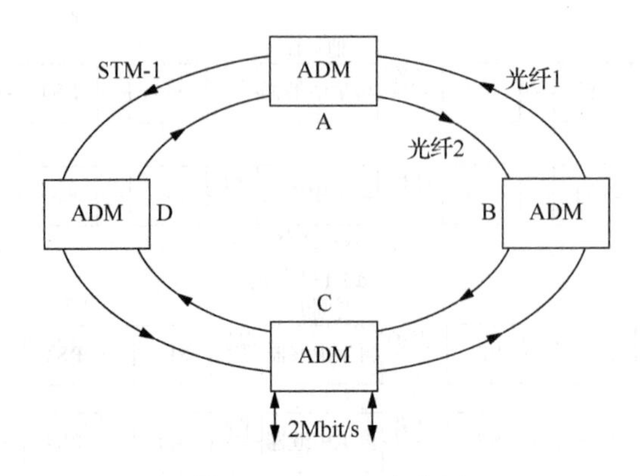

图 6-5-2 ADM 自愈环

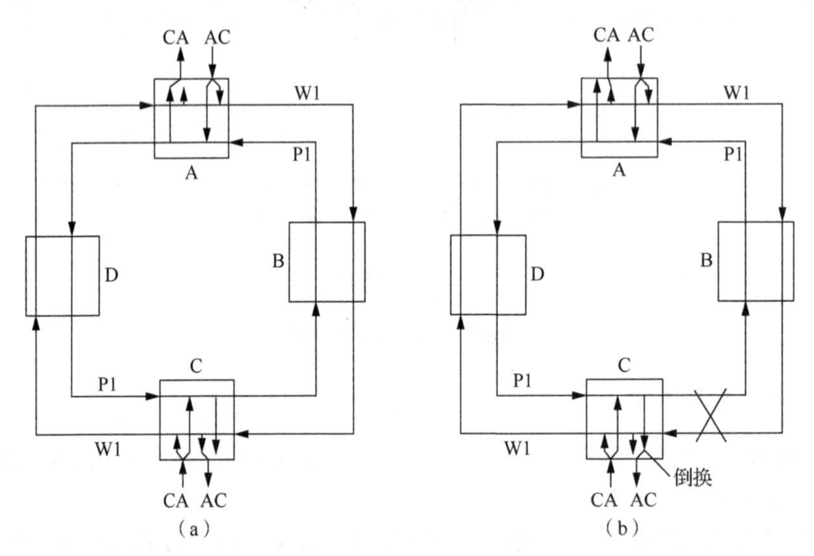

图 6-5-3 二纤单向通道保护环

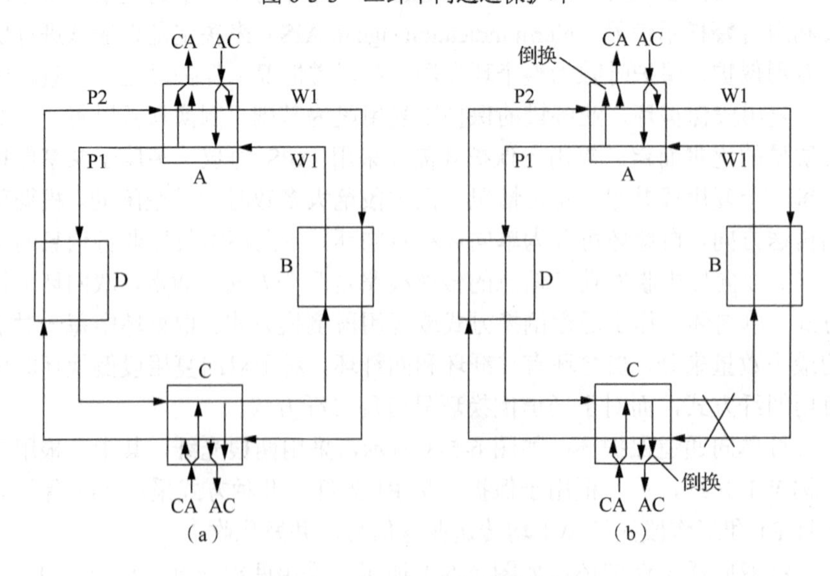

图 6-5-4 二纤双向通道保护环

（3）四纤双向复用段共享保护环：如图 6-5-5 所示，在每个区段（节点间）采用两根工作光纤（一发一收，Wl 和 W2）和两根保护光纤（一发一收，P1 和 P2）。

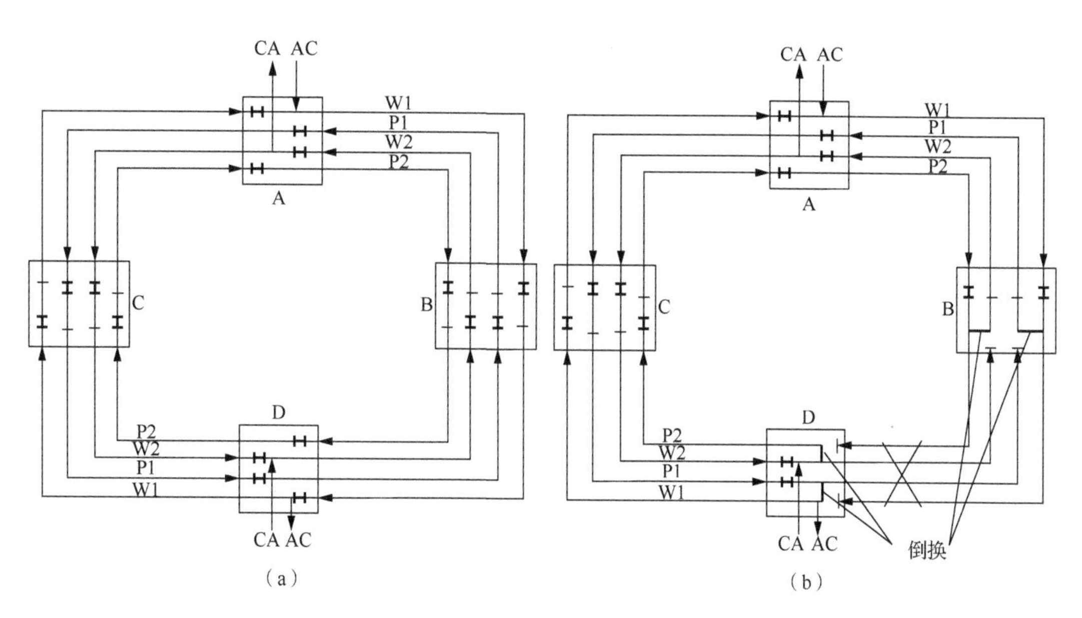

图 6-5-5　四纤双向复用段共享保护环

（4）二纤双向复用段共享保护环：如图 6-5-6 所示，采用了时隙交换技术，在一根光纤中同时载有工作段光纤 W1 和保护段光纤 P2，在另一根光纤中同时载有工作段光纤 W2 和保护段光纤 P1。每条光纤上的一半通路规定作为工作通路（W），另一半通路作为保护通路（P），一条光纤的工作通路（W1）由沿环相反方向另一条光纤上的保护通路（P1）来保护；反之亦然。对于传送 STM-N 的二纤双向复用段共享保护环，实现时是利用 W1/P2 光纤中的一半 AU-4 时隙（如从时隙 1 到 $N/2$）传送业务信号，而另一半时隙（从时隙 $N/2+1$ 到 N）留给保护信号。另一根光纤 W2/P1 也同样处理。也就是说，编号为 m 的 AU-4 工作通路由对应的保护通路在相反方向的第$(N/2+m)$个 AU-4 来保护。

3. DXC 网状自愈网保护

DXC 的工作方式按路由表的计算方式不同，可分为静态方式、动态方式和即时方式。即时方式需要的保护容量最少，动态方式次之，静态方式需要的保护容量最大。即时方式的业务恢复时间最长，静态方式的业务恢复时间最短。按 DXC 网状自愈网控制方式，有集中式控制和分布式控制。集中控制方式的业务恢复时间很长；分布式控制结构中业务恢复时间较短。可根据实际情况选用不同方式。图 6-5-7 给出了一种利用 DXC 实现的自愈网保护结构。

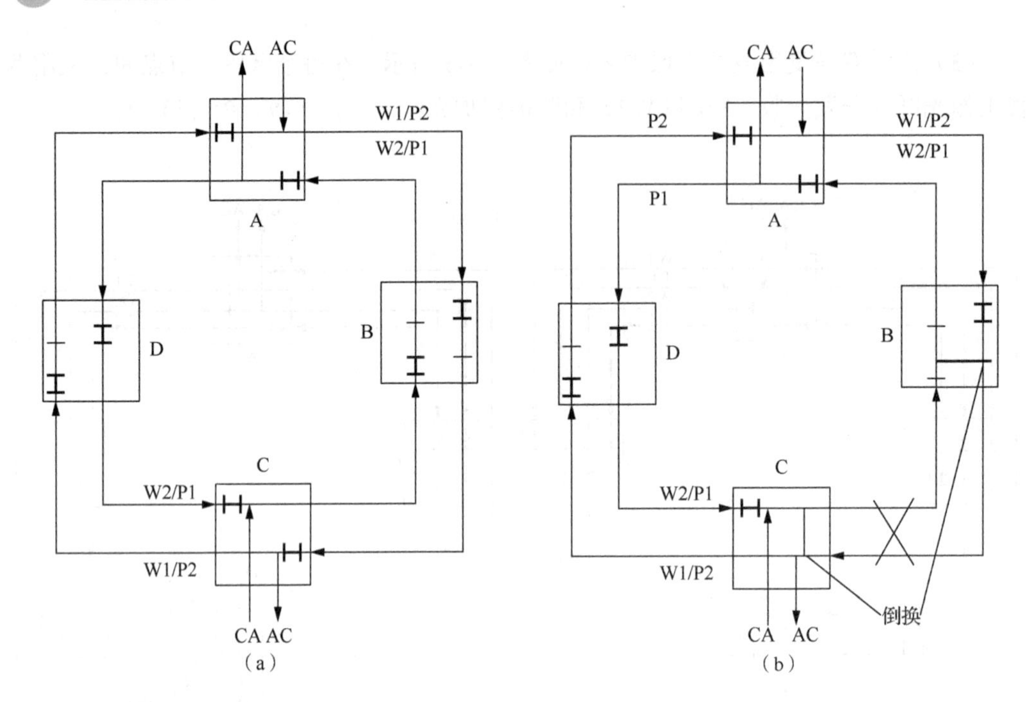

图 6-5-6　二纤双向复用段共享保护环

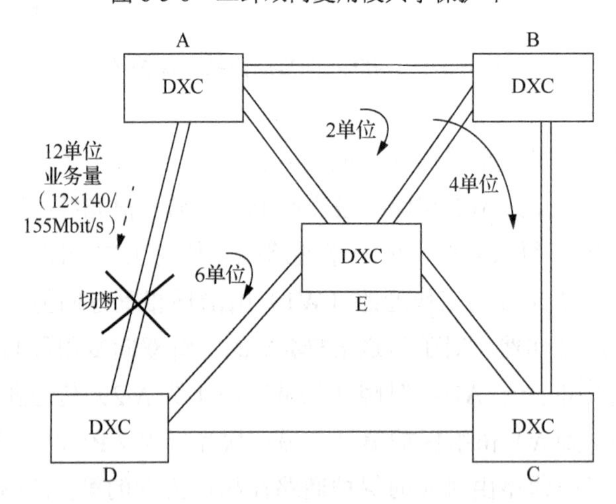

图 6-5-7　利用 DXC 实现的自愈网保护结构

图 6-5-8 给出了环形网和 DXC 保护混合的示例。

4. 三种自愈保护技术的比较

线路保护倒换方式配置容易，网管简单，恢复时间很短（50ms），但成本较高，一般用于保护较重要的光缆连接（1+1 方式）或两点间有较稳定的大业务量情况。自愈环具有很高的生存性，网络恢复时间较短（50ms），并具有良好的业务量疏导能力，但它的网络规划较难实现，适用于接入网、中继网和长途网。在接入网部分，适于采用通道保护环；而在中继网和长途网中，则一般采用双向复用段保护环。至于二纤或四纤方式取决于容量和经济性的综合比较。DXC 网状自愈网的保护方式也具有很高的生存性，易于规划和设计，但网络恢复时间较长。DXC 网状自愈网的保护方式最适合于高度互连的网孔形拓扑，在长途网中应用较多，利用 DXC 将多个环形网互连的应用也较多。

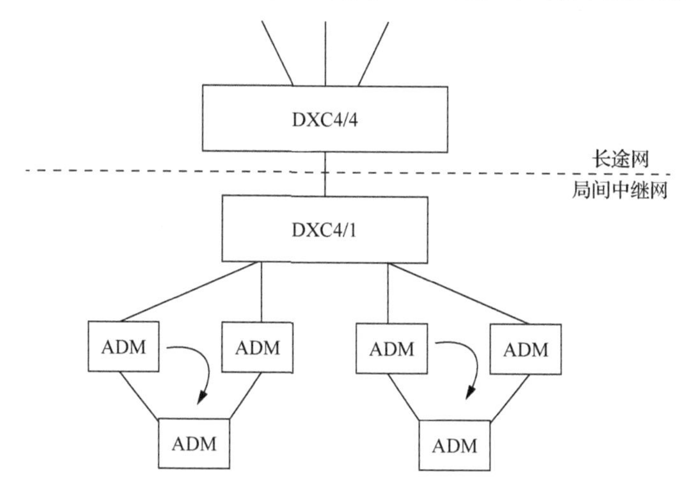

图 6-5-8　混合保护结构

6.6　同步数字系列的网同步

网同步的目标是使网中所有交换节点的时钟频率和相位都控制在预先确定的容差范围内，以便使网内各交换节点的全部数字流实现正确、有效的交换。否则会在数字交换机的缓冲器中产生信息比特的溢出和取空，导致数字流的滑动损伤，造成数据出错。

6.6.1　网同步的工作方式

网同步的工作方式有主从同步方式和相互同步方式两类。

1. 主从同步方式

这种方式使用一系列分级时钟，每一级时钟都与其上一级时钟同步，在网中的最高一级时钟称为基准主时钟（primary reference clock, PRC）或基准时钟，如图 6-6-1 所示。

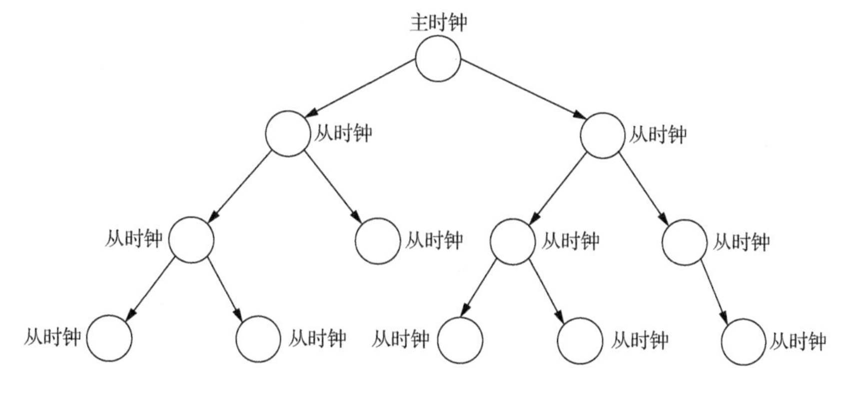

图 6-6-1　主从同步方式

ITU-T 将各级时钟分为以下 4 类：①PRC，精度达 1×10^{-11}s，G.811 建议规范；②转接局从时钟，精度达 5×10^{-9}s，G.812（T）建议规范；③端局从时钟，精度达 1×10^{-7}s，由 G.812（L）建议规范；④SDH 网元时钟（SDH element clock, SEC），精度达 4.6×10^{-6}s，G.813 建议规范。

主从同步方式的优点是网络稳定性较好、组网灵活、对从节点时钟的频率精度要求较低、控制简单、网络的滑动性能也较好。缺点是一旦基准主时钟发生故障会造成全网问题。基准主时钟应采用多重备份，同步分配链路也尽可能有备用。

2. 相互同步方式

这种同步方式在网中不设主时钟，由网内各交换节点的时钟相互控制，最后都调整到一个稳定的、统一的系统频率上，从而实现全网的同步工作。网频率为各交换节点时钟频率的加权平均值，如图 6-6-2 所示。

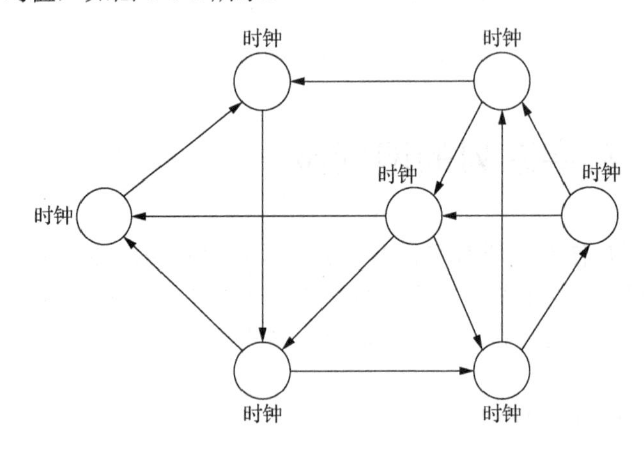

图 6-6-2 相互同步方式

相互同步方式的特点是网频率的稳定性高，对同步分配链路的失效不甚敏感，适于网孔形结构，对节点时钟要求较低，设备便宜。网络稳定性不如主从方式，系统稳态频率不确定且易受外界因素影响。

多基准钟，分区等级主从同步方式是我国数字同步网的网络结构，如图 6-6-3 所示。

我国（数据不含港、澳、台）数字同步网的网络结构特点如下：①在北京、武汉各建一个以铯（Cs）原子钟为主、包括全球定位系统（global positioning system, GPS）光接收机的高精度 PRC。②在其他 29 个省（区、市）中心以上城市（北京、武汉除外）各建立了一个以 GPS 光接收机为主，加铷（Rb）原子钟构成的高精度区域基准钟（local primary reference, LPR）。③LPR 以 GPS 信号为主用，当 GPS 信号发生故障或降质时，该 LPR 转为经地面数字电路跟踪于北京或武汉的 PRC。④各省（区、市）以本省（区、市）中心的 LPR 为基准钟组建数字同步网。⑤地面传输同步信号一般采用 PDH 2Mbit/s（2Mbit/s 专线或局间中继），在缺乏 PDH 链路而 SDH 已具备传输定时的条件下，可采用 STM-*N* 线路码流传输定时信号。

时钟类型主要有以下五种：①铯（Cs）原子钟：长期频偏优于 1×10^{-11}s，可以作为全网同步的最高等级的基准主时钟。缺点是可靠性较差。②石英晶体振荡器：可靠性好，寿命长，价格低，频率稳定度范围很宽，缺点是长期频率稳定度不好。一般作为长途交换局和端局的从时钟。③铷原子钟：性能（稳定度和精确度）和成本介于上述两种时钟之间。适于作为同步区的基准时钟。④GPS 是由美国国防部组织建立并控制的利用多颗低轨道卫星进行全球定位的导航系统。民用的时钟精度可达 1×10^{-13}s。⑤大楼综合定时供给（building-integrated timing supply, BITS）系统：它的优点是可以滤出传输过程中的瞬断、抖动和漂移，隔离链路中断和故障，将高精度的同步信号提供给楼内所需同步的各种设备；网络维护相对简单，不需要给每个业务设备专门提供同步分配链路和维护同步链路；新业务增加不受同步的限制；可以提供完善的监视和信息提供功能；性能稳定，可靠精度可达二级钟或三级钟水平；具有同步状态信息（synchronization status message, SSM）功能和其他一些避免定时环路的功能；方便在线升级改造，如图 6-6-4 所示。

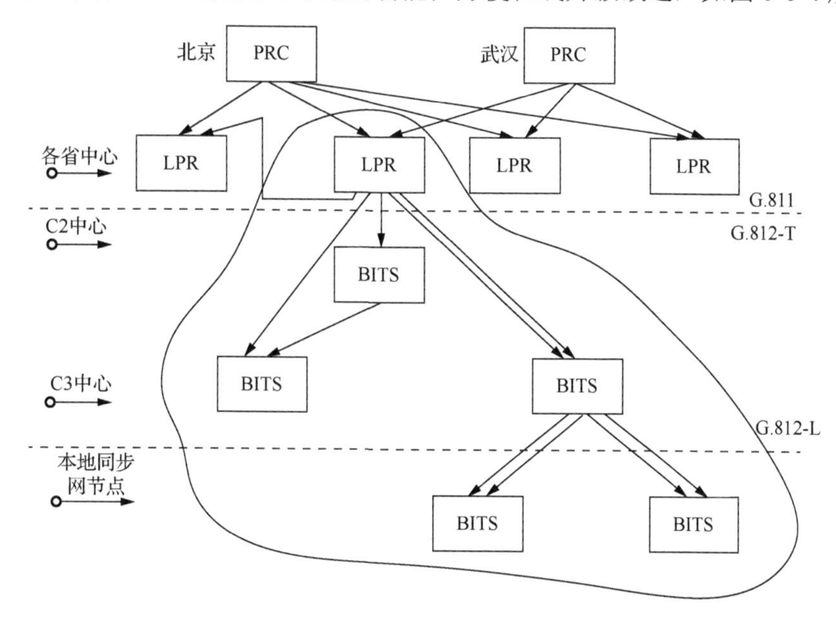

图 6-6-3　我国数字同步网的网络结构

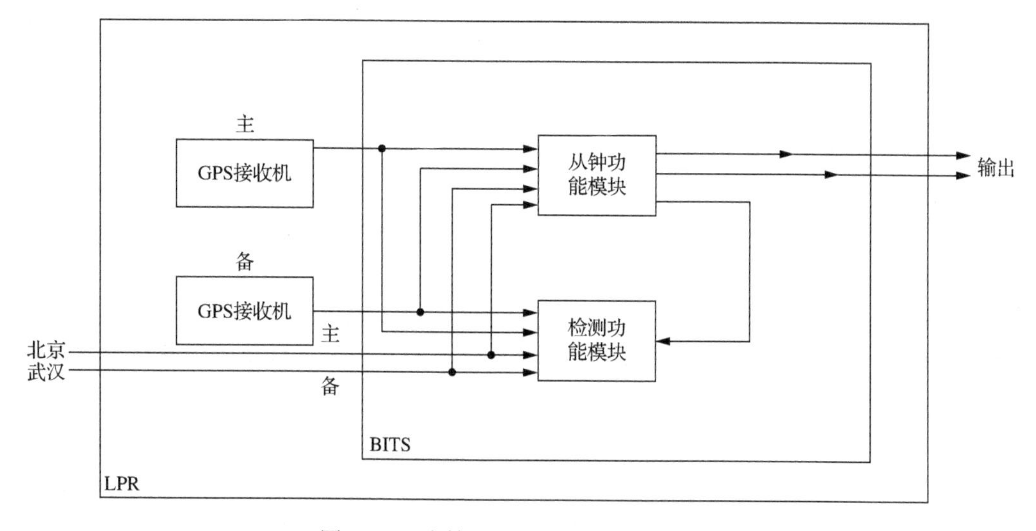

图 6-6-4　大楼综合定时供给系统结构图

在主从同步方式中，节点从时钟通常有三种工作（运行）模式。①正常工作模式：在实际业务条件下的工作模式，此时从时钟同步于输入的基准时钟信号。②保持模式：当所有定时基准丢失后，从时钟进入所谓的保持模式。转接局时钟、端局时钟和一些重要的网元时钟都具备此功能（如 TM、ADM 和 DXC），简单的小网元时钟则不具备此功能（如 REG）。③自由运行模式：当时钟丢失所有外部定时基准，且失去了定时基准记忆或者没有保持模式时，从时钟内部振荡器工作于自由振荡方式。

SDH 网同步方式包括以下四类。①同步方式：网中所有时钟都能最终跟踪到网络的唯一基准主时钟。在单一网络运行者所管辖的范围内，该方式是正常工作方式。②伪同步方式：当网中有两个以上都遵守 ITU-T 的 G.811 建议要求的基准时钟时，为伪同步方式。通常在国际网络之间、分布着多个基准时钟控制的全同步网之间及不同的经营者网络之间，该方式是正常工作方式。③准同步方式：当网同步中有一个节点或多个节点时钟的同步路径和替代路径都不能使用时，时钟将进入保持模式或自由运行模式。这时的同步方式为准同步方式。④异步方式：当网络节点时钟出现大的频率偏差时，则网络工作于异步方式。如果节点时钟频率准确度低于 G.813 要求时，SDH 网络不再维持正常业务，而将发送 AIS 信号。发送 AIS 所需的时钟精度只要求有$\pm 20\times 10^{-6}$即可。

6.6.2 同步数字系列网元的定时

1. 网元定时方式

SDH 网元根据定时信号的来源可以分成三种定时方式，如表 6-6-1 所示。

表 6-6-1 SDH 网元定时方式

定时信号的来源	定时方式
从外部定时源（通常为 BITS）获取	外同步输入定时
从接收的 STM-*N* 信号中提取	通过定时
	环路定时
	线路定时
从设备内部振荡器获取	内部定时

（1）外同步输入定时源：SDH 网元时钟的定时基准由外部定时源供给，如图 6-6-5（a）所示。ADM 和 DXC 优先采用此种方式。

（2）从接收的 STM-*N* 信号中提取定时：此方式是被广泛应用的同步定时方式。该方式又分为通过定时、环路定时和线路定时，如图 6-6-5（b）、（c）、（d）所示。通过定时：SDH 网元从同方向终结的 STM-*N* 输入信号中提取定时信号，并由此再对输出的 STM-*N* 发送信号进行同步，如图 6-6-5（b）所示。ADM 和 REG 可采用此种定时方式。环路定时：SDH 网元输出的 STM-*N* 信号的发送时钟，是从相应的 STM-*N* 接收信号中提取，如图 6-6-5（c）所示。TM 多采用此种定时方式。线路定时：SDH 网元所有输出的 STM-*N* 和 STM-*M* 信号的发送时钟都将同步于从某一特定的 STM-*N* 信号中提取的定时信号，如图 6-6-5（d）所示。ADM 和 DXC 可采用此种定时方式。

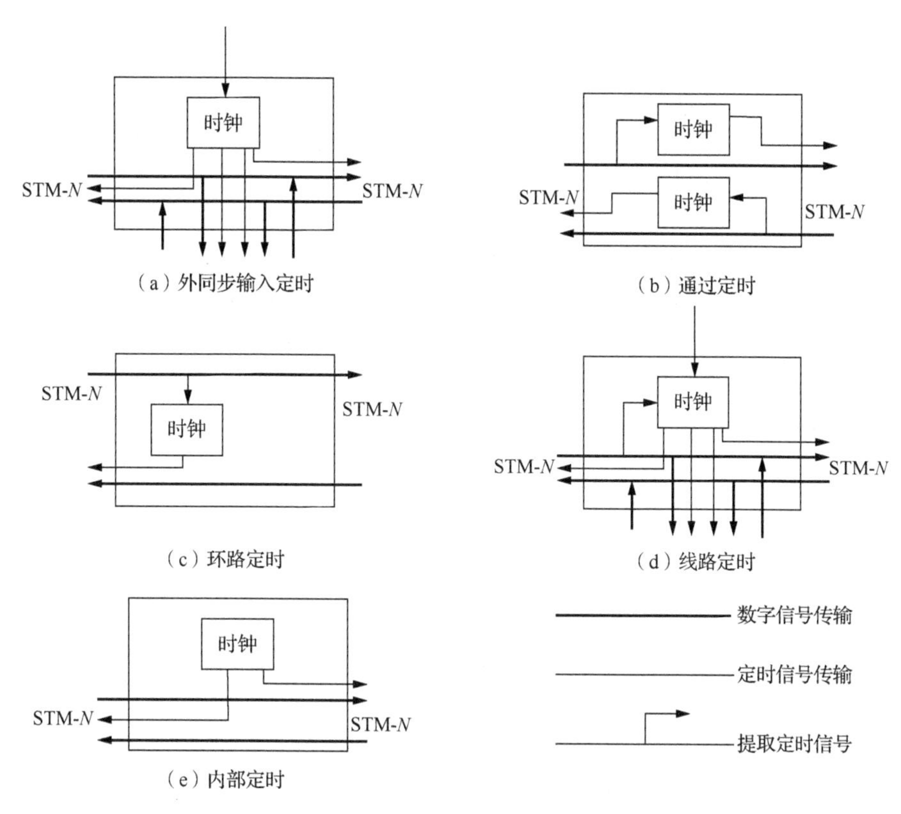

图 6-6-5　SDH 网元的定时方式

(3) 内部定时源：当所有外同步定时源都丢失时，可使用内部定时方式。当内部定时源具有保持能力时，首先工作于保持模式。失去保持后，还可工作于自由振荡模式。当内部定时源无保持能力时，只能工作于自由振荡模式，如图 6-6-5（e）所示。

2. 定时环路的产生和防止

从定时可靠性考虑，一个 SDH 设备可能需要定义一个以上的基准时钟源，如第 1 基准（P）和第 2 基准（S）等。在正常运行情况下，各设备从第1基准获得定时信号时不会出现定时环路。但当出现故障时，部分设备可能倒换到从第 2 基准获取定时信号，如果第 2 基准设置不当就可能产生定时环路，如图 6-6-6 所示。

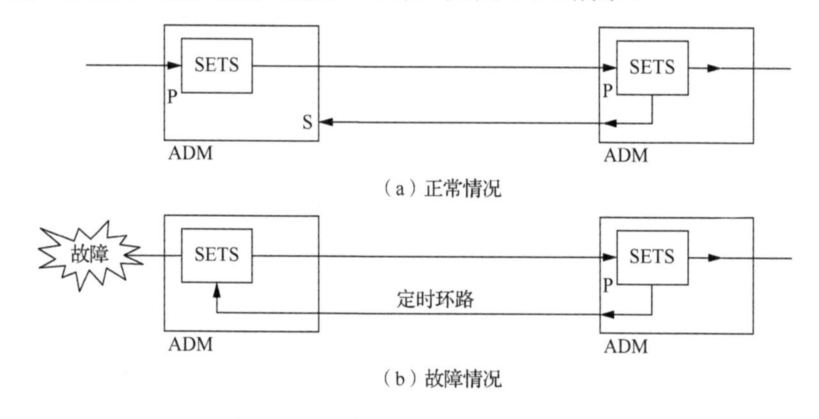

图 6-6-6　链路故障下产生定时环路

防止定时环路的方法：在同步规划中对每个设备时钟来源合理地设置优先级，按优先级次序选择，当高优先级的时钟可用时就不选低优先级的时钟。合理使用 STM-*N* 信号中开销——同步状态消息字节（S1），使每个设备通过查收 S1，了解是否可以用作定时基准。对于某些不提供 S1 字节的老设备，可只设主用同步链路。如果主用同步链路失效，设备时钟即转入保持工作状态，这样也可以防止产生定时环路。

SSM 也称为同步状态信息，用于在同步定时传递链路中直接反映同步定时传递链路信号等级。有了 SSM，同步定时传输链路就可以明确地获知其输入基准信号是源自 G.811 时钟、G.812 时钟，还是 SDH 设备时钟（G.813 时钟），并据此信息灵活地控制时钟的工作状态，从而避免了盲目地跟踪，从根本上提高了数字同步网的稳定性和可靠性（避免了环路出现的可能），保证了数字同步网的质量。

6.6.3 同步数字系列网络管理

TMN 是利用一个具备一系列标准接口（包括协议和消息规定）的统一系列结构来提供一种有组织的结构，使各种不同类型的操作系统（网管系统）与电信设备互连，从而实现电信网的自动化和标准化管理，并提供大量的管理功能。SDH 管理网是 TMN 的一个子网，它的系列结构继承和遵从了 TMN 的结构。SDH 在帧结构中安排了丰富的开销比特，从而使其网络的监控和管理能力大大增强。

1. SDH 管理网的基本概念

SMN 是 TMN 的一个子集，专门负责管理 SDH 网元（SDH network element, SDH-NE）。SMN 又可细分成一系列的 SDH 管理子网（SDH management subnet, SMS），这些 SMS 由一系列分离的嵌入控制通路（embedded control path, ECC）及有关站内的数据通信链路组成。TMN、SMN 与 SMS 的关系如图 6-6-7 所示。

SMS 的结构特点：①在同一设备站内可能有多个可寻址的 SDH-NE，要求所有的 NE 都能终结 ECC，并要求 NE 支持 Q_3 接口和 F 接口。②不同局站的 SDH-NE 之间的通信链路通常由 SDH ECC 构成。③在同一局站内，SDH-NE 可以通过站内 ECC 或本地通信网（local communication network, LCN）进行通信，趋势是采用 LCN 作为通用的站内通信网，既为 SDH-NE 服务，又可以为非 SDH-NE 服务。SMS 的 ECC 拓扑：ECC 的物理层是 DCC，DCC 可以通过多同种拓扑实现互连，如线形（总线形）、星形、环形和网孔形等。

2. SDH 管理网的分层

SDH 的管理网划分为 5 层，从下至上分别为网元层（network element layer, NEL）、网元管理层（element management level, EML）、网络管理层（network management layer, NML）、业务管理层（service management layer, SML）和商务管理层（business management layer, BML）。

（1）NEL：最基本的管理层，基本功能应包含单个 NE 的配置、故障和性能等管理功能。NEL 分两种，一种是使单个网元具有很强的管理功能，可实现分布管理。另一种是使网元很弱的功能，将大部分管理功能集中在网元管理层上。

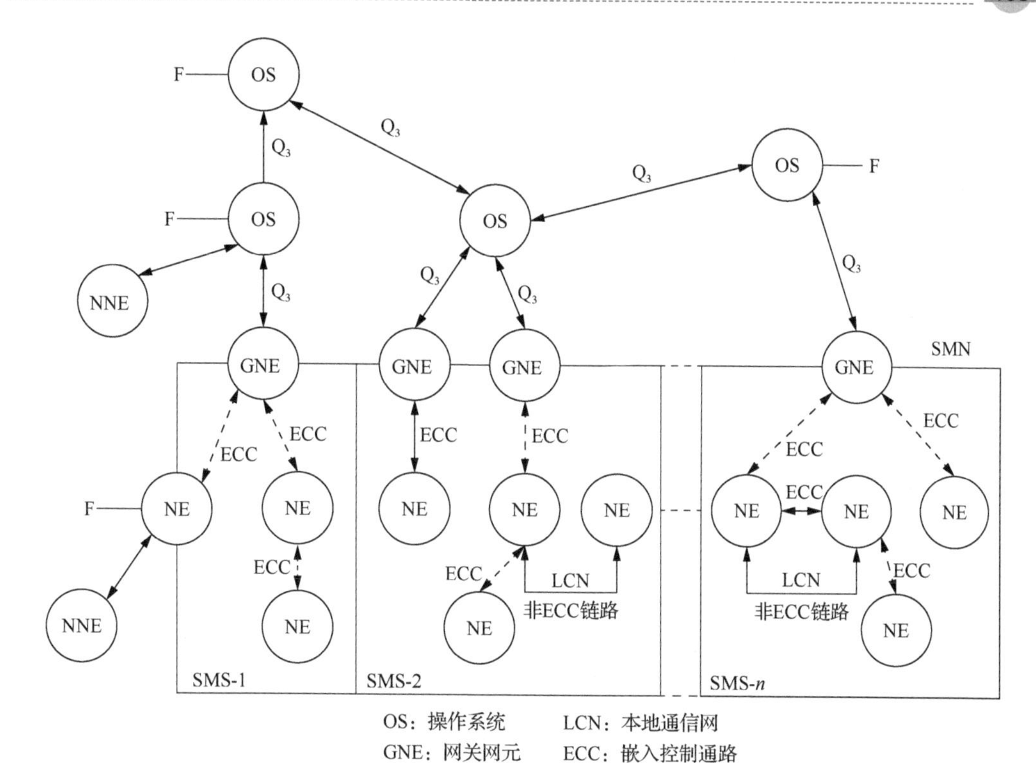

图 6-6-7 TMN、SMN 和 SMS 的关系示例

（2）EML：直接参与管理个别网元或一组网元，其管理功能由网络管理层分配，提供诸如配置管理、故障管理、性能管理、安全管理和计费管理等功能。所有协调功能在逻辑上都处于网元管理层。

（3）NML：负责对所辖区域的网络进行集中式或分布式控制管理，例如，电路指配、网络监视和网络分析统计等功能。NML 应具备 TMN 所要求的主要管理应用功能，并能对多数厂家的单元管理器进行协调和通信。

（4）SML：负责处理服务的合同事项，诸如服务订购处理、申告处理和开票等。主要承担下述任务：为所有服务交易（包括服务的提供和中止、计费、业务质量及故障报告等）提供与用户的基本联系点，以及提供与其他管理机关的接口；与网络管理层、商务管理层及业务提供者进行交互；维护统计的数据（如服务质量）；服务之间的交互。

（5）BML：最高的逻辑功能层，负责总的企业运营事项，主要涉及经济方面，包括商务管理和规划。

3. SDH 管理网的功能

（1）故障管理：指对不正常的电信网运行状况和环境条件进行检测、隔离和校正。包括告警监视、告警历史管理、测试、环境外部事件和设备故障监测等。

（2）性能管理：指提供有关通信设备的运行状况、网络及网元效能的报告和评估。包括性能数据收集、性能监视门限的使用、性能数据报告、统计事件和不可用时间内的性能监视等。

（3）配置管理：涉及网络的实际物理安排，实施对网元的控制、识别、数据交换，配置网元和通道。包括指配功能、网元状态的控制和安装功能。

（4）安全管理：指为网络的安全提供周密的安排，一切未经授权的人都不得进入网络系统。具体包括用户管理、口令管理、操作权限管理和操作日志管理等。安全管理涉及注册、口令和安全等级等。例如，可以把安全等级分为三级：操作员级（仅能看，不能改）、班长级（不仅能看，还能改变除了安全等级以外的所有设置）和主任级（不仅能看，还能改变所有设置）。

（5）综合管理：主要包括人机界面管理、报表生成和打印管理、管理软件的下载及重载管理等。

4. SDH 网络存在的问题

传统的集中控制方式存在着业务恢复时间慢，人工干预多，网络管理系统复杂，智能化程度低，不能快速指配业务等缺点；在两点故障情况下，SDH 环形保护无法恢复；跨环业务路由一般不是最佳路由，点到点扩容不便，存在环路带宽浪费；缺乏与用户接入层的规划与建设的有机衔接；网络资源缺乏灵活高效的调度和分配；不具备综合接入和数据汇聚的能力，难以为不同业务流提供不同服务等级，以适应 IP 数据化业务及差异化服务需求。

■ 习题

1．试说明我国基次群 2.048 Mbit/s 信号是如何变为 SDH 的 STM-l 信号的。
2．试说明如何确定不同等级的 STM-N 的速率是多少。
3．什么是 SDH 的开销？它可以分为哪几类？
4．SDH 系统保护方式有哪几种？请简述各自的保护操作过程。
5．SDXC 的基本功能包括哪些？

第7章

光纤通信中的关键技术

光纤通信及其网络已深入社会的各个领域。尤其是自20世纪90年代逐渐成熟的波分/时分复用技术使得单纤通信能力不断提升，超高速光传输技术正在为以物联网为核心的泛在网络应用提供有力支撑。而且，持续演进的光交换技术与光孤子技术，一方面推动光纤通信系统的组网能力提升与智能化进程，另一方面令光纤通信系统摆脱电子“束缚”，轻松跨越“高山”与“海洋”。本章以光复用技术为引领，深入介绍从“分组”到“波带”的多种智能光交换技术；洞悉光孤子技术的基础与潜力；详尽展示光纤技术在光接入网络中的应用示例。

7.1 光复用技术

随着人类社会信息时代的到来，对通信的需求呈现加速增长的趋势。发展迅速的各种新型业务，特别是高速数据和视频业务对通信网的带宽容量提出了更高的要求。为了适应通信网传输容量的不断增长和满足网络交互性、灵活性的要求，产生了各种复用技术。

在光纤通信系统中除了大家熟知的时分复用技术外，还出现了其他的复用技术，例如波分复用、光频分复用、码分复用（code division multiplexing, CDM）、偏振复用（polarization division multiplexing, PDM）及副载波复用技术。下面先来讨论波分复用。

7.1.1 波分复用

波分复用是指将两种或多种各自携带大量信息的不同波长的光载波信号，在发射端经复用器汇合，并将其耦合到同一根光纤中进行传输，在接收端通过解复用器对各种波长的光载波信号进行分离，然后由光接收机做进一步的处理，使原信号复原。

波分复用系统主要由以下五部分组成：光发射机、光纤放大器、光接收机、光监控信道和网络管理系统，如图7-1-1所示。波分复用系统可分为：稀疏波分复用，两光波之间的波长间隔为10～100nm；粗波分复用（coarse wavelength division multiplexing, CWDM），信道间隔一般为20nm；密集波分复用（dense wavelength division multiplexing, DWDM），信道间隔从0.2nm到1.2nm；光频分复用：波长间隔小于1nm（10GHz）；相干光纤通信技术，波长间隔缩小到0.1nm。波分复用系统具有以下优点：①充分利用光纤的巨大带宽资源；②同时传输多种不同类型的信号；③节省线路投资；④降低器件的超高速要求；⑤高度的组网灵活性、经济性和可靠性。

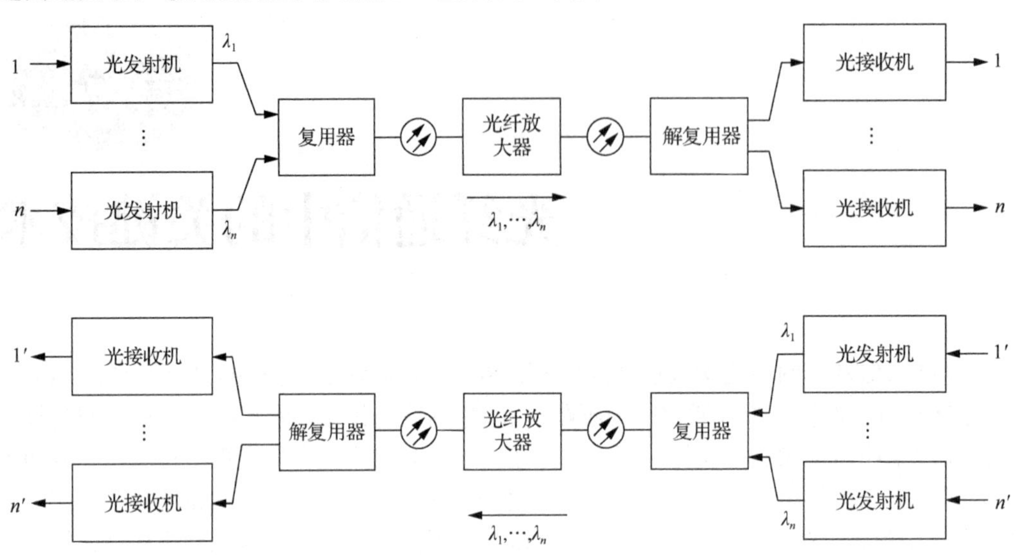

图 7-1-1 波分复用系统的基本组成

7.1.2 光时分复用

光时分复用（OTDM）的原理与电时分复用相同，只不过电时分复用是在电域中完成，而光时分复用是在光域中进行，即将高速的光支路数据流直接复用进光域，产生极高比特率的合成光数据流。系统组成如图 7-1-2 所示：光时分复用系统主要由光发射机、光中继放大和光接收机三部分组成。其中的光纤放大器分为功率放大器（boost amplifier, BA）、在线放大器（line amplifier, LA）和前置放大器（preamplifier, PA）。

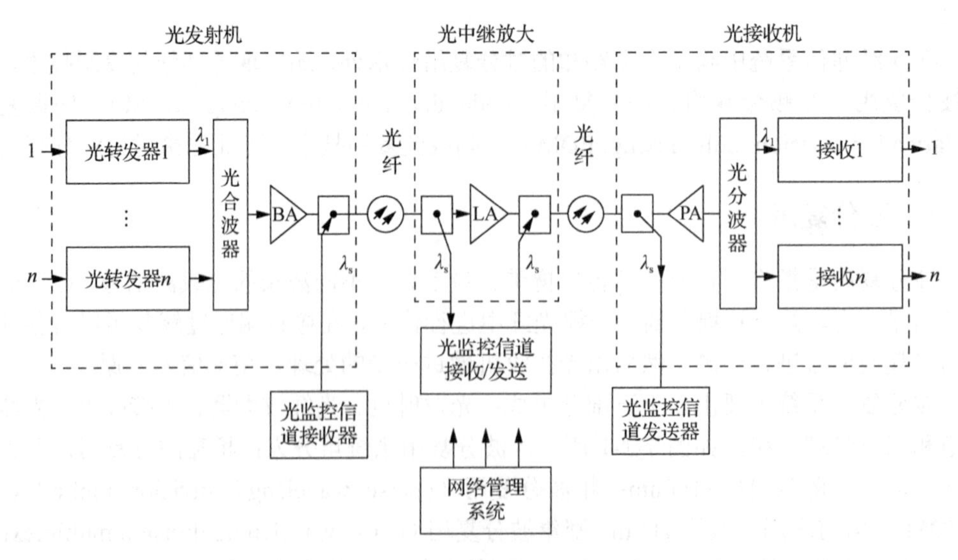

图 7-1-2 光时分复用系统的基本组成

光发射部分主要由超窄脉冲光源及光时分复用器件组成。高重复频率超窄光脉冲源的种类包括掺铒光纤环形锁模激光器、半导体超短脉冲源、主动锁模 LD、多波长超窄光脉冲源等。其产生的脉冲宽度应小于复用后信号周期的 1/4，应具有高达 30dB 以上的消光比，并且脉冲总的时间抖动均方根值不应大于信道时隙的 1/14，这是因为脉冲形状不是理想的矩形，而是高斯脉冲，信号源与时钟之间的时间抖动会引起解复用信号的强度抖动，这种强度抖动使信号的误码加大。

接收部分包括光时钟提取、解复用器及低速率光接收机。光时钟提取与电时钟提取的功能相同，但光时钟提取必须从高速率的光脉冲中提取出低速的光脉冲或电脉冲，例如从 160Gbit/s 的光脉冲信号中提取 10GHz 的时钟脉冲。提取出来的时钟脉冲作为控制脉冲提供给解复用器用，其脉宽必须特别窄，因此，时钟脉冲的时间抖动应尽可能小，其相位噪声也应尽量低，为保证时钟脉冲峰值功率的稳定应使提取系统的性能与偏振无关。能满足这些要求的全光时钟提取技术有锁模 LD、锁模掺铒光纤激光器及锁相环路。使用较多的是锁相环路技术，它是一种较为成熟的方案。

解复用器的功能正好与光复用器相反，在光时钟提取模块输出的低速时钟脉冲的控制下，解复用器可输出低速率光脉冲信号，例如当时钟脉冲为 10GHz 时，解复用器可从 160Gbit/s 信号中分离出 10Gbit/s 信号，16 个相同的解复用器可输出 16 组 10Gbit/s 信号。解复用器主要有半导体锁模激光器、光开关、四波混频开关、交叉相位调制开关及非线性光学环路镜等几种。

由解复用器输出的光信号为低速率光脉冲信号，可以用一般光接收机来接收。

7.1.3　光频分复用

光频分复用将一系列载有信息的光载波，以几个吉赫兹的频率间隔密集地排列在一起沿单根单模光纤传输。在接收端，从不同信道光载波频率中选出所需信道的通信方式，也是光纤通信的一种复用技术。

光频分复用光纤通信系统的特点如下：①通过光频的密集排列，可以有效地利用石英光纤的低损耗区，大约几十太赫兹以上，极大地增加信息传输容量；②由于光接收机优良的频率选择性，特别有利于使用 EDFA 作为光中继器的核心部件，放大复用信号，大大简化再生中继过程，增大传输距离。因此光频分复用光纤通信技术在光纤局域网及宽带综合业务数字网（broadband integrated services digital network, B-ISDN）中具有广阔的应用前景。

光频分复用光纤通信技术难度很大，主要有：①为便于密集安排信道，增加复用信道的数目，并减小光源相位噪声对系统误码率的影响，必须采用宽带可调谐、窄谱 LD；②信道间距稳频和信号光源的绝对稳频；③信道的随机选取技术。上述问题主要涉及两方面：一方面是外差检测中所遇到的具体问题，如偏振随机起伏等问题和直接检测中高质量的可调谐光滤波器的制作；另一方面是设计一个可随机立刻选取所需信道的环路。此外，由于信道多、功率大，还应注意光纤及光放大器等器件的非线性所引起的相邻信道间的干扰现象。

光频分复用技术和波分复用技术无明显区别，因为光波是电磁波的一部分，光的频率与波长具有单一对应关系。通常也可以这样理解，光频分复用指光频率的细分，光信道非常密集。波分复用指光频率的粗分，光信道相隔较远，甚至处于光纤不同窗口。

7.1.4 码分复用

CDM是用一组包含互相正交的码字的码组携带多路信号。CDM采用同一波长的扩频序列，频谱资源利用率高，与波分复用结合，可以大大增加系统容量。CDM的频谱展宽是靠与信号本身无关的一种编码来完成的。频谱展宽码称为特征码或密钥，有时也称为地址码。

CDM是靠不同的编码来区分各路原始信号的一种复用方式，主要和各种多址技术结合产生了各种接入技术，包括无线和有线接入。例如在多址蜂窝系统中是以信道来区分通信对象，一个信道只容纳1个用户进行通话，许多同时通话的用户，互相以信道来区分，这就是多址。移动通信系统是一个多信道同时工作的系统，具有广播和大面积覆盖的特点。在移动通信环境的电波覆盖区内，建立用户之间的无线信道连接，是无线多址接入方式，属于多址接入技术。码分多址（code division multiple access, CDMA）是CDM的一种变形体，此外还有频分多址、时分多址和同步码分多址。

码分多址系统为每个用户分配了各自特定的地址码，利用公共信道来传输信息。CDMA系统的地址码相互具有准正交性以区别地址，而在频率、时间和空间上都可能重叠。也就是说，每一个用户有自己的地址码，这个地址码用于区别每一个用户，地址码彼此之间是互相独立的，也就是互相不影响的，但是由于技术等原因，我们采用的地址码不可能做到完全正交，即完全独立，相互不影响，所以称为准正交。由于有地址码区分用户，所以我们对频率、时间和空间没有限制，在这些方面它们可以重叠。

与波分复用、光时分复用和光频分复用技术相比，光码分多址（optical code division multiple access, OCDMA）技术具有如下优势：①不需网际间同步，网络设计灵活，系统误码率仅依赖于被激活的用户数；②可实现异步通信，允许用户无延时随机接入，可支持变比特率传输和突发业务；③每个接入用户充分利用了整个系统的时域和频域分量，易于增加新用户；④易于实现透明的全光网络，信道统计复用增益高；⑤较好抗干扰和保密特性；⑥增加了控制服务质量的灵活性。

7.1.5 偏振复用

偏振复用技术利用光在单模光纤中传输时的偏振特性，使用两个传输波长的独立且相互正交的偏振态分别传输两路信号，能够成倍提高系统容量和传输速率。

1991年，Claude Herard和Alain Lacourt提出了偏振光复用的基础理论及偏振光在单模光纤中的传播。1992年，S. G. Evangelides Jr.等提出基于孤子源发射的正交偏振态在系统中能保持其正交性的事实，提出了偏振/时分复用的方法，两路正交偏振的光孤子比特流在时间上交叉复用。同年，P. M. Hill用每路2Gbit/s二进制相移编码的数据正交复用形成了4Gbit/s的偏振复用信号，接收端则采用相关的外差检测方法。2007年，S. J. Savory等提出接收端采用盲均衡实现偏振解复用的技术方案，使用非归零码-正交相移编码调制方式，以标准单模光纤作为传输介质实现了速率为42.8Gbit/s的信号传输6400km的实验，并首次使用恒模算法在离线的条件下对混合信号解复用。2008年，C. Wree、S. Bhandare等第一次采用归零码-差分正交相移编码码型的偏振复用技术，并实现了40Gbit/s单信道2.20Gbit/s的传输。2010年，Tipsuwannakul等第一次在实验室用单偏振-差分八进制相移编码光时分复用技术实现传输距离超过 220km、传输速率为 0.44Tbit/s，解决了 400Gbit/s 以太网的可行性问题，同时也证明了在没有辅助时钟的情况下也能在速率为 0.87Tbit/s 的情况下使传输距离达到 110km。2011 年，Nagajan 等采用偏振复用差分正交相移编码技术实现了 10 信道且每个信道以 45.6Gbit/s 的速率传输。

7.2　光交换技术

目前的商用光纤通信系统，单信道传输速率已超过 10Gbit/s，实验波分复用系统的传输速率已超过 3.28Tbit/s。但是，在现有通信网络中，高速光纤通信系统仅仅充当点对点的传输手段，网络中重要的交换功能还是采用电子交换技术。传统电子交换机的端口速率只有几兆比特每秒到几百兆比特每秒，不仅限制了光纤通信网络速率的提高，而且要求在众多的接口进行频繁的复用/解复用，光/电和电/光转换，因而增加了设备的复杂性和成本，降低了系统的可靠性。伴随大量新业务的出现和国际互联网的发展，今后通信网络还可能变得拥挤。

虽然采用异步转移模式可提供 155Mbit/s 或更高的速率，能缓解这种矛盾，但电子线路的极限速率约为 20Gbit/s。要彻底解决高速光纤通信网存在的矛盾，只有实现全光纤通信，而光交换是全光纤通信的关键技术。光交换主要有三种方式：空分光交换、时分光交换和波分光交换。

7.2.1　空分光交换

空分光交换的功能是使光信号的传输通路在空间上发生改变。空分光交换的核心器件是光开关。光开关有电光型、声光型和磁光型等多种类型，其中电光型光开关具有开关速度快、串扰小和结构紧凑等优点，有很好的应用前景。

典型光开关是用钛扩散在铌酸锂（Ti: $LiNbO_3$）晶片上形成两条相距很近的光波导构成的，并通过对电压的控制改变输出通路，如图 7-2-1 所示。

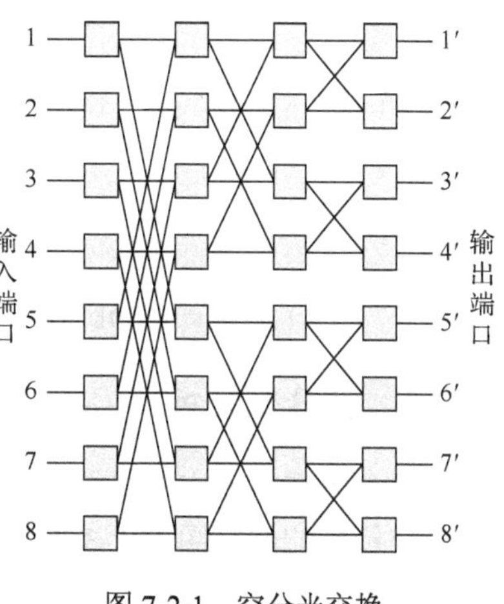

图 7-2-1　空分光交换

7.2.2　时分光交换

时分光交换是以光时分复用为基础，用时隙互换原理实现交换功能。光时分复用是把时间划分成帧，每帧划分成 N 个时隙，并分配给 N 路信号，再把 N 路信号复接到一条光纤上。在接收端用分接器恢复各路原始信号，如图 7-2-2（a）所示。所谓时隙互换，就是把光时分复用帧中各个时隙的信号互换位置，如图 7-2-2（b）所示，首先使光时分复用信号经过分接器，在同一时间内，分接器每条出线上依次传输某一个时隙的信号；然后使这些信号分别经过不同的光延迟器件，获得不同的延迟时间；最后用复接器把这些信号重新组合起来。图 7-2-2（c）为时分光交换的等效空分结构与原理。

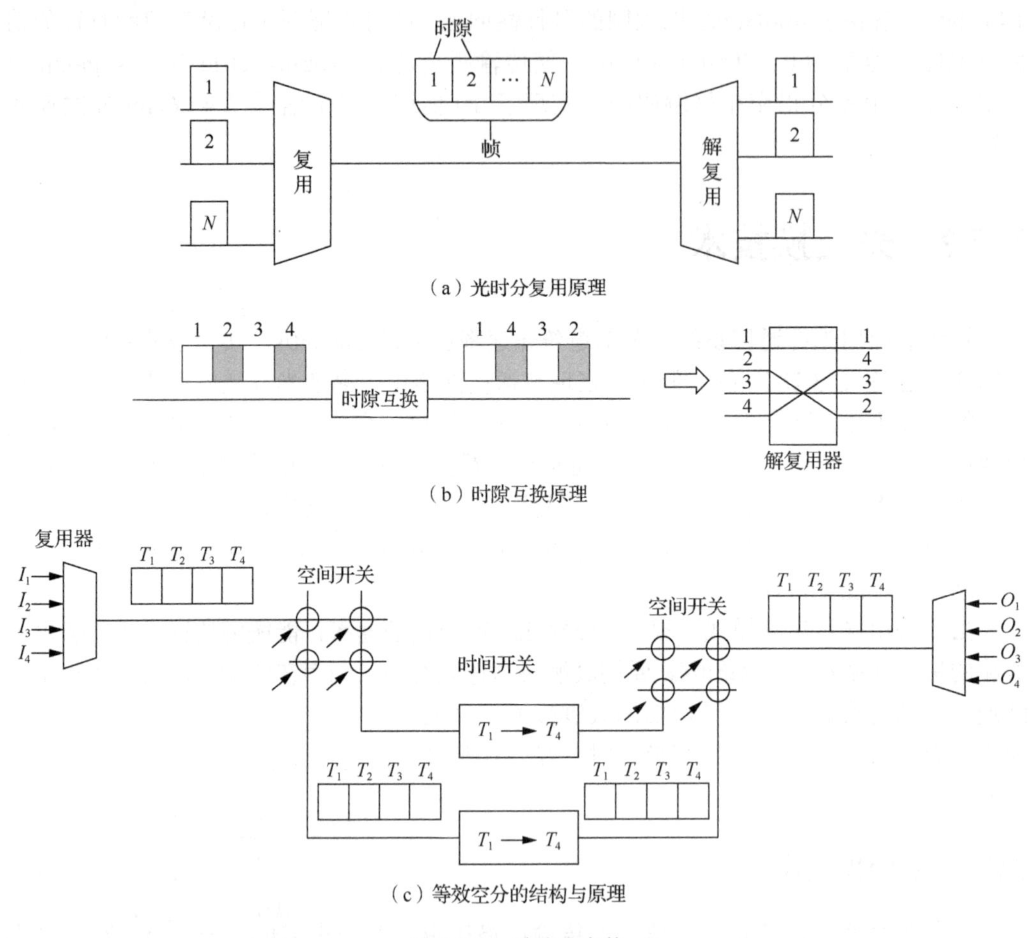

图 7-2-2　时分光交换

I_1,I_2,I_3,I_4 指要复用的信息；T_1,T_2,T_3,T_4 指不同的时隙；O_1,O_2,O_3,O_4 指不同的复用光信号

7.2.3　波分光交换

波分光交换或交叉连接是以波分复用原理为基础，采用波长选择或波长变换的方法实现交换功能的。图 7-2-3（a）和（b）分别为波长选择法交换和波长变换法交换的原理框图。设波分交换机的输入和输出都与 N 条光纤相连接，这 N 条光纤可组成一根光缆。每条光纤承载 W 个波长的光信号。从每条光纤输入的光信号首先通过解复用器分为 W 个波长不同的信号。所有 N 路输入的波长为 λ_i（i=1,2,⋯,W）的信号都送到 λ_i 空分交换器，在那里进行同一波长 N 路空分信号的交叉连接，到底如何交叉连接，将由控制器决定。

然后，以 W 个空分交换器输出的不同波长的信号再通过复用器复接到输出光纤上。这种交换机当前已经成熟，可应用于采用波长选路的全光网络中。但由于每个空分交换器可能提供的连接数为 $N\times N$，故整个交换机可能提供的连接数为 N^{2W}，比下面介绍的波长变换法少。

波长变换法与波长选择法的主要区别是用同一个 $NW\times NW$ 空分交换器处理 NW 路信号的交叉连接，在空分交换器的输出必须加上波长变换器，然后进行波分复接。这样，可能提供的连接数为 N^2W^2，即内部阻塞概率较小。

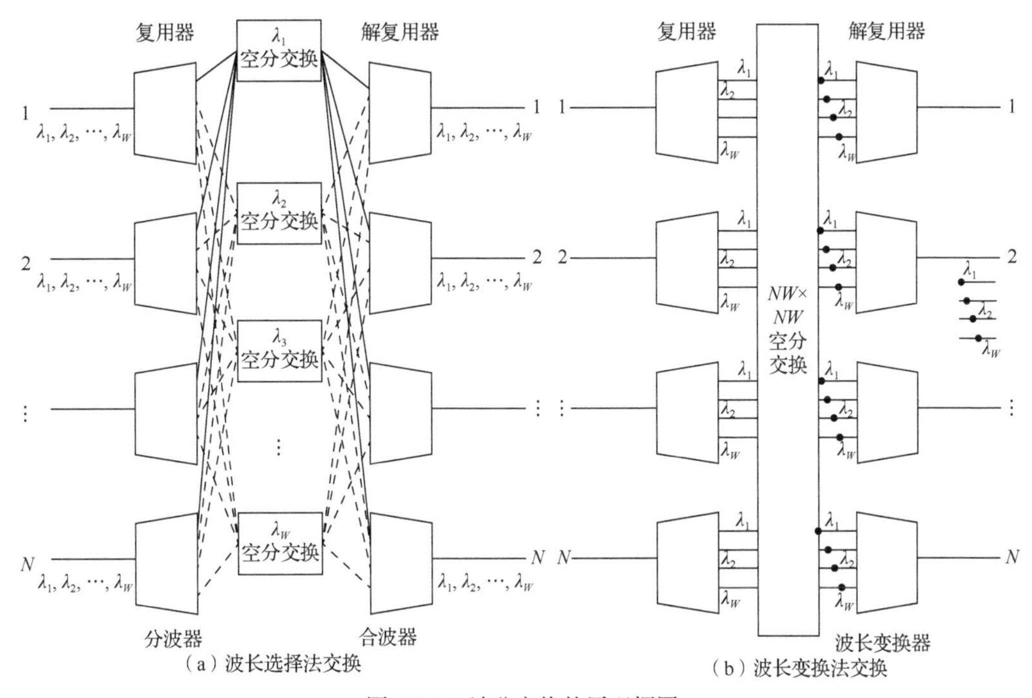

图 7-2-3　波分交换的原理框图

光交换矩阵是光突发交换网络的核心器件，它是决定网络性能关键因素的 OXC 中所涉及的主要光学器件，有高速光开关、可调谐波长转换器和光缓存器件等。

基于交换节点的电光混合结构，光突发交换（optical burst switching, OBS）网络中的高速光开关以电控光开关为主。目前，电光开关的研究热点集中于铌酸锂晶体光开关、基于半导体光放大器原理的光开关及基于四波混频技术的光开关。以上电控光开关在响应速度方面可以满足未来光网络的要求，然而其面临的难题是技术还不够成熟，稳定性较差，成本相对较高。可调谐波长转换器是光交换矩阵中的另一主要光学器件，它的作用在于调度信道和解决突发的竞争。目前，可调谐波长转换器的研究倾向于采用基于 SOA 技术、四波混频技术来实现，然而无论是技术的稳定性，还是在动作响应速度方面，可调谐波长转换器的技术水平还远达不到商用标准。因此，作为“存储转发”模式下的关键器件，光缓存的研究一直是人们关注的热点。然而要实现具有高速读/写功能的光缓存技术十分不易，目前还只能采用光纤延迟线来作为替代品。但是，光纤延迟线的引入在增加交换节点的控制复杂度的同时，也使得光交换矩阵的体积增加，而且还会导致被缓存信号的功率损耗，并引发二次中继等一系列问题。光缓存的研究一度让人们感到绝望，2001 年，慢光技术的出现让人们又看到实现光缓存的一丝希望。但慢光技术的实现目前还只限于实验室的低温条件下，因此短期内唯一可用的光缓存器件还只能是光纤延迟线。

OXC 的主要功能：①提供以波长为基础的半永久的交叉连接功能；②对波长通道进行配置以实现对网络光纤资源的优化；③当网络出现故障时，迅速提供网络的重新配置；④根据业务量的变化优化网络；⑤尽量允许运营者自由使用各种信号格式，即尽量保持网络的透明。

根据偏置时间的不同，OBS 网络的资源预留方式可以分为无预留机制、单向预留机制和双向预留机制三种。

（1）无预留机制。基于分组交换的思想，一种被称为通知并走（tell and go, TAG）的无偏置、无预留的带宽分配方案被提出。在 TAG 方案下，数据突发紧随突发控制分组被发送，所以其偏置时间仅为电控制分组（brust control packet, BCP）的传输时间。由于偏置时间很短，TAG 方案要求交换节点有高效的 BCP 处理性能及高速的开关动作响应；且通常需要光缓存器件的支持。

（2）单向预留机制。突发交换的单向带宽预约机制主要有带内终止（inside band terminator, IBT）和固定预留（reserved fixed delay, RFD）两种。IBT 机制是指当数据通过交换节点后，突发包发送一个信号来释放信道；RFD 则指根据突发长度预先设定信道占用时间，当该时间耗尽后自动释放信道。恰量时间（just enough time, JET）协议就是一种基于 RFD 策略的信道预约方案。JET 协议的核心是延迟预留，即交换节点只在数据突发到达时才开启为其预留的信道。因此，JET 协议保证了信道的高利用效率，但缺点是节点的控制复杂度较高。类似于 TAG 方案，H. G. Perros 等提出即时（just-in-time, JIT）协议。在 JIT 协议中，突发的偏置时间仅等于 BCP 的处理时间，BCP 到达交换节点后立即将带宽分配给数据突发，即信道的占用从 BCP 到达交换节点开始，直到突发离开为止。JIT 协议的控制复杂度较低，同时信道的利用效率相对也较低。

（3）双向预留机制。在双向预留机制中，数据突发被发送前，其 BCP 要先被发送并为其在各交换节点请求信道，当所有信道被成功预约后，目的节点发送相应的应答信息至源节点，当数据突发接收到正确的应答信息后才允许被发送，因此其偏置时间等于整个链路的往返时间（round-trip time, RTT），这种信道预留方式被称为通知等待（tell and wait, TAW）。显然，它与电路交换的形式非常相似，是一种面向连接的服务方式。基于双向预留机制的 OBS 网络，能够保证数据突发有极低的丢包率，但代价是付出更长的边缘延迟时间。

光电路交换（optical circuit switching, OCS）是一种基于双向资源预留协议的端到端传输技术，其传输粒度以波长为单位。与传统的电路交换类似，在 OCS 中，数据需要在成功接收链路建立的应答信息后才可以发送。而且，在数据传输的整个过程中，需要在发送端与接收端之间建立所谓的“虚波长信道”，直到数据传输完毕后，才撤销信道连接。所以，OCS 无须光-电-光的转换即可实现数据在光域内的透明传送。由于 OCS 具有“零丢包率”特征，且协议机制相对简单、技术成熟、易于实现，因此成为当前光交换网络传输的主要方式。OCS 的缺点在于：信道占用时间较长、利用效率低，由于受波长连续性的限制，所能建立的虚波长信道有限。因此，基于 OCS 的数据交换方式对于下一代骨干传输网络已不再适用。

双向预留机制的延迟较大，且“虚波长通道”的建立降低了信道的利用效率。基于电网络中分组交换的成功经验，光分组交换（optical packet switching, OPS）的概念被提出。简而言之，OPS 就是在光层上以统计复用的方式，采用单向预留机制来传输小序列长度的“分组”或“信元”，又被称为光异步传输模式（optical asynchronous transfer mode,

OATM）。由于具有宽带利用效率高、适应性好、数据比特率和格式透明性强等特点，OPS 被认为是一种最理想的、最有前途的网络技术，也是未来光网络发展的终极目标。

与异步传输模式（ATM）网络一样，OPS 采用“存储转发”的交换模式，在交换节点它需要光缓存器件的支持。为了避免数据间的突发拥塞与竞争，提高信道利用效率，实现全光域的透明传输，OPS 节点通常还需要具备光域内的信号处理能力。然而，就目前的技术水平而言，有效的光学同步装置和光学逻辑器件的制作工艺还都不成熟，而光缓存器件也仍然是以体积庞大的光纤延迟线为主。另外，目前基于 MEMS 技术的商用光敏感开光的转换速度大都在几十微秒甚至毫秒量级，不能满足 OPS 技术的要求。由此可见，OPS 技术的优势明显，但由于受到某些关键器件的技术工艺水平的制约，短期内还难以将其由实验室推向市场。

OBS 由 C. Qiao 和 J. S. Turnor 等提出，已经引起越来越多科研人员的注意。在 OBS 中，突发是由一些 IP 包组成的超长 IP 包，这些 IP 包可以来自传统 IP 网中的不同电路由器。OBS 中 BCP 的作用相当于分组交换中的分组头，与突发数据即净负荷在物理信道上是分离的，每一个控制分组对应一个突发数据。例如，在波分复用系统中，控制分组占用一个或者几个波长，突发数据则占用其他所有波长；在光时分复用系统中控制分组占用一个或者几个信道；在带状光缆中，控制分组占用一根或者几根光纤。

在 OBS 中，控制分组在每一个突发数据分组发送之前发送，它通知该数据分组将要通过的中间节点在预定的时段内为该分组预留资源（带宽）。如果预留失败，该数据分组被丢弃或使用备份路由传送到其他节点。当前资源预留方式是根据突发分组结束指示和资源分配时间来区分的，主要有三种：第一种方式为 JIT，控制分组信令中不包含突发分组长度，资源的释放由专门的控制分组决定，这种方式的复杂性最低，但效率不高；第二种方式为保留有限时间（reserve a limited duration, RLD），控制分组中包含突发数据分组长度信息，这种方式复杂性中等，效率很高；第三种方式为 JET，它通过数据分组的开始预留时间和结束预留时间来预留资源，与 RLD 不同的是，它可以通过对预留时间的设置实现突发分组的服务质量（quality of service, QoS），这种方式复杂性最高。

OBS 亦采用单向预留机制，与 OPS 的不同之处在于，其数据包以“突发”为单位，具有变长特性。OBS 技术可以看作是 OCS 与 OPS 的一个折中，它兼具二者的优点。与 OCS 相比，OBS 拥有适中的交换粒度和更好的统计复用带宽利用效率，用户的传输延迟时间较短，网络升级能力强，可重构性好；而与 OPS 相比，OBS 降低了系统对高速光开关性能的要求，在无须光同步装置和光缓存器件支持的条件下，即可保证数据业务的全光透明传输。由于依赖现有光学技术就可实现网络的主要功能，OBS 技术被认为是当前较有可能实现下一代光因特网的方案之一。

波带交换（waveband switching, WBS）是指将多个具有共同特征的波长信道组合成带，并以波带为单位实现大量数据的共同传输、调度与交换。从信道的预约机制上讲，WBS 是在光电路交换的基础上发展起来的，WBS 的信道预约方式依旧采用双向资源预留协议；从交换方式上讲，WBS 是 OCS 技术与标签交换的结合体；从交换粒度上讲，WBS 通过单位时隙内多个数据包的同时交换来提高网络传输能力，弥补其在统计复用方面的不足，其最小交换粒度为波长；从交换节点的结构上讲，由于交换粒度为波带，交换矩阵的体积及复杂度明显降低，输入/输出端口得以大量节省，这也是 WBS 技术最大的优势所在。由于 WBS 技术具有传输成本低、传输效率高等优点，且无须光缓存及波长转换器件的支持，因此近年来成为人们关注的又一热点。

所谓的多粒度光交换是指交换节点的交换粒度不仅包含波长，而且包含波带及光纤，即能够同时提供波长、波带及光纤等多种带宽粒度的交换。波带是将多个波长捆绑在一起，并在波带等级进行交换和路由。波带光通道由一组波长光通道组成并作为一个单独的信道来路由。波带交换将光节点中部分端口的交换粒度扩大到了波带等级。同样，更大的光纤粒度是将多个波带进行捆绑并在光纤等级进行交换和路由，光纤交换将光节点中部分端口的交换粒度扩大到了光纤等级。

采用多粒度光交换技术之后，交换节点不必对所有的波长都进行解复用和复用，可以将通过节点的多个“转发业务”汇聚在同一个波带或是同一根光纤内传输，从而在节点内实现“波带路由”或者“光纤路由”，因此可以显著地降低端口数，而光交叉连接设备的端口数是决定节点费用及控制复杂度的重要因素。所以，多粒度光交换在简化光节点的结构，降低节点的制造、维护和操作成本方面都有着显著的优势。此外，多粒度光交换也极大地提高了光网络设备的传送效率和吞吐容量。例如，对于与本地节点无关的业务，无须解复用/复用成较小粒度的交换，而可以在较大的粒度层次（如波带、光纤）上直通。

多粒度光交换技术作为一项崭新的光网络节点技术，可以结合空分、波分及时分等多种交换方式而成为下一代光网络传送平台的核心技术，因此，具有极为广阔的应用前景。与之相适应的多粒度管理技术的成熟与完善，是灵活高效地实现多粒度光交换系统的重要内容。引入多粒度光交换技术，构建多粒度光交换网络已被广泛认为是降低 DWDM 光网络交换传输控制复杂度和成本的一个较优方案。在技术和市场的双重驱动下，支持多粒度光交换的智能节点技术及其网络应用以其特有的优势正逐步成为全光通信领域的热点。

7.3 光孤子通信技术

人们对孤子的研究可以追溯到 1834 年，英国海军工程师 J. S. Russell 沿运河行走时偶然观察到一种奇特的水波，这种水波“平滑而轮廓分明”，并在快速行进过程中其形状、幅度和速度都基本保持不变，他认为这种波是流体力学中的一个稳定解，称它为“孤立波”。1896 年，荷兰数学家 Korteweg 和 de Vries 研究了浅水波的波动，建立了著名的 KdV 方程，并得到了与 J. S. Russell 观察相一致的形状不变的孤立波解。1965 年，美国贝尔实验室的物理学家 N. Zabusky 和数学家 M. D. Kruskal 在研究等离子体孤立波的碰撞过程时发现：孤立波在相互碰撞后，除相位外，仍然保持其形状、幅度和速度不变，并遵循动量和能量守恒定律，类似于粒子的特性，故被称为光孤子。光孤子与其他同类光孤子相遇后，能维持其幅度、形状和速度不变。

7.3.1 光孤子的形成

在光强较弱的情况下，光纤介质的折射率 n 是常数，即 n 不随光强变化。但是，在强光作用下，光纤的折射率不再是常数，折射率增量正比于光场的平方。因为折射率与相位之间存在确定的关系，所以光纤中的光强变化就会引起光纤中光信号的相位变化。由于相位与频率之间又有确定关系，故光纤中光强的变化将会造成光信号的频率出现变化，而频率的变化又使得光信号传播速度变化。

由于一个光脉冲的前沿光强增大，将会引起光纤中光信号的相位增大，随之造成光信号频率的降低，进而使光纤中光脉冲信号的脉冲前沿传输速度降低。而脉冲的后沿，光强是减弱的，脉冲后沿的传播速度加快。这就是说，强光的一个光脉冲前沿传播得慢，后沿传播得快，两种作用联合起来，结果使光脉冲变窄了。这种变窄的效果，是在强光作用下光纤非线性效应产生的。

如果所传信号是强的光脉冲，则光纤非线性效应使脉冲变窄的作用正好补偿了由于色散效应使脉冲展宽的影响，那么，这种光脉冲信号在光纤的传输过程中将不产生畸变，光脉冲波就像一个孤立的粒子那样传输。

7.3.2　光孤子通信系统的构成

在光纤通信中用光孤子来传输信息，即为光孤子通信。光孤子通信系统结构如图 7-3-1 所示，原则上，在光纤通信系统的发送端用孤子激光器产生 10^{-12}s 的超短光脉冲，例如光功率有 15mW，在传输途径上，每隔一段距离，例如几十千米加一个 EDFA，或泵浦激光器等设备以补偿光信号在传输过程中的损耗，保持足够的信号光强。这样就可实现用光孤子进行高速、长距离地传输。

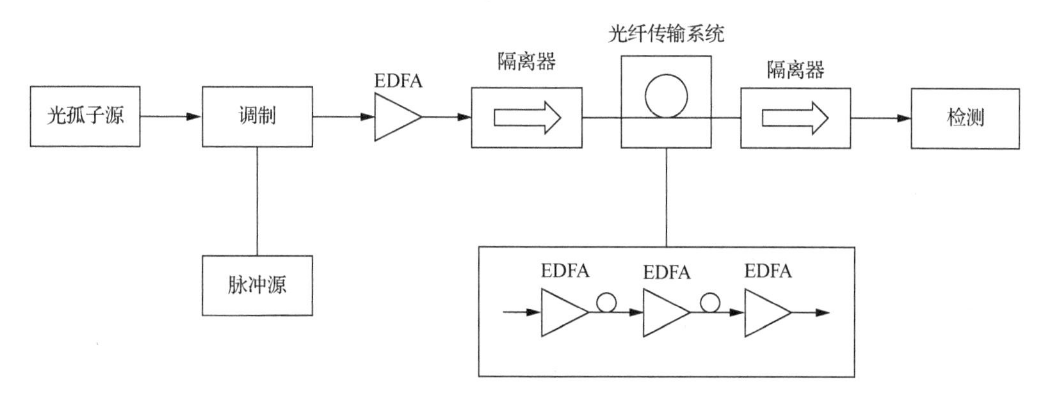

图 7-3-1　光孤子通信系统的构成

7.3.3　常见的光孤子源

光孤子在光纤中的传输过程需要解决如下问题：光纤损耗对光孤子传输的影响、光孤子之间的相互作用、高阶色散效应对光孤子传输的影响及单模光纤中的双折射现象等。由此需要涉及的技术主要如下：①适合光孤子传输的光纤技术。②研究特定光纤参数条件下光孤子传输的有效距离，由此确定能量补充的中继距离，这样的研究通常导致新型光纤的产生。③光孤子源技术，根据理论分析，只有当输出的光脉冲为严格的双曲正割形，且振幅满足一定的条件时，光孤子才能在光纤中稳定地传输。④利用 DFB 型激光器或锁模 LD 获得体积小、重复频率高的光孤子源。⑤光孤子放大技术，全光孤子放大器对光信号可以直接放大，避免了目前全光通信系统中光-电-光的转换模式。它既可以作为光端机的前置放大器，又可以作为全光中继器，是光孤子通信系统极为重要的器件。光放大被认为是全光孤子通信的核心问题。⑥光孤子开关技术，在设计全光开关时，采用光孤子脉冲作为输入信号可使整个设计达到优化。光孤子开关的最大特点是开关速度快，可达 10^{-2}s 量级，开关转换率高达 100%，开关过程中光孤子的形状不发生改变，选择性能好。

7.4 光接入技术

7.4.1 光接入网概述

电信网络在传统上被划分为三个部分，即长途网（长途端局以上部分）、中继网（长途端局与市局或市局之间的部分）、用户接入网（端局与用户之间的部分）。如今，更倾向于将长途网和中继网放在一起，称为 CN。将余下部分称为 AN 或用户环路，它主要用来完成用户接入核心网的任务，如图 7-4-1 所示。

图 7-4-1 核心网与用户接入网示意图

SNI 表示业务节点接口（service node interface）；UNI 表示用户-网络接口（user-network interface）

接入网是电信网络的组成部分，负责将电信业务透明地传送到用户，或者说，用户通过接入网能灵活地接入不同的电信业务节点上。具体就电话业务而言，接入网为本地交换机与用户之间的连接部分。

1. 光接入网的基本概念和结构

光接入网（optical access network, OAN）就是采用光纤传输技术接入网，泛指本地交换机或远端模块与用户之间采用光纤通信或部分采用光纤通信的系统。

根据接入网室外传输设施中是否含有源设备，光接入网又可以划分为无源光网络（passive optical network, PON）和有源光网络（active optical network, AON）。前者采用无源光分路器（passive optical splitter, POS）分路，后者采用电复用器分路，两者均在发展，但多数国家和 ITU-T 更注重推动 PON 的发展，ITU-T 第 15 研究组已于 1996 年 6 月通过了第一个有关 PON 的国际标准，即 G.982 建议。本节主要介绍 PON 组网技术。

ITU-T 的 G.982 建议提出了一个与业务和应用无关的光接入网功能参考配置示例，如图 7-4-2 所示。图中的参考配置以无源光网络为例。从给定的网络接口（V 接口）到单个用户接口（T 接口）之间的传输手段的总和称为光接入链路。

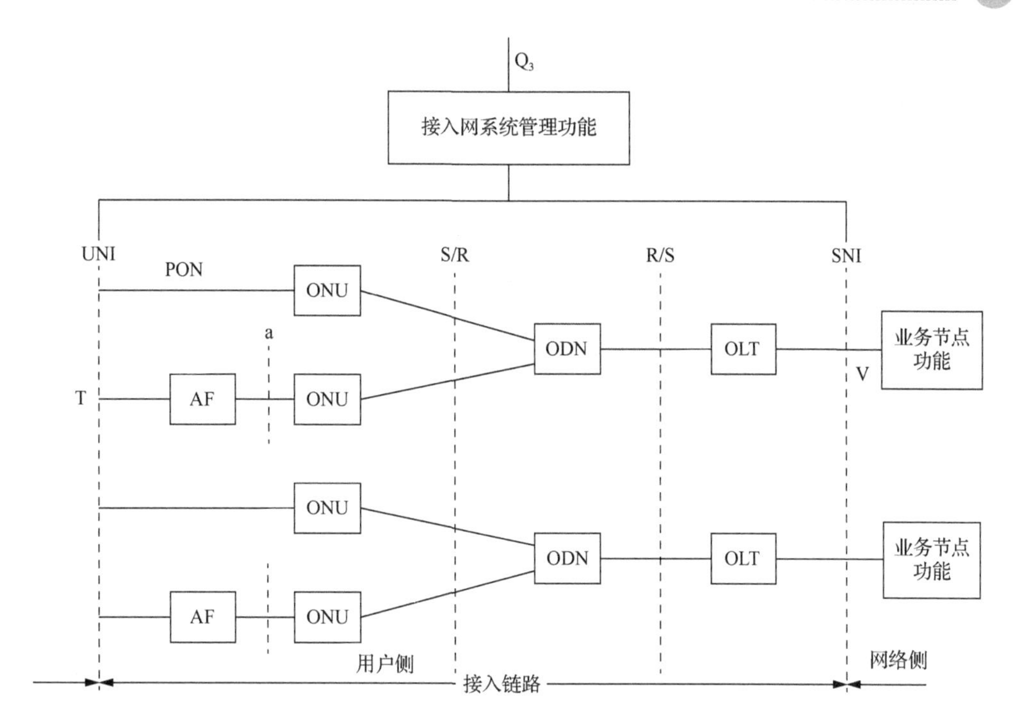

图 7-4-2　光接入网功能的参考配置

在图 7-4-2 中，光线路终端（optical line terminal, OLT）的作用是为光接入网提供网络侧与本地交换机之间的接口并经一个或多个光分配网络（optical distribution network, ODN）与用户侧的光网络单元（optical network unit, ONU）通信，OLT 与 ONU 的关系为主从通信关系。OLT 可以分离交换和非交换业务，管理来自 ONU 的信令和监控信息，为 ONU 和本身提供维护和供给功能。OLT 在物理上可以是独立的设备，也可以与其他功能集成在一个设备内。

ODN 为 OLT 与 ONU 之间提供光传输手段，其主要功能是完成光信号功率的分配。ODN 是由光纤/光缆、光连接器和 POS 等无源光元件组成的无源光配线网，多呈树形分支结构。

ONU 的作用是为光接入网提供直接或远端的用户侧接口，处于 ODN 的用户侧。ONU 的主要功能是终结来自 ONU 的光纤、处理光信号并为多个小企业用户和居民住宅用户提供业务接口。ONU 的网络侧是光接口而用户侧是电接口，因此 ONU 需要有光/电和电/光转换功能，还要完成对话音信号的数/模和模/数转换、复用、信令处理和维护管理功能。其位置具有很大灵活性，既可以设置在用户住宅处，也可以设置在分线盒（junction box, JB）处甚至交接箱（transfer box, TB）处。按照 ONU 在用户接入网中所处的不同位置，可以将光接入网划分为三种基本应用类型，即光纤到路边（fiber to the curb, FTTC）、光纤到楼（fiber to the building, FTTB）、光纤到办公室（fiber to the office, FTTO）和光纤到家（fiber to the home, FTTH）。

适配功能（adaptation function, AF）模块为 ONU 和用户设备提供适配功能，具体物理实现则既可以包含在 ONU 内，也可以完全独立。

发送参考点 S 是紧靠在光发射机（ONU 或 OLT）光连接器后的光纤点；接收参考点 R 是紧靠在光接收机（OLT 或 ONU）光连接器前的光纤点；参考点 a 是 ONU 与 AF

之间的参考点；参考点 V 是用户接入网与业务节点间的参考点；参考点 T 是用户网络接口参考点；Q_3 是网管接口。

2. 光接入网的应用类型

按照 ONU 在光接入网中所处的具体位置不同，可以将光接入网划分为三种基本不同的应用类型，如图 7-4-3 所示。

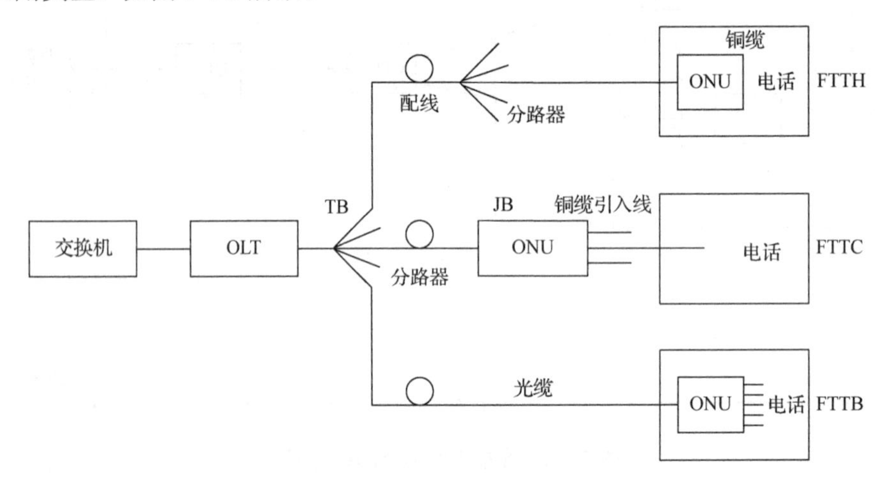

图 7-4-3　光接入网的应用类型

在 FTTC 结构中，ONU 设置在路边的入孔或电线杆上的 JB 处，有时也可能设置在 TB 处，但通常为前者。此时，从 ONU 到各个用户之间的部分仍为双绞线铜缆。若要传送宽带图像业务，则这一部分可能需要同轴电缆。FTTC 结构主要适用于点到点或点到多点的树型分支拓扑，用户为居民住宅用户和小企业用户，典型用户数在 128 个以下。还有一种称为光纤到远端（fiber to the rural, FTTR）的结构，实际是 FTTC 的一种变型，只是将 ONU 的位置移到远离用户的远端处，可以服务更多的用户（多于 256 个），从而降低了成本。

FTTB 也可以看作是 FTTC 的一种变型，不同之处在于将 ONU 直接放到楼内（通常为居民住宅公寓或小企业单位办公楼），再经多对双绞线将业务分送给各个用户。FTTB 是一种点到多点结构，通常不用于点到点结构。FTTB 的光纤化程度比 FTTC 更高，光纤已铺设到楼，因而更适于高密度用户区，也更接近于长远发展目标。预计 FTTB 的应用会越来越广泛，特别是那些新建工业区或居民楼及与宽带传输系统共处一地的场合。

在原来的 FTTC 结构中，如果将设置在路边的 ONU 换成 POS，然后将 ONU 移到用户家即为 FTTH 结构。如果将 ONU 放在大企业用户（公司、大学、研究所、政府机关等）终端设备处并能提供一定范围灵活的业务，则构成所谓的 FTTO 结构。由于大企业单位所需业务量大，因而 FTTO 结构成本较低，发展很快。考虑到 FTTO 也是一种纯光纤连接网络，因而可以归入与 FTTH 一类的结构。然而，由于两者的应用场合不同，所以结构特点也不同。FTTO 主要用于大企业用户，业务量需求大，因而在结构上适用点到点或环型结构。FTTH 用于居民住宅用户，业务量需求很小，因而经济的结构必须是点到多点方式。总体而言，FTTH 结构是一种全光纤网，即从本地交换机一直到用户全部为光纤连接，中间没有任何铜缆，也没有有源电子设备，是真正全透明的网络。

由于 FTTH 的整个用户接入网是全透明光网络，因而对传输制式、带宽、波长和传输技术没有任何限制，适于引入新业务，是一种最理想的业务透明网络，是用户接入网发展的长远目标。

3. 光接入网的拓扑结构

传输线路和节点的几何排列图形，即网络的拓扑结构对网络的功能、造价和可靠性等具有重要的影响。通信网通常有三种基本结构：星形、总线形和环形。光接入网在具体应用上可以是上述三种基本结构，如图 7-4-4 所示，也可以是由这三种基本结构派生出来的变型或复合型结构。它们各有各的特点，可相互补充。

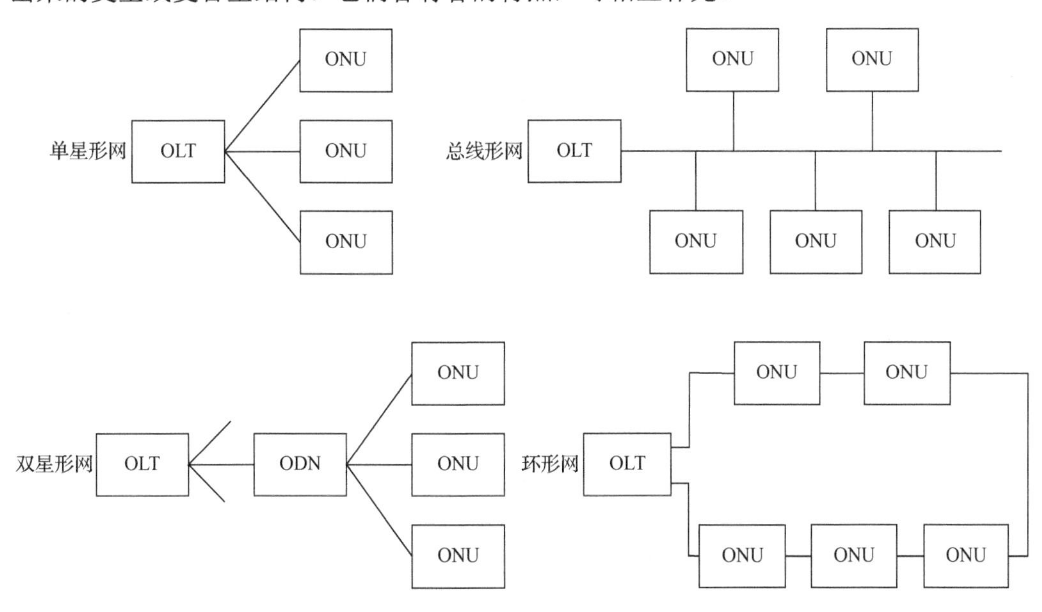

图 7-4-4 光接入网的拓扑结构

7.4.2 基于以太网的无源光网络

1996 年，光纤通信 13 家大型网络运营商同它们的主要设备商组成了全业务接入网（Full Service Access Network, FSAN）论坛联盟，其目的是要共同定义一个通用的 PON 设备标准。FSAN 论坛联盟努力的第一个结果是 15Mbit/s 的 PON 系统技术规范，它采用 ATM 作为传输协议，被称为异步传输模式无源光网络（ATM passive optical network, APON），该格式被 ITU-T 采纳，成为 ITU-T 的 G.983 系列标准。随着网络业务种类和流量的迅速发展，APON 标准后来得到了加强，可支持 622Mbit/s 的传输速率，同时加上了动态带宽分配、保护等功能，能提供以太网接入、视频发送、高速租用线路等业务。2001 年底，FSAN 论坛联盟将 APON 改名为宽带无源光网络（broadband passive optical network, BPON），意为“宽带的 PON”，原因是 APON 容易让人误解为它只能提供 ATM 业务。

2000 年 12 月，美国电气电子工程师协会（Institute of Electrical and Electronics Engineers, IEEE）IEEE 802.3 第一英里以太网（Ethernet in the First Mile, EFM）研究组成

立，开始致力于开发可广泛应用于接入网市场的以太网协议标准，与此相对应的是，业界有 21 个网络设备制造商发起成立了第一英里以太网联盟（Ethernet in the First Mile Alliance, EFMA）。协议标准包括实现 Gbit/s 以太网点到多点的光传送方案，即以太网无源光网络（Ethernet passive optical network, EPON）。与 APON 相比，EPON 具有更宽的带宽、更低的费用和更灵活的业务功能。

实际上，FSAN 论坛联盟在 2001 年 1 月差不多在 EFMA 提出 EPON 概念时，也开始了进行 1Gbit/s 以上速率的 PON 标准的研究工作。除了需要支持更高的比特速率外，FSAN 论坛联盟提出“对全部协议开放地进行完全彻底地重新考虑”的正确决定，努力寻求一种最佳且支持全业务又有最高效率的解决方案。2002 年 9 月，FSAN 论坛联盟提出了一种具有前所未有的高比特速率（最高 2.4Gbit/s）且能以原有格式和极高的效率（90%以上）传送多种业务（时分复用和数据）的光接入网、千兆级无源光网络（gigabit-capable passive optical network, GPON）解决方案。

2003 年 1 月，ITU-T 批准确立了 GPON 标准 G.984.1、G.984.2；2004 年，完成了 G.984.3 和 G.984.4 的标准化，从而最终形成了 GPON 的标准族。

目前，在 PON 领域中最重要的三种接入技术分别为 APON、EPON 和 GPON。其中，APON 因为 ATM 发展不顺而逐渐退出舞台。下文简单介绍 EPON 和 GPON 技术。

1. EPON 的网络拓扑结构

图 7-4-5 是 EPON 的系统结构示意图。由图可知，典型的 EPON 拓扑为树形结构，使用 1∶N 的光分路器。典型的 EPON 系统由 OLT、ONU、POS 组成。OLT 放在中心机房（central office, CO），它可以是一个 L2（第二层）交换机或者 L3（第三层）路由器。在下行方向，它提供面向无源光纤网络的光纤接口；在上行方向，OLT 提供千兆以太网（gigabit Ethernet, GE）。10Gbit/s 的以太网技术标准定型后，OLT 也支持类似的高速接口。为了支持其他流行的协议，OLT 还支持 ATM、FR 及 OC3/12/48/192 等速率的 SDH/SONET 的接口标准。OLT 通过支持 E1 接口实现传统的时分复用话音的接入。在 EPON 的统一网管方面，OLT 是主要的控制中心，实现网络管理的五大功能，如在 OLT 上通过定义用户带宽参数控制用户业务质量，通过编写访问控制列表实现网络安全控制，通过读取管理信息库（management information base, MIB）获取系统状态及用户状态信息等，还能提供有效的用户隔离。POS 是连接 OLT 和 ONU 的无源设备，功能是分发下行数据和集中上行数据。无源分光器的部署相当灵活。由于是无源操作，几乎可以适应所有的环境。一个 POS 的分线率一般为 1∶64，并可以进行多级连接。ONU 放在用户驻地侧，EPON 中的 ONU 主要采用以太网协议，在中带宽和高带宽的 ONU 中实现了成本低廉的以太网第二层交换甚至是第三层路由功能。这种类型的 ONU 可以通过堆叠为多个最终用户提供很高的共享带宽。由于使用以太网协议，在通信的过程中就不再需要协议转换即可实现 ONU 对用户数据的透明传送，在 OLT 到 ONU 之间可以实现高速的数据转发。

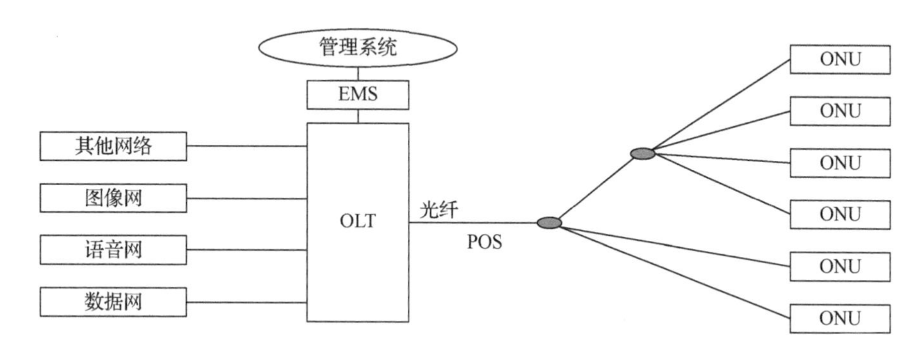

图 7-4-5 EPON 的系统结构示意图

2. EPON 的工作原理

IEEE 802.3 标准定义了两种基本的以太网配置，一种是利用载波碰撞检测多址协议在共享媒体上建网，另一种是利用全双工链路通过一个交换机连接个人计算机。EPON既不能被视作共享媒体，也不能被视作点到点网络，它是两者的组合。

在 EPON 中，下行方向采用时分复用方式传输，Ethernet 帧由 OLT 通过 1∶N 的无源分路器传输给各个 ONU，分路比在 1∶4 到 1∶64 之间。由于以太网本质上就是一种广播网，所以在下行方向上，EPON 的结构非常适合这种广播方式，类似点到多点（point to multipoint, P2MP）网络。OLT 将数据包以广播的方式传输出去，由各个 ONU 监测到达帧的媒体访问控制（media access control, MAC）地址来决定是否接收该帧，如果该帧的 MAC 地址与其 MAC 地址相同则接收，反之则丢弃，如图 7-4-6 所示。

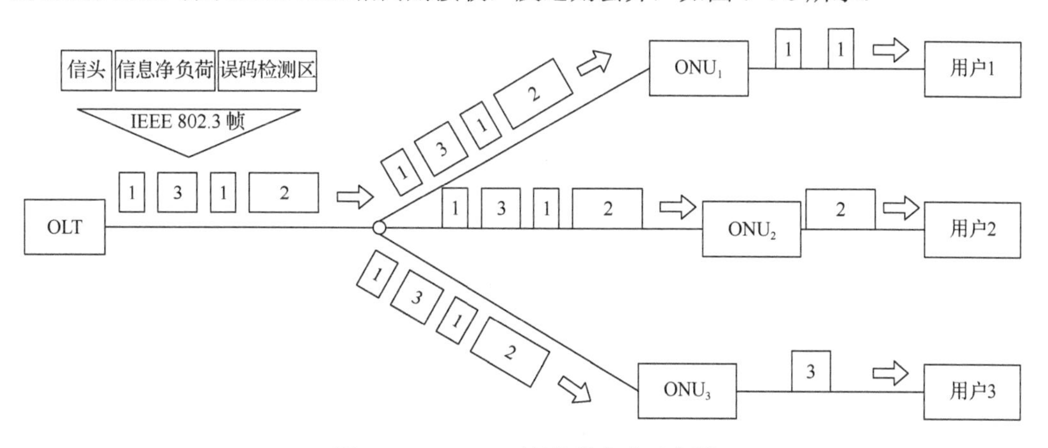

图 7-4-6 EPON 下行传输方式示意图

上行方向多个 ONU 共享干线信道容量和信道资源：各个 ONU 的数据帧通过复用方式传至 OLT。由于 POS 的定向性，各个 ONU 的数据帧只能到达 OLT，而不是到达其他的 ONU。在此种意义上而言，EPON 在上行方向上类似于点到点网，但它与点到点网不同。来自不同 ONU 上行数据流可能会发生碰撞，因此必须为它找到一种合适的多址接入技术以避免数据碰撞，使 ONU 合理地共享干线光纤的信道容量和资源，如图 7-4-7 所示。

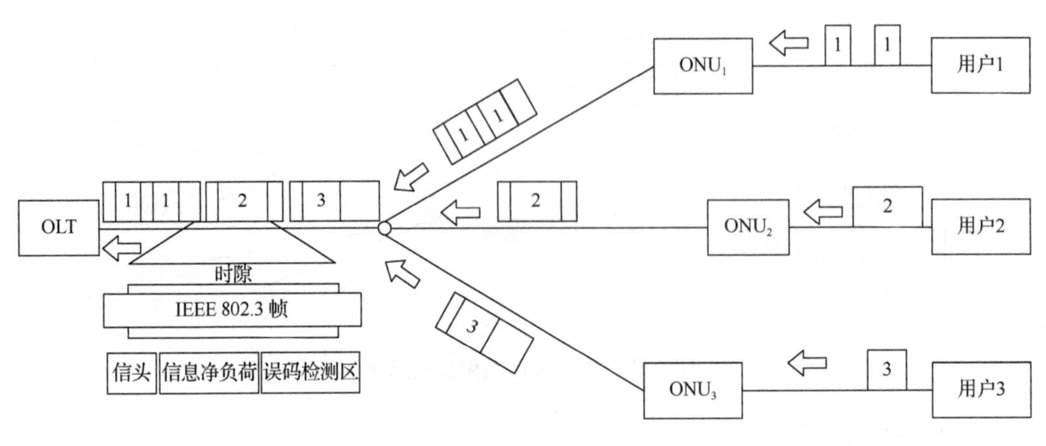

图 7-4-7　EPON 上行传输方式示意图

3. EPON 中的组帧方式

EPON 系统采用全双工方式，上/下行信息通过波分复用器在同一根光纤上传输。EPON 可以支持 1.25Gbit/s 对称速率，将来速率还能升级到 10Gbit/s。EPON 下行帧周期为 2ms，每帧开头是长度为 1 字节的同步标识符，用于 OLT 与 ONU 之间的时钟同步，随后是长度不同的数据包。这些数据包按照 IEEE 802.3 协议组成，每个数据包包括信头、长度可变的信息净负荷和误码检测区三部分。EPON 上行帧周期也为 2ms，每帧包含许多可变长度的时隙，每个 ONU 分配一个，用于向 OLT 发送上行数据。上/下行帧结构如图 7-4-8 所示。以太分组的最大长度为 1518 字节，造成的浪费最大可达 1517 字节。

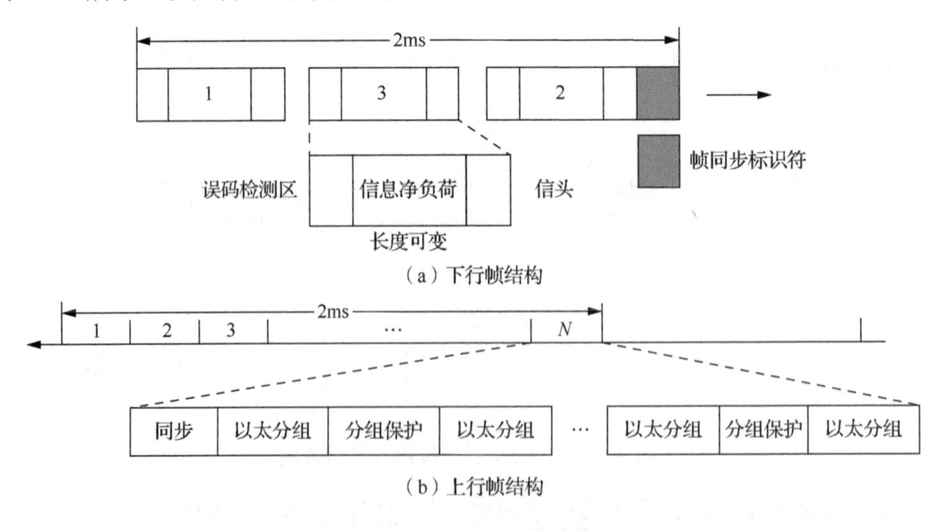

图 7-4-8　上/下行帧结构

以太网标准 IEEE 802.3ae 已经发布，意味着以太网可进入城域网和广域网领域。用于局域网的 10 GBASE-T 和 10 GBASE-CX4 的补充标准也已经在 2002 年底启动，如果接入网也采用电信运营级的以太网技术 EPON，则将形成从局域网、接入网、城域网到广域网全部是以太网的结构，可以大大提高整个网络的运行效率。

7.4.3　千兆级无源光网络

GPON 也就是吉比特 PON 融合了 ATM 和以太网的特征，提供更高效率和更加灵活的网络应用。GPON 的下行速率为 2.5Gbit/s，上行速率为 1.25Gbit/s，以 ITU-T 的 G.984.1 到 G.984.6 系列规范为基础。GPON 提供宽带因特网服务、ATM、时分复用和以太网业务流，通常是 32 个用户分享带宽。

1. GPON 特性

首先，GPON 必须是全业务网络，也就是说它能承载所有类型的业务，包括 10Mbit/s 和 100Mbit/s 以太网、模拟电话、T1/E1 数字业务（T1/E1 代表两种数据传输速率标准）、ATM 分组和更高速的租用线业务流。从 OLT 到 ONT 下行业务流，数据速率既可以对称，也可以不对称。不对称则意味着从 OLT 到 ONT 的下行传输速率更高。服务提供商以较低的上行速率到 GPON，下行业务流的速率则要高得多。如用户使用 IP 数据服务，以较低的速率通过因特网上行浏览网页或发送邮件，而以高速率下载大型文件。

GPON 的设计目标如下：①提供灵活的（622Mbit/s 到 2.5Gbit/s 速率）帧结构及异步速率支持。②为任何服务类型提供较高的带宽利用率。③在 125μs 的帧周期内将任意类型的业务进行封装。④对于原有的时分复用通信提供较高的传输效率。⑤系统分光比为 1∶16、1∶32 或 1∶64，最大可支持的分光比为 1∶128。⑥利用带宽映射（指针）为每个 ONU 的上行带宽提供动态分配。

2. GPON 网络结构

与所有的 PON 系统一样，GPON 由 ONU、OLT 和无源器件组成，网络结构如图 7-4-9 所示。

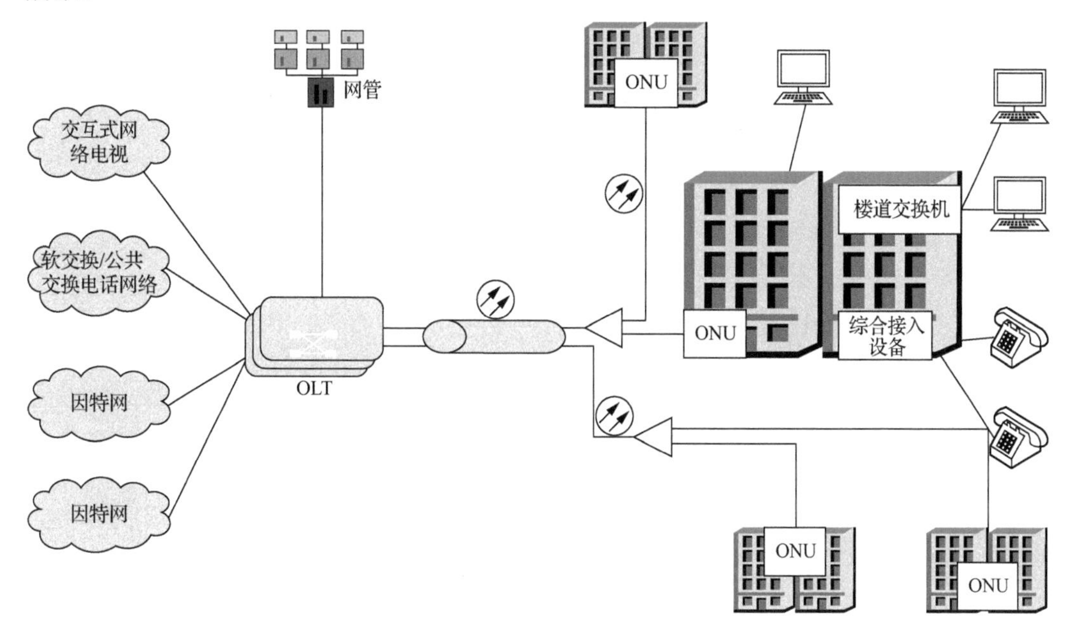

图 7-4-9　GPON 的网络结构图

其中，OLT为接入网提供网络侧与核心网之间的接口，并通过ODN与用户侧各ONU连接。作为GPON系统的核心功能设备，OLT具有集中带宽分配、控制各ONU、实时监控、运行维护管理整个GPON系统的功能。ONU为接入网提供用户侧的接口，提供话音、数据、视频等多业务流与OND的接入，并受OLT集中控制。ODN为无源的光接入网承载ONU与OLT之间的业务。

总之，面对未来运营商的多种需求，GPON技术以其特有的技术特征已经成为宽带接入强有力的技术支撑。

■ 习题

1. 波分复用的原理是什么？波分复用器件的核心器件是什么？
2. 波分复用技术与其他复用技术相比具有哪些优势？
3. 比较光交换三种方式：空分光交换、时分光交换和波分光交换。
4. 简述光孤子通信系统的构成和性能。
5. 介绍光接入网的原理与特点。
6. 解释EPON的工作原理。
7. 解释什么是GPON。

第8章

基于 OptiSystem 的光纤通信系统仿真

OptiSystem 是由加拿大 Optiwave 公司开发的面向光电器件和光纤通信系统设计及其性能测试的具有强大功能的软件设计工具包。在光纤通信工业中，低成本、高效率系统的成功设计至关重要。OptiSystem 可以在光纤通信系统、连接和元件的设计中最小化所需时间和降低成本。

OptiSystem 是一款基于实际光纤通信系统模型的系统级软件设计工具，集光网络系统中物理层光连接的设计、测试与优化等功能于一身，从长距离通信系统到局域网和城域网系统都可使用，具有强大的模拟环境和真实的元件和系统的分级定义。软件的性能可以通过附加的用户元件库和完整的界面进行扩展，从而成为一系列广泛使用的工具。OptiSystem 是用来对系统进行设计建模、动态仿真和分析的软件平台，其功能主要如下。

（1）OptiSystem 拥有全面的图形用户界面，可以控制光电器件的设计、系统模型的设计，高级的可视化工具可以演示波形、眼图等仿真结果。

（2）OptiSystem 拥有巨大的有源和无源器件库，各器件都可设计实际的、波长相关的参数。参数的扫描和优化允许用户研究特定的器件技术参数对系统性能的影响。

（3）OptiSystem 是应系统设计者、光纤通信工程师、研究人员和学术界的要求而设计的，满足了急速发展的光网络市场对一个强有力而易于使用的光系统设计工具的需求。

（4）OptiSystem 仿真平台带有多种设计工具的接口，在子系统级和器件级上，允许用户将其他 Optiwave 软件工具（OptiAmplifier, OptiBPM, OptiGrating 和 OptiFiber）集成使用，或者与第三方模拟工具如 MATLAB 或 SPICE 联合模拟。

8.1 OptiSystem 的安装与使用

8.1.1 应用程序安装

解压安装文件，在解压文件中打开 Install 文件夹，安装 setup.exe，按步骤安装，安装过程中会出现一个对话框，直接点击忽略，继续安装，直至安装成功。

选中 OptiSystem 软件图标，右键点击属性，选择兼容性，勾上以兼容模式运行这个程序，然后选择 Windows 11/Windows 10/Windows XP 后点击确定。

8.1.2 OptiSystem 软件的使用

1. 快速入门

开始—程序—Optiwave Software—OptiSystem7—OptiSystem，此时 OptiSystem 软件将被加载，用户端操作界面如图 8-1-1 所示。

图 8-1-1 用户端操作界面

2. 软件操作入门

载入一个简单文件，执行以下操作流程，我们可以实现文件的导入。步骤如下，从菜单栏中的 File 中选择 Open 选项；依次打开 OptiWave—OptiSystem—OptiSystem7.0—Samples—Introductory Tutorial，然后选择 Quick Start Direct Modulation.osd。这时，Direct Modulation 的样本文件将出现在主页面之上，如图 8-1-2 所示。

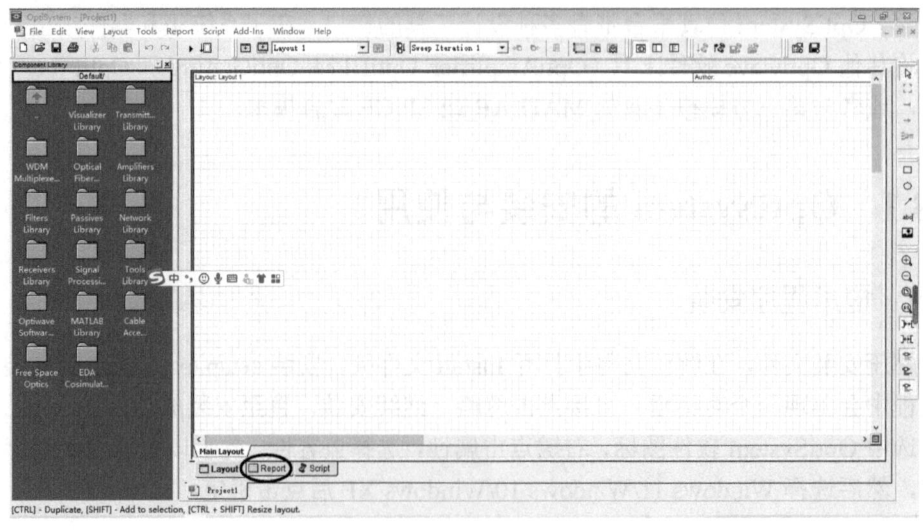

图 8-1-2 软件操作界面

点击图 8-1-2 中报告“Report”选项卡，得到图 8-1-3，左侧标注（圈出）位置的加号是可以点击开的，若是点击不开，则需要进行兼容性的改变，直至能够点击开。左上侧的标注是用来选取数据的，右上侧的标注是用来作图的，这两项将在后面详细介绍。

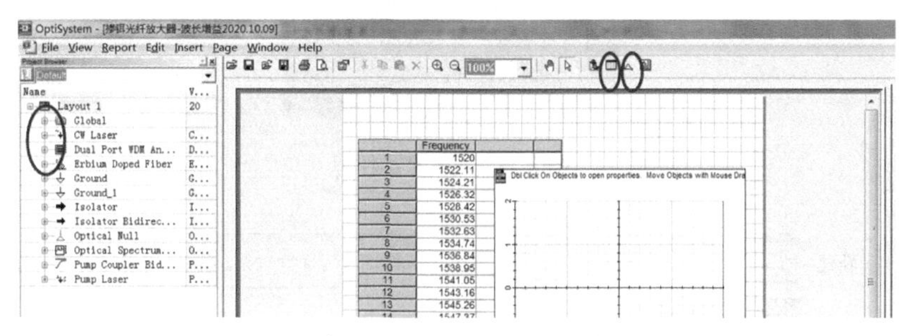

图 8-1-3　Report 界面视图

3. 运行仿真链路

对当前 Project Layout 中的文件进行运算仿真，需要经过以下步骤。

步骤操作：从 File 菜单中选择 Calculate—OptiSystem Calculation 对话框将出现在主页面之上。

在 OptiSystem Calculation 对话框中，点击运行 ▸ 按钮，此时，运算流程将显示在 Calculation Output 窗口中（图 8-1-4），此运算流程包括当前运算器件，已运算完成结果。

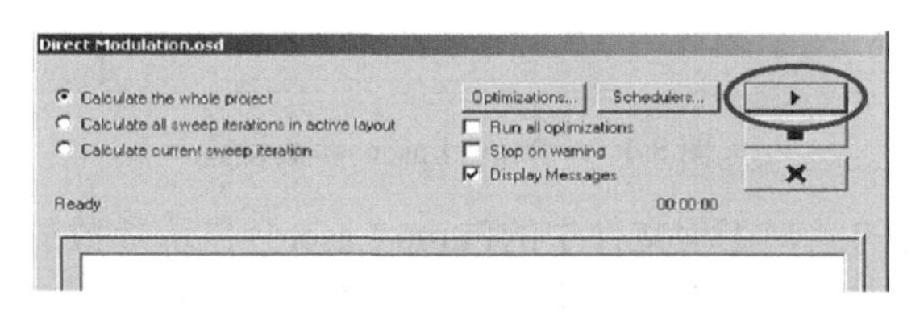

图 8-1-4　OptiSystem Calculation 对话框

4. 实验仿真实例

1）实验原理图搭建

打开 OptiSystem 软件，点击快捷键 New，新建一个工程文件，双击器件库，进入该库中得到图 8-1-5。常用器件都可以在库中找到。其中，1 主要是观测器件（Visualizer Library），如光谱分析仪（Optical Spectrum Analyzer），光时域反射计（Optical Time Domain Visualizer，OTDR），光功率计（Optical Power Meter）等光学观测器件，也包含电学观测器件，如示波器（Oscilloscope Visualizer），眼图分析仪（Eye Diagram Analyzer）；2 主要包括光源，调制解调器件等；3 主要有波分复用器件等；4 主要是光纤；5 主要是放大器，如 EDFA、SOA、RFA；6 是各种滤波器，并包括 FBG；7 主要包括衰减器，耦合器，隔离器等器件。在器件库中找到结构图中所需要的器件，拖拽到工程文件中，然后连线，得到如图 8-1-6 所示的掺铒光纤放大器原理图。

2）实验参数的设置

以泵浦激光器（Pump Laser）为例，介绍参数的设置：在工程文件中双击 Pump Laser 得到图 8-1-7。

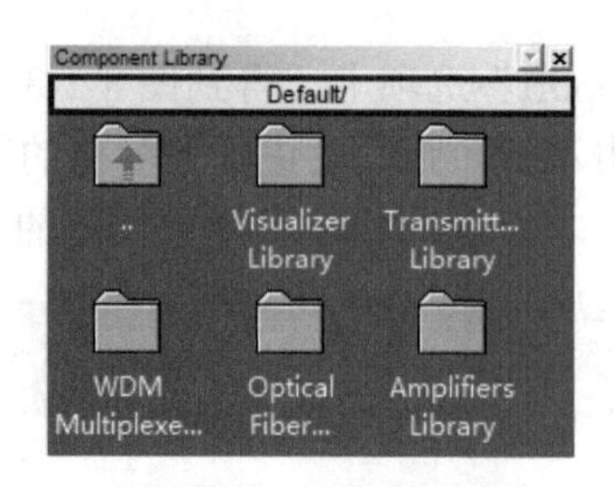

图 8-1-5　常用器件库

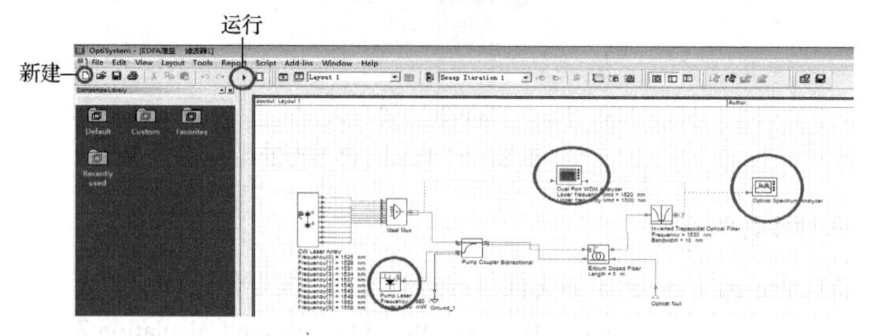

图 8-1-6　任务区所示原理图

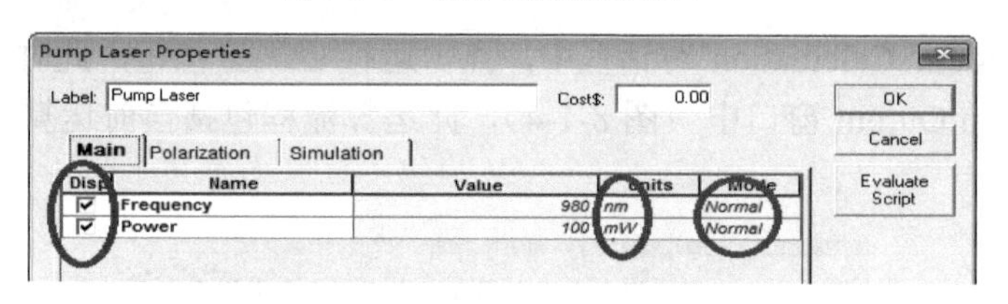

图 8-1-7　Pump Laser 参数设置

左侧标注处若是勾上，工程文件中的Pump Laser会显示参数的值，中间标注位置的单位是可以选择和改变的，右侧标注的选项可以选择图示选项，还可以选择频率输出模式中的扫描模式，这里以频率扫描功能为例讲解参数的设置，如图8-1-8所示。

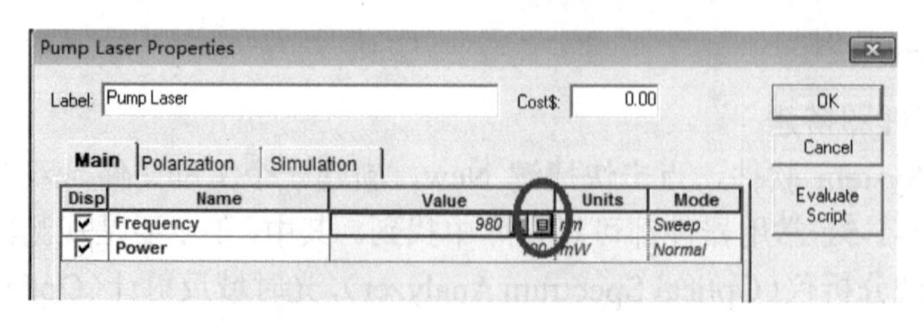

图 8-1-8　Pump Laser 波长输出设定

点击图8-1-8中标注处，然后选择确定，得到图8-1-9。

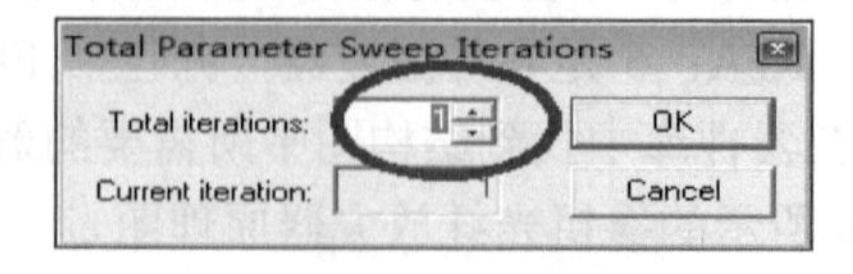

图 8-1-9　扫描迭代设置

图 8-1-9 中标注处选择大于 1 的数，此次以 20 次为例，输入 20 后点击“OK”按钮得到图 8-1-10。

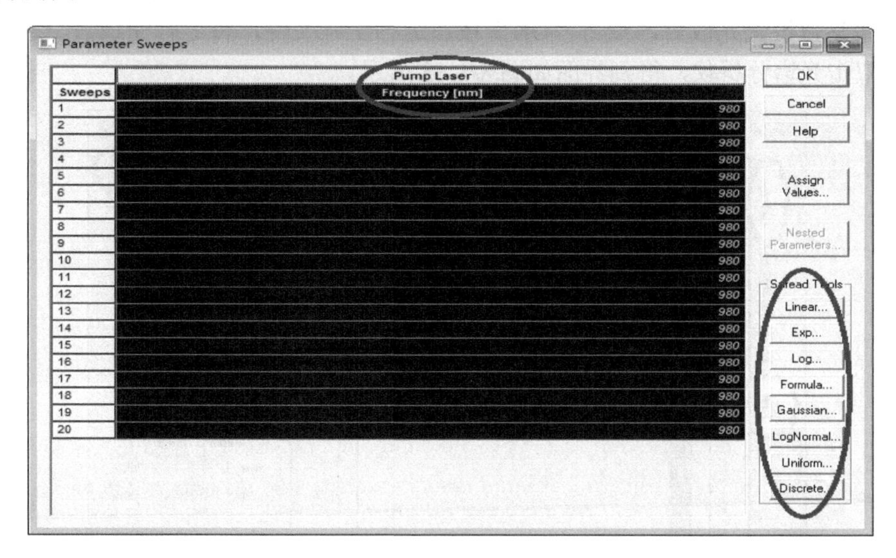

图 8-1-10　Pump Laser 输出波长设置

点击上面的标注“Pump Laser”，然后再选择右侧标注处的任意一个，此处以线性调节功能为例，也就是让参数在给定的区间内线性变化，点击“Linear”按钮后得到图 8-1-11。

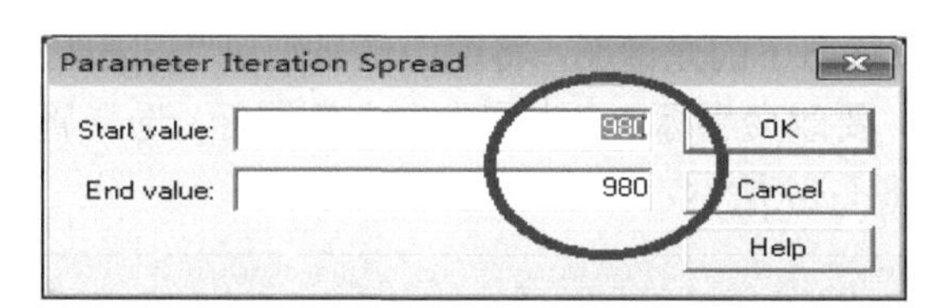

图 8-1-11　Pump Laser 输出波长定义

将图8-1-11中标注处的数据改为仿真所需要的数据如400、980，点击“OK”，得到了一个线性变化的数据，再点击“OK”按钮，这样就回到了上一界面，然后点击“OK”按钮，这样该器件的基本参数就设置完成了。其余需要改变参数的器件都是如此。

3）实验延迟

在双向组件的左边输入端的第一次迭代没有后向的信号，解决此种情况，需要加入延时。其简单的方法是在工程文件的任意处双击，得到界面如图 8-1-12 所示。

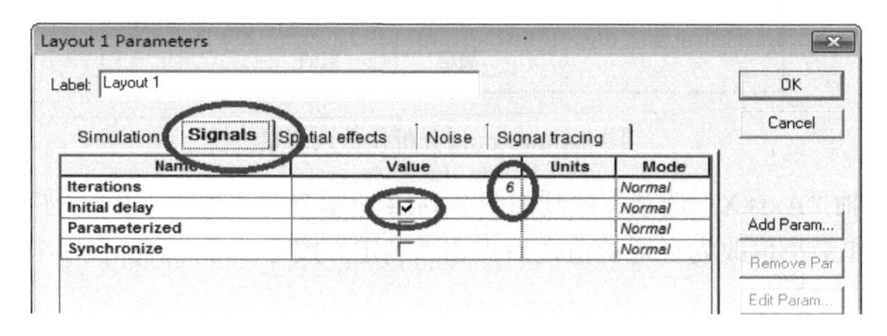

图 8-1-12　工程文件布局 1 参数

首先点击图 8-1-12 上侧的标注，然后把中间标注处的对号勾上，最后把右侧标注处的数字改成 6 或者其他数字，点击“OK”按钮后延迟就加上了。

实验参数设置完成后，点击“OK”按钮运行工程文件，待运行完成后，查看实验结果。双击光谱分析仪，得到界面如图 8-1-13 所示。

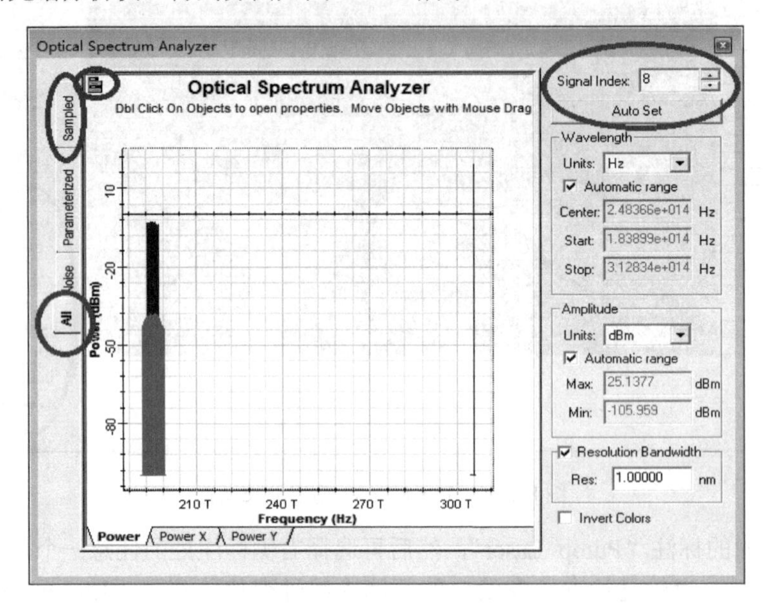

图 8-1-13　光谱分析仪输出界面

图 8-1-13 是 ALL 状态下的光谱图，将图中信号索引“Signal Index”选项调到最大，图中所示的图形偏小，要改变坐标，点击图中左上侧图标，选择属性“Properties”选项，进入属性界面，如图 8-1-14 所示。

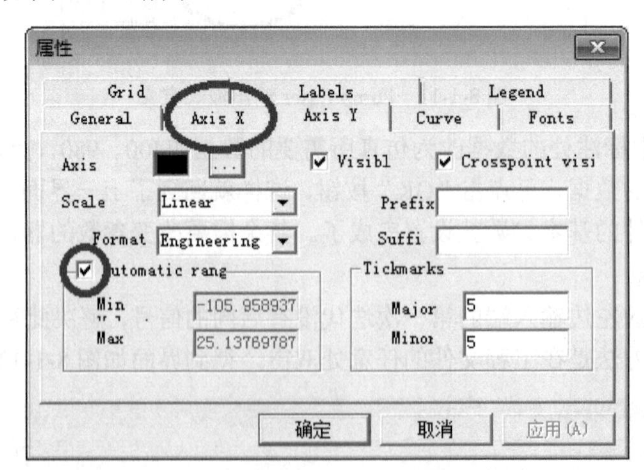

图 8-1-14　光谱分析仪参数调整

选择 X 轴“Axis X”选项，得到如图 8-1-14 所示界面，把图中标注的对号勾掉，然后把最大值和最小值改为合适的值之后点击“确定”按钮，可得到如图 8-1-15 所示的光谱图。

在属性对话框中，点击“Curve”选项后可以改变图中图形的颜色，点击“Fonts”

选项，可以改变光谱分析仪输出界面中题头及 X/Y 轴字体大小及字体等。这里对属性中的功能不再逐一介绍。

图 8-1-15 中取样“Sampled”选项是对信号光的取样，点击之后可得到信号光图谱。对图 8-1-15 中光谱图的存储选择左上侧图标中的打印到 BMP/EMF 文件“Print To BMP/EMF File”选项就可以保存光谱图。这里对左上侧图标中的其他功能不再逐一介绍。

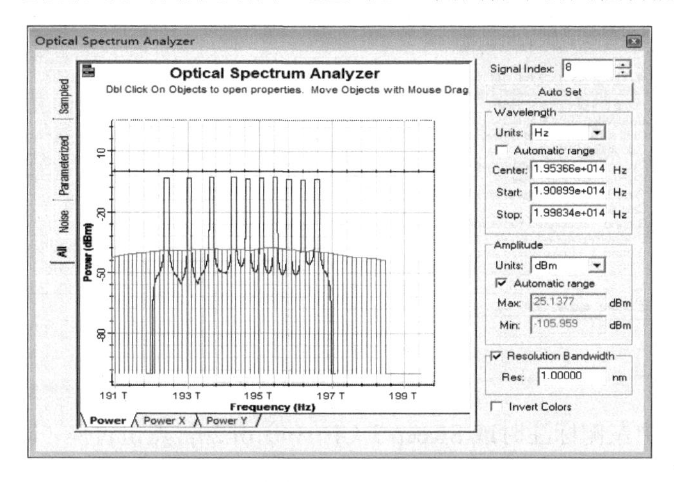

图 8-1-15　指定 Axis X 的输出光谱图

下面通过另一个例子来介绍报告“Report”选项卡的功能，其工程图如图 8-1-16 所示。

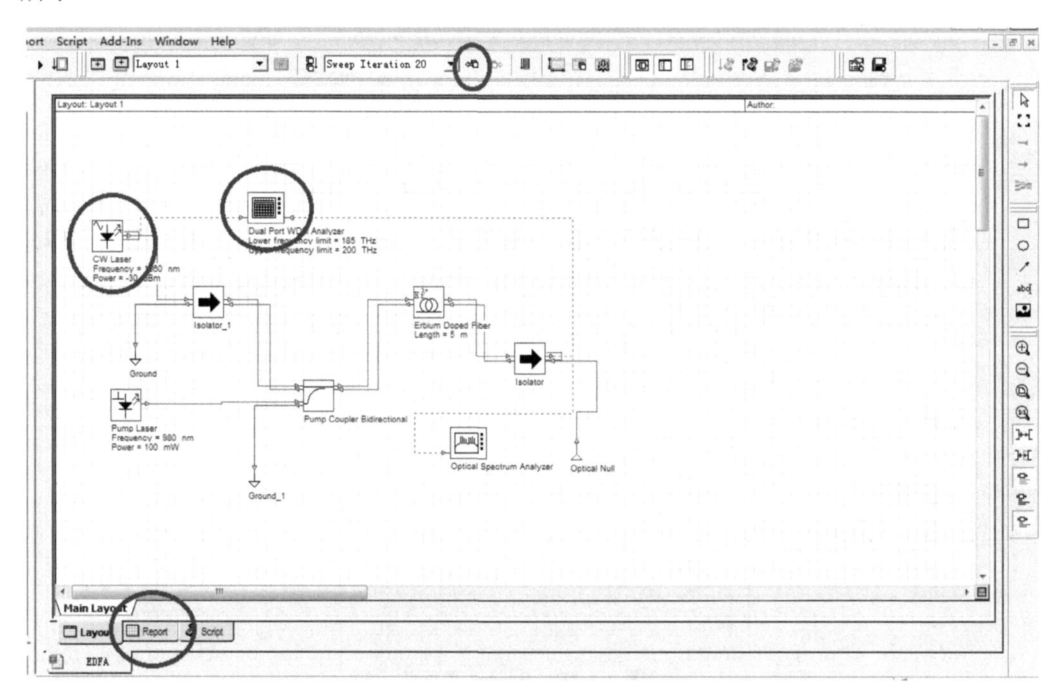

图 8-1-16　Report 的功能实现界面

图 8-1-16 中，CW Laser（连续波激光器）选择 Sweep 模式；延迟次数增加至 8，运行图示工程文件，得到图 8-1-17。

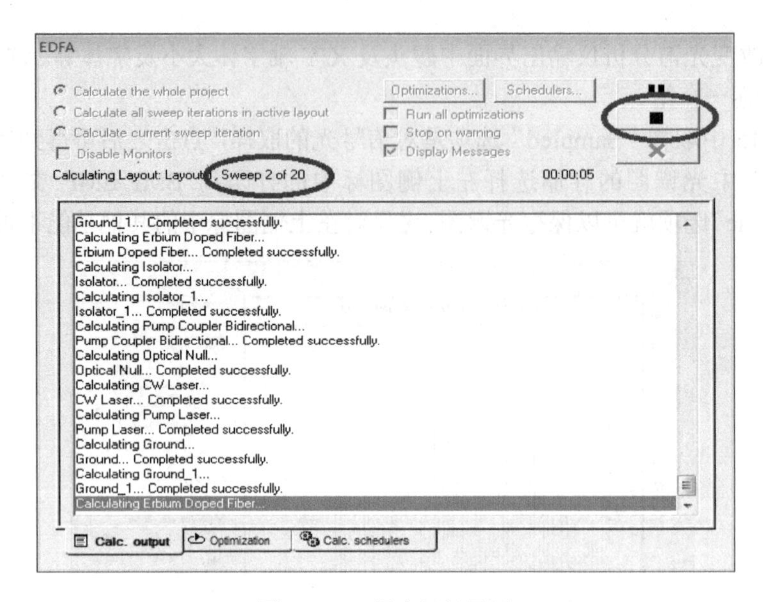

图 8-1-17 程序运行界面

当运行到图中左侧标注时或 Sweep 3（4……）of 20，点击暂停（即图右侧的标注）。点击图 8-1-16 中上侧标记的按钮至 1，双击 Dual Port WDM Analyzer（双通道波分复用分析仪），得到图 8-1-18。将图中标注处信号检索调到最大，然后再次点击运行，直至运行结束。

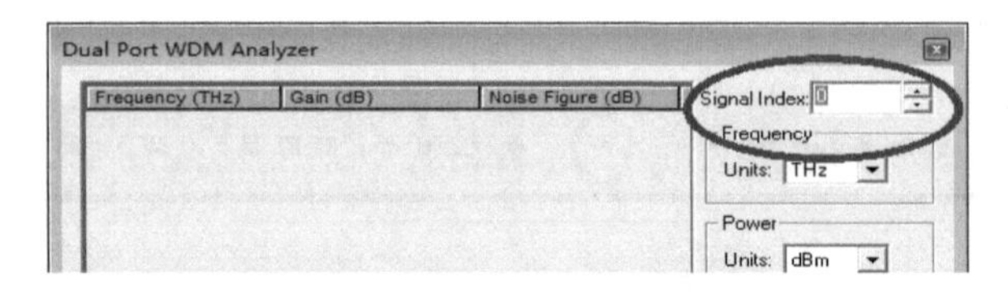

图 8-1-18 Dual Port WDM Analyzer 信号检索

工程文件运行结束后，点击图 8-1-16 中标注的“Report”选项卡，得到图 8-1-19。

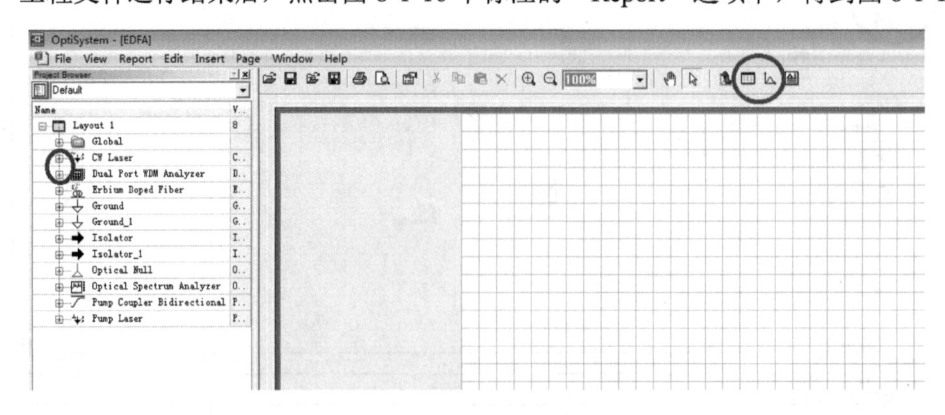

图 8-1-19 Report 界面

点击图 8-1-19 左侧标注的加号，然后分别点击右上侧的标注工作表、曲线图作图，得到图 8-1-20 中的表格和曲线图。

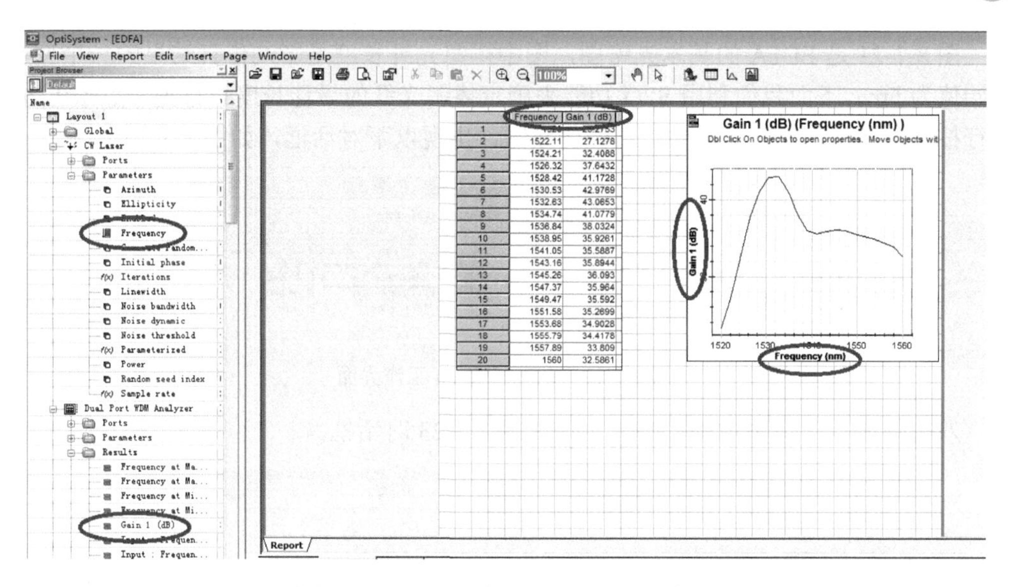

图 8-1-20　Report 作图、读取数据的实现

右侧所示的数据和曲线图是通过拖拽图 8-1-20 左侧的标注得到的。曲线图的保存方法与光谱分析仪中光谱图的保存方法一样，图中数据的取出步骤如下：点击表格，右键选择 Activate，然后将所有数据选中，右键选择 Copy，即可以粘贴到 Excel 表格中。

8.1.3　单变量参数优化功能

在一个已经搭建完毕的光路图中，某一元件参数值不同会导致最终仿真结果不同，如果想快速准确直接地得到某一元件参数的最佳值，就可以使用单变量参数优化功能。以图 8-1-21 为例，来展示单变量参数优化功能。

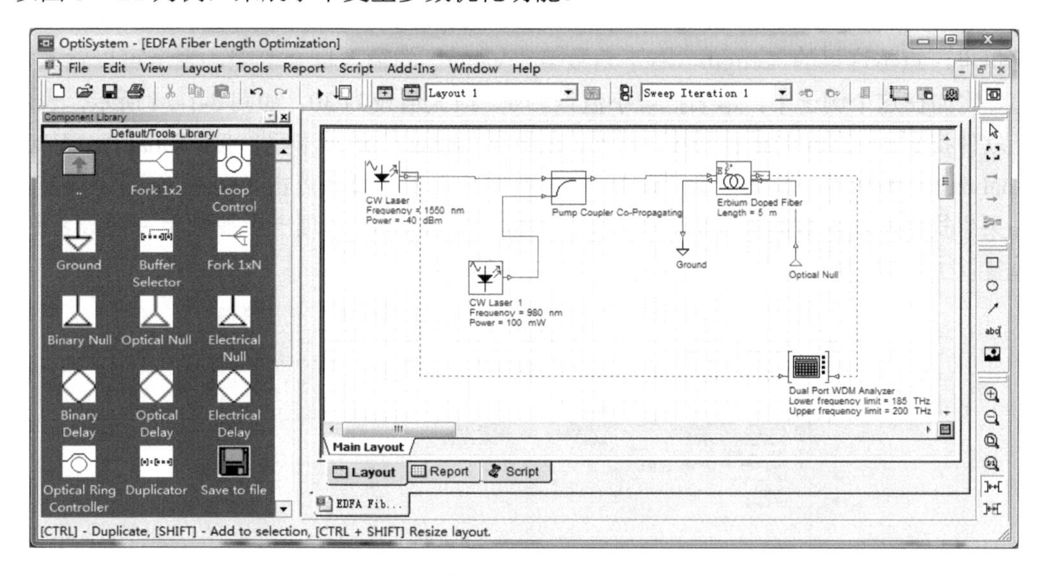

图 8-1-21　单变量参数优化功能原理图

图 8-1-21 是 EDFA 的基本光路图，图中掺铒光纤长度是影响仿真结果的一个变量，初始值为 5m。下面我们利用 SPO 功能来确定掺铒光纤的最佳长度：首先，点击上方的运行按钮，在弹出的对话框中点击优化按钮，出现以下对话框，如图 8-1-22 所示。

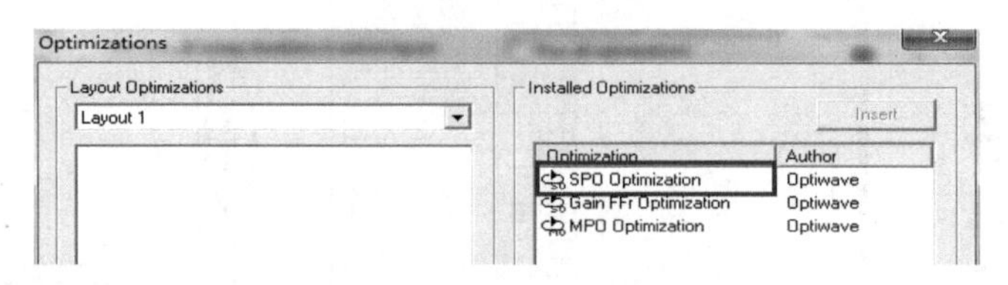

图 8-1-22　Optimization 工作界面

双击图 8-1-22 黑框内的部分，出现如图 8-1-23 对话框。

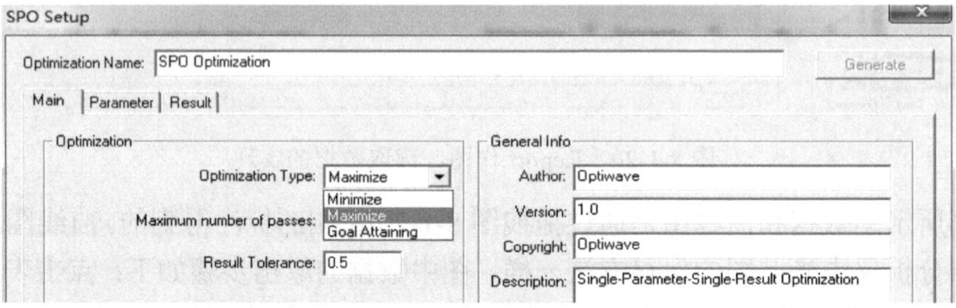

图 8-1-23　SPO 功能参数设定

图 8-1-23 中，首先在“Main”选项卡下，优化类型“Optimization Type”选项的下拉选项卡中选择 Maximize（最大化），在 Result Tolerance（结果容忍度）中把数值改为 0.1，这个数值越小结果相对越精确。

其次，在 Parameter（变量）选项卡中，找到 Erbium Doped Fiber，点击其左侧加号可以展开，下拉找到长度“Length”选项，双击，Length 就会出现在中间的选定“Selected”窗口里，点击这里的 Length，右下角数值“Value”的输入框会变亮，表示可以输入数值，比如在这个例子中，本书把最小值设为 1，最大值设为 30，如图 8-1-24 所示，表示让软件找到 1～30m 的最佳长度。再次，在结果“Result”选项卡里，点击 Dual Port Wdm Analyzer 左侧加号，找到增益“Gain1”参数并且双击，最后点击“OK”按钮。同理，如果想找到其他参数的最佳值，只需要在参数“Parameter”选项卡中找到相关参数名称，重复以上步骤即可。

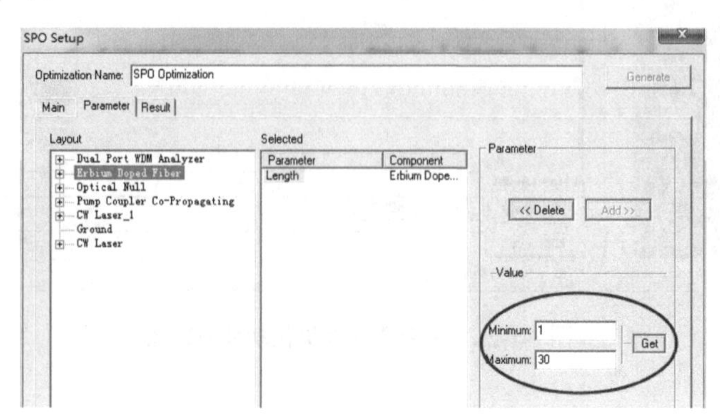

图 8-1-24　SPO 掺铒光纤长度范围设定

最后，点击运行按钮，把运行全部优化“Run all optimizations”选项勾上，如图 8-1-25 所示，点击运行，运行完毕之后，软件会显示运行结果和最佳数值。

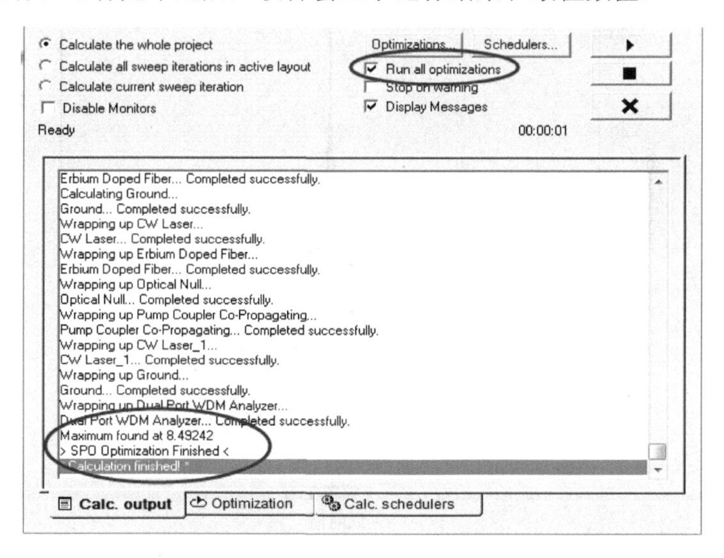

图 8-1-25　SPO 执行示意图

8.2　光纤器件性能仿真

8.2.1　无源器件输出特性测试

可以利用 OptiSystem 对无源器件进行测试，例如：测试 FBG 的透射、反射光谱，耦合器的分光比、插入损耗，波分复用器的波长复用特性，一方面利用 Optisystem 完成无源器件测试的演示。另一方面通过无源器件的测试熟悉 OptiSystem 软件的器件库。下面以 FBG、耦合器、波分复用器的测试为例介绍 OptiSystem 的一些功能。

1. FBG 的透射、反射光谱测试

FBG 的透射、反射光谱测试图如图 8-2-1 所示。利用激光器输出窄线宽激光，测试 FBG 的透射谱和反射谱，当 CW Laser（连续波激光器）输出波长与 FBG 的布拉格波长一致时，反射谱将有响应的波长高功率输出［图 8-2-2（a)］，透射谱输出光功率较小［图 8-2-2（b)］。当激光器输出波长与 FBG 的布拉格波长不一致时，反射谱响应较弱，透射谱有激光大功率输出。

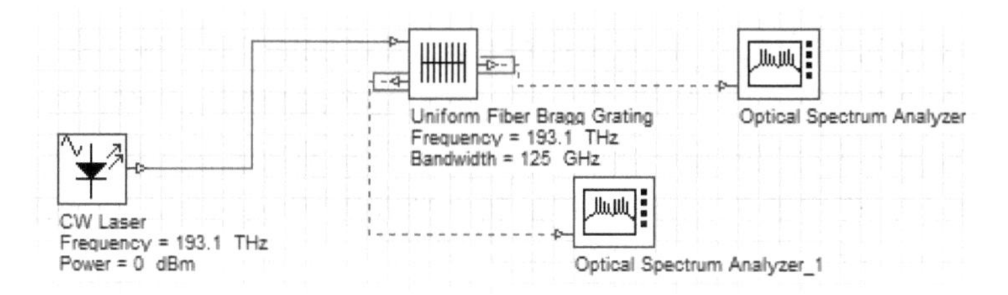

图 8-2-1　FBG 的透射、反射光谱测试图

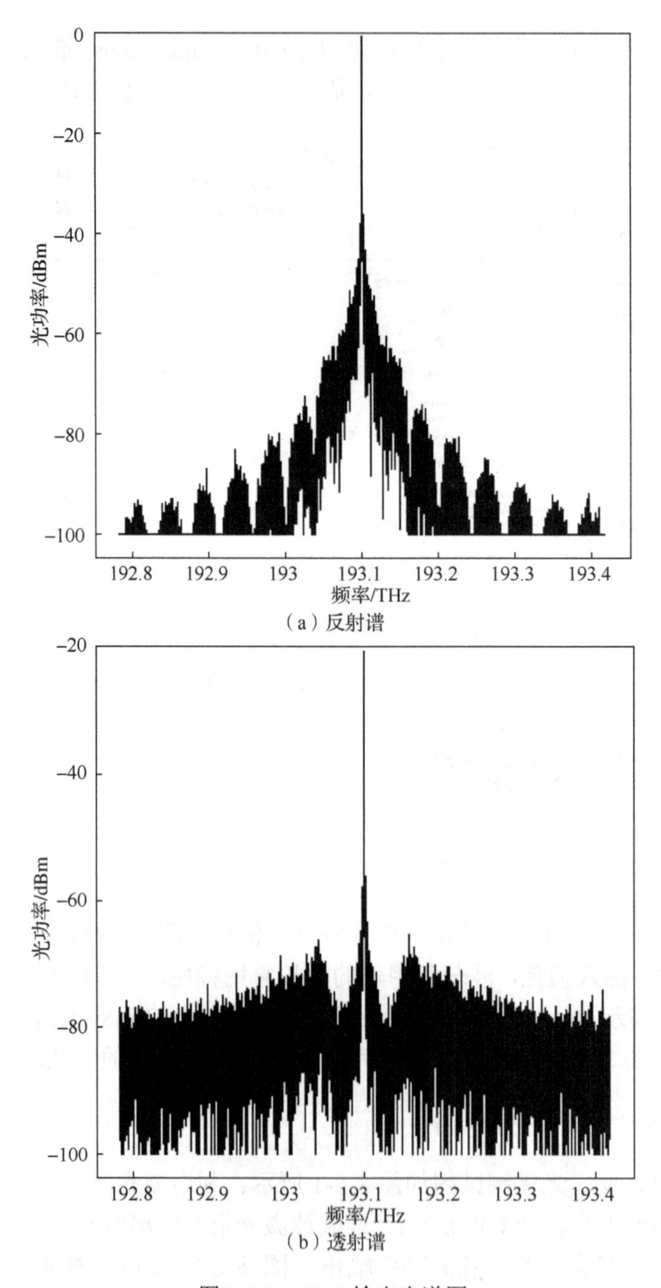

（a）反射谱

（b）透射谱

图 8-2-2 FBG 输出光谱图

2. 耦合器的分光比

根据耦合器分光比的概念，测试 X 形耦合器“X-coupler”两个输出端口的输出功率，搭建测试图如图 8-2-3 所示。利用功率计测试耦合器各端口输出功率。对于某些含双向端口的器件，检查是否有空闲输出端口，如果不进行接地或者输入端口没有连接光学零位“Optical Null”，程序将无法运行。接地和光学零位“Optical Null”这两个器件可以在器件库的工具库“Tools Library”中找到。

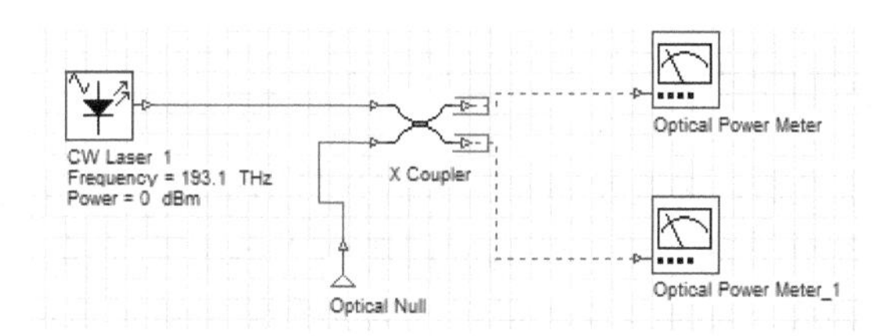

图 8-2-3　耦合器分光比测试图

3. 波分复用器的波长复用特性测试

波分复用器是波长复用技术中的关键器件，搭建测试图如图 8-2-4 所示。分别输入两束不同频率的激光——193.1THz、193.6THz，将波分复用的通道参数与激光器调成一致，如图 8-2-5 所示。不同频率的激光经波分复用合波后输出光谱如图 8-2-6 所示。

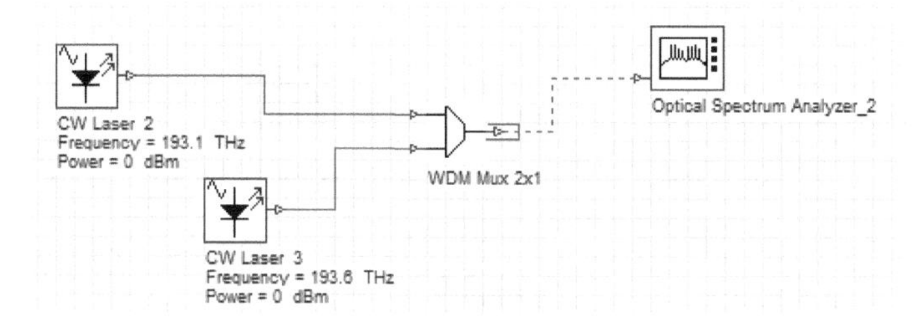

图 8-2-4　波分复用器测试图

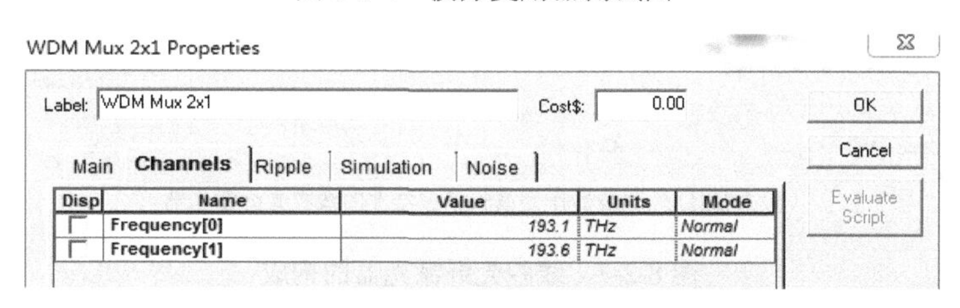

Disp	Name	Value	Units	Mode
	Frequency[0]	193.1	THz	Normal
	Frequency[1]	193.6	THz	Normal

图 8-2-5　波分复用器信道参数调整

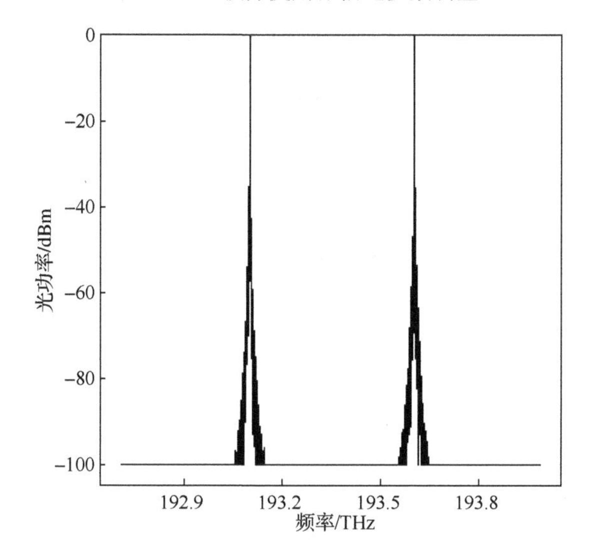

图 8-2-6　波分复用器输出光谱图

8.2.2 光纤激光器性能仿真

结合 4.2 节光纤激光器，这里我们介绍线腔光纤激光器、环形腔光纤激光器的实现，其工作波长在通信用红外波段。简单结构的线腔激光器由泵浦激光器、掺铒光纤、光纤光栅或者光学滤波器构成，如图 8-2-7 所示。激光器输出波长可以通过滤波器的波长设定调谐。输出光谱可以用光谱仪观测。

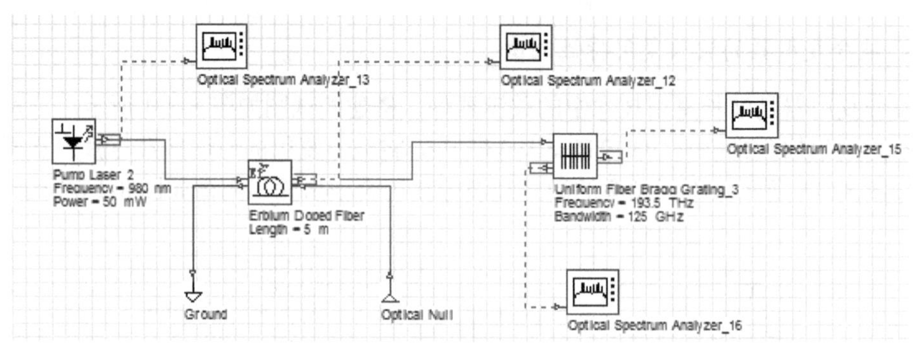

（a）利用光纤光栅作为波长谐振器件的线腔光纤激光器

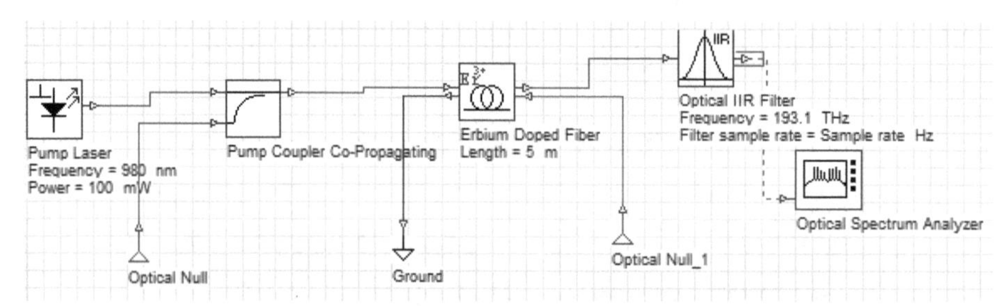

（b）利用红外滤波器作为波长谐振器件的线腔光纤激光器

图 8-2-7 线腔光纤激光器的构成

环形腔激光器可以由图 8-2-8 得到。这里可以看到，环形腔较线腔激光器结构更为复杂，但是同时具有多个输出端口。环形腔激光器要设置初始延迟、迭代。

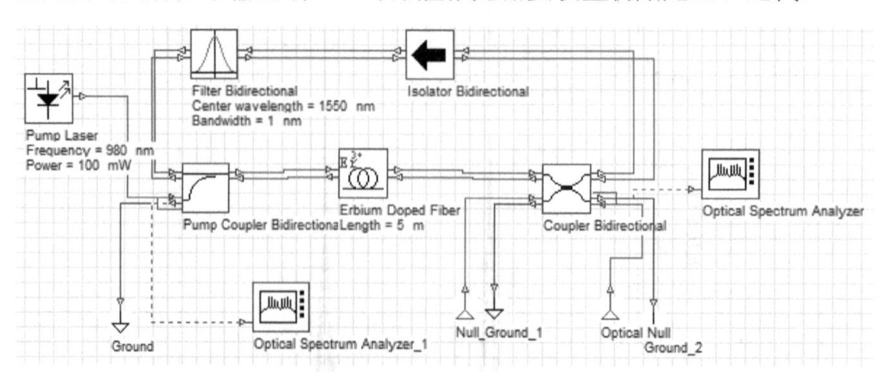

（a）利用红外滤波器作为波长谐振器件的环形腔光纤激光器

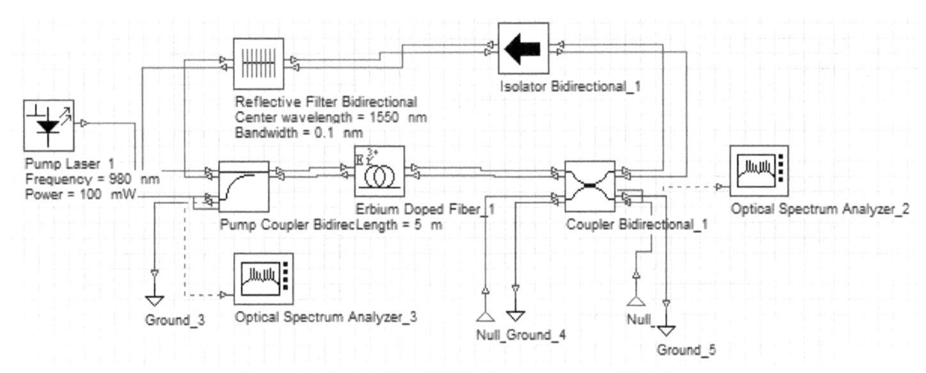

（b）利用光纤光栅作为波长谐振器件的环形腔光纤激光器

图 8-2-8　环形腔光纤激光器的构成

8.3　光纤放大器性能仿真

掺铒光纤放大器是最典型的掺稀土光纤放大器，是当前光纤通信中的重要组成部分，其输出光谱可覆盖整个 C 波段（1520～1560nm）。掺铒光纤放大器在 8.1 节“单变量参数优化功能”中介绍过，通过单变量参数优化可以得到具有最佳输出增益的掺铒光纤长度，本节继续利用 OptiSystem 实现另一种主要的光纤放大器——拉曼光纤放大器，以及由掺铒光纤放大器和拉曼光纤放大器构成的混合光纤放大器。

8.3.1　拉曼光纤放大器性能仿真

将拉曼光纤放大器的结构用 OptiSystem 软件中的虚拟器件连接起来，这样就会得到比较清晰的拉曼光纤放大器的结构。图 8-3-1 为后向泵浦和双向泵浦两种泵浦方式的拉曼光纤放大器的仿真结构图（注意：前向拉曼散射通常十分微弱，所以典型的拉曼光纤放大器泵浦方式为后向或双向）。

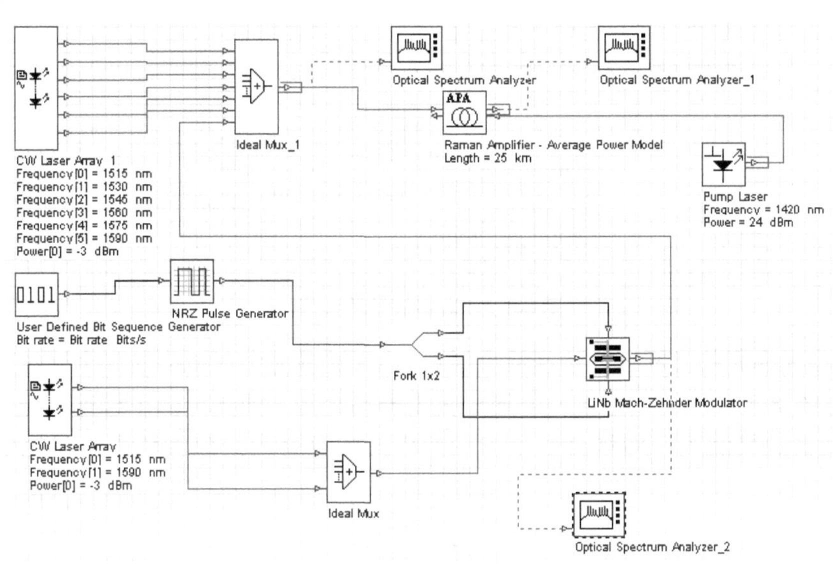

（a）后向泵浦拉曼光纤放大器

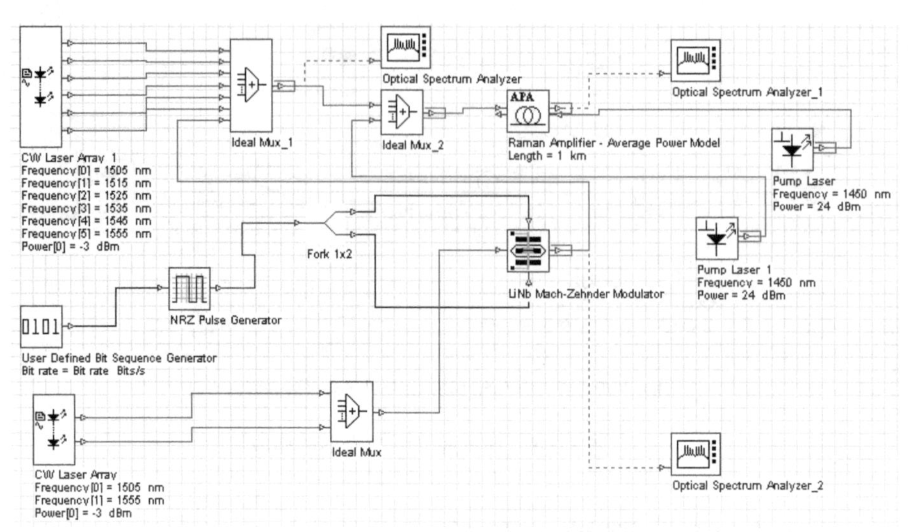

（b）双向泵浦拉曼光纤放大器

图 8-3-1 拉曼光纤放大器的仿真结构图

在图 8-3-1 中用到了 CW Laser（连续波激光发射机）、Ideal Mux（复用器）、Raman Amplifier-Average Power Model（平均功率模式拉曼光纤放大器）、Pump Laser（泵浦激光器）、User Defined Bit Sequence Generator（自定义序列发生器）、NRZ Pulse Generator（非归零码脉冲产生器）、Mach-Zehnder Modulator（马赫-曾德尔调制器）。该放大器有以下参数：光纤长度为 25km，放大器的绝对温度为 300K，极化因素等于 2。背景损失和拉曼增益效率通过软件档案来定义。

图 8-3-2 展示的正是数字信号调制模块。连续波激光发射机生成两个信号波通过复用器耦合进同一条光纤进入 Mach-Zehnder Modulator，自定义序列发生器和非归零码脉冲产生器产生电信号传输进 Mach-Zehnder Modulator，其对电信号和光信号进行调制，然后与信号波耦合进行传输。

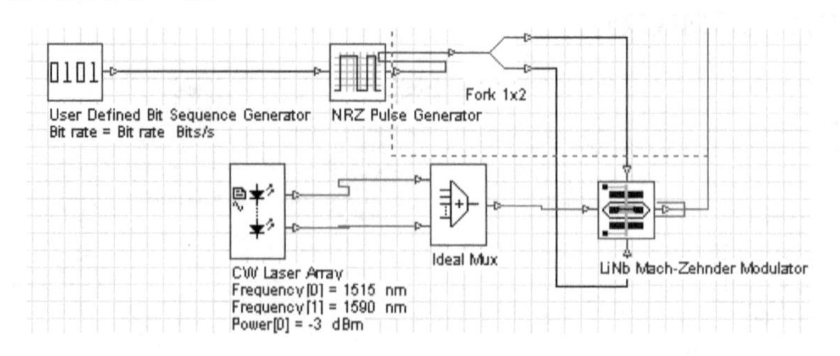

图 8-3-2 数字信号调制模块

图 8-3-3 为光信号耦合与拉曼放大模块。连续波激光发射机生成 5 个连续等间距的信号波与图 8-3-3 中调制好的信号通过复用器耦合到一条光纤当中进行传输，与两个泵浦激光器的泵浦光一同耦合到平均功率模式的拉曼光纤放大器当中对光信号进行放大。

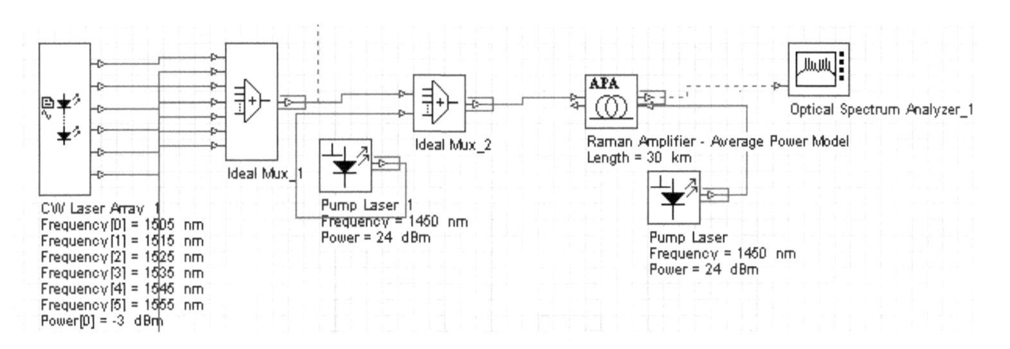

图 8-3-3 光信号耦合与拉曼放大模块

8.3.2 混合光纤放大器性能仿真

目前在光放大器方面，常用的是掺铒光纤放大器与拉曼光纤放大器。掺铒光纤放大器可应用于多种光纤通信系统中，但是掺铒光纤放大器本身的增益区间内不是平坦的，这使得波分复用系统只能在一个很窄的带宽内使用。与掺铒光纤放大器相比，拉曼光纤放大器具有大带宽、全波段放大、噪声低等优点，可有效弥补掺铒光纤放大器的不足。通过拉曼光纤放大器的增益斜率对掺铒光纤放大器增益斜率进行补偿，可获得带宽较大、增益值较大、平坦度良好和噪声指数较低的放大特性。

选择直接级联的方式，通过光隔离器可以实现掺铒光纤放大器与拉曼光纤放大器的连接，如图 8-3-4 所示。

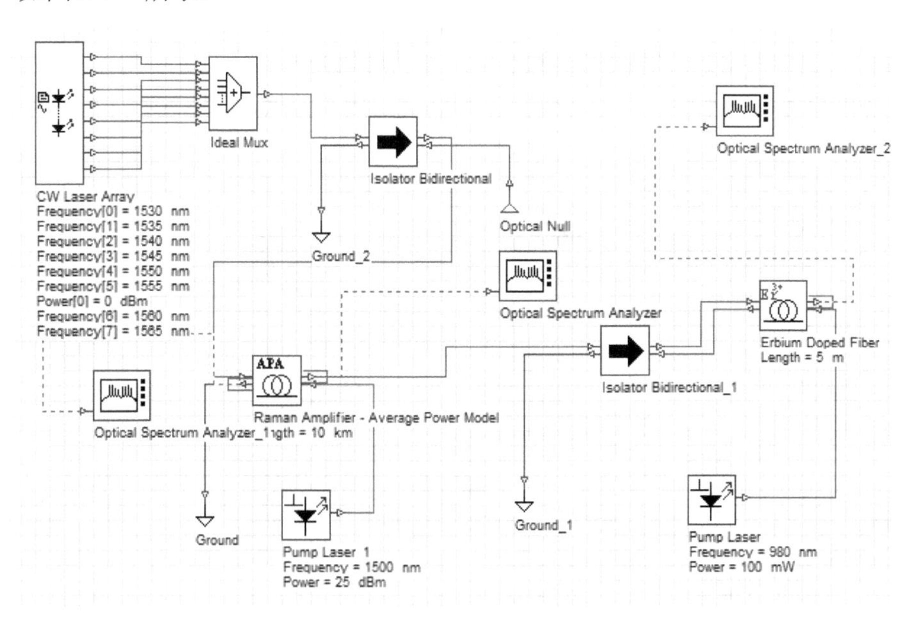

图 8-3-4 混合光纤放大器光路仿真

使用 OptiSystem 软件对混合光纤放大器进行仿真分析，搭建合适的混合光纤放大器光路图，两种放大器均采用后向泵浦，信号光先通过拉曼光纤放大器，再通过掺铒光纤放大器。运行仿真，可以得到混合光纤放大器的检测结果，具体内容如图 8-3-5 所示。

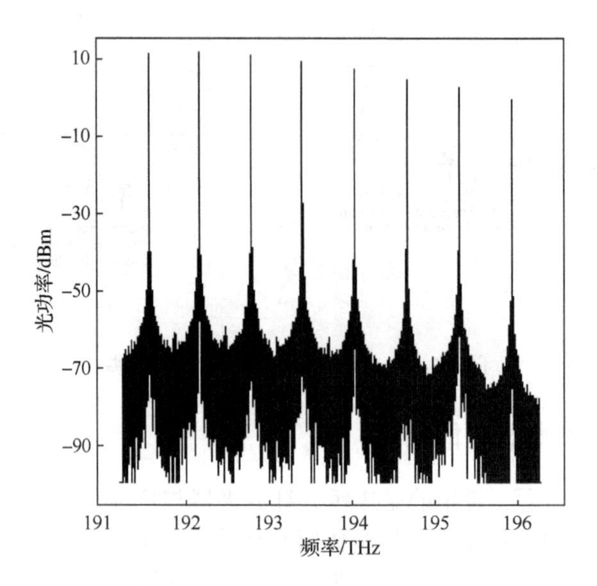

图 8-3-5　混合光纤放大器增益谱线

可以看出直接级联的混合光纤放大器得到的增益平坦效果并不是很明显，在波长为1550～1565nm 的信号光区间有较平坦的增益谱，在整个 1530～1565nm 波段并不都能实现增益平坦，有接近 10dB 左右的差值。

为改善光谱平坦度，可以改变掺铒光纤的材料。但在仿真过程中，为了使混合放大器的增益谱进一步平坦化，可以在拉曼光纤放大器和掺铒光纤放大器后面加上一个增益均衡器件（通常为定制带宽的光学滤波器，如长周期光栅、啁啾光栅等）。通过增益均衡器，将增益光谱中不够平坦的部分弥补到选定的增益值处，具体内容如图 8-3-6 所示。

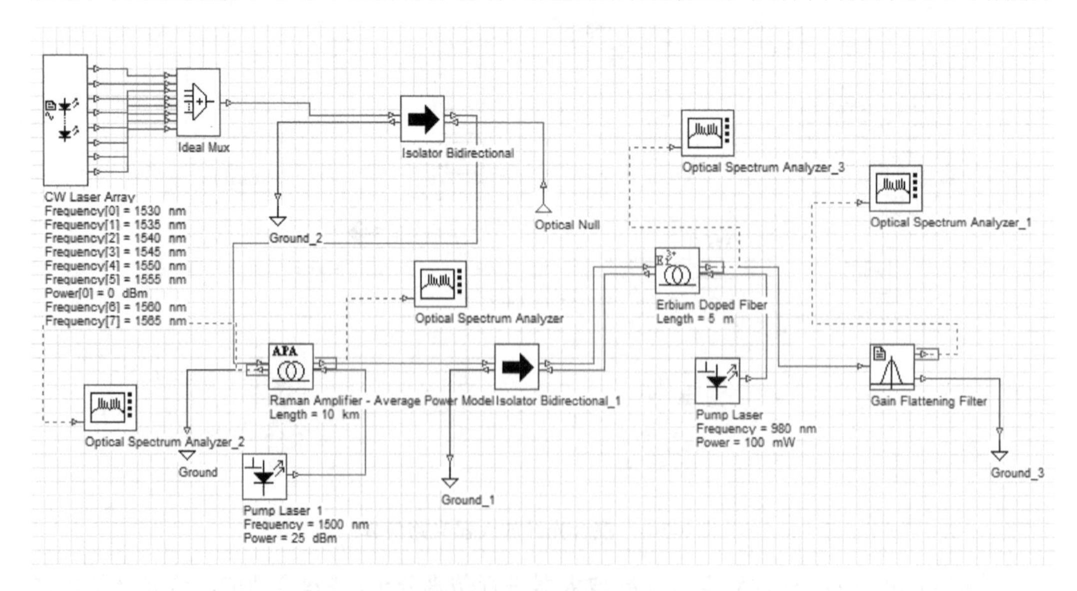

图 8-3-6　加入增益均衡器件的混合光纤放大器

可以看到在掺铒光纤放大器的右侧，加入一个增益均衡器件，其他数值与原光路图一致，可以得到如下的结果，具体内容如图 8-3-7 所示。加入增益均衡器件后，增益平坦度得到很好的改善，在整个增益区间都可以保持在 0.5dB 的增益平坦度，很好地实现了 C 波段范围内的增益平坦化。

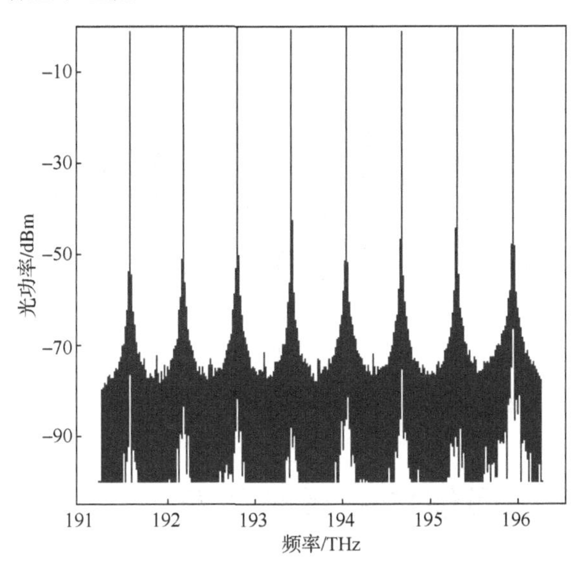

图 8-3-7　加入增益均衡器件后的增益谱线

混合光纤放大器有比掺铒光纤放大器和拉曼光纤放大器更大的带宽，因为两种放大器的增益可以相互补偿、相互叠加，所以我们将信号光的范围进一步扩大，选取从 1530nm 到 1620nm，每隔 10nm 取一个波长的信号光，进行光路的仿真，具体内容如图 8-3-8、图 8-3-9 所示。通过对更宽信号光区间的仿真结果，我们发现在 1550nm 至 1620nm 的区间上，增益区间都较为平坦，增益平坦度在 2dB 左右，可以实现较宽光谱区间范围内的增益平坦输出。

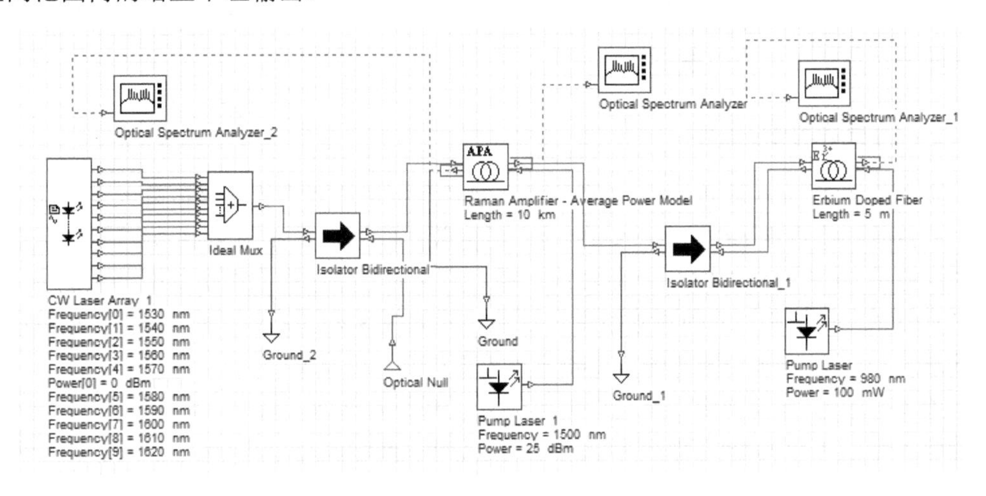

图 8-3-8　宽带混合光纤放大器光路

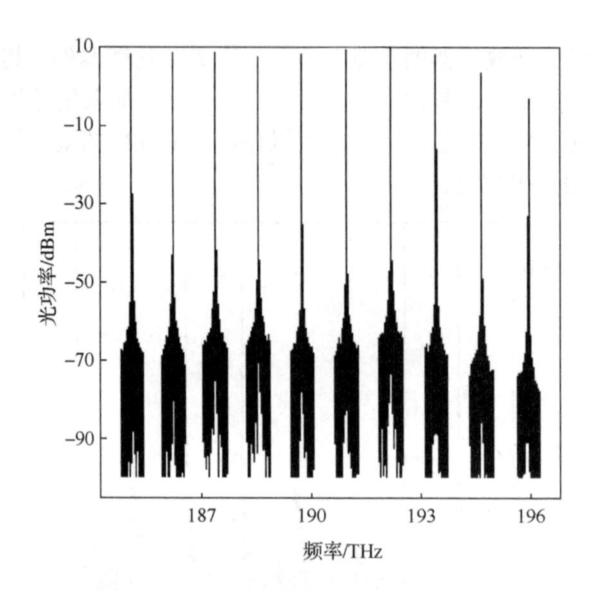

图 8-3-9 宽带混合光纤放大器增益谱线

8.4 高速光纤通信传输系统仿真

标准单模光纤（SMF）在 1550nm 波长的色散不是零，而处于正的 17ps/(nm·km) 至 20ps/(nm·km)之间，并且具有正的色散斜率，所以必须在这些光纤中加接具有负色散的色散补偿光纤进行色散补偿，以保证整条光纤线路的总色散近似为零，从而实现高速度、大容量、长距离的通信。色散补偿光纤（DCF）是具有大负色散的光纤。它是针对现已铺设的标准单模光纤而设计的一种新型单模光纤。而实际情况下，用色散补偿光纤进行实验，需要的最小光纤长度会很大，相应的信号发射器和接收器也会非常昂贵，盲目地进行试验毫无意义。因此有必要以模拟的方式进行色散补偿机制性能的研究。通过软件的模拟，从而使色散补偿机制达到参数优化、结构优化的目的。这样能为构建实际的实验平台奠定强有力的理论基础。

8.4.1 仿真系统的搭建

本章将利用 DCF 构建“前”“后”和“对称”三种配置方式对光信号的色散进行补偿。前色散补偿是将 DCF 置于 SMF 前，后色散补偿是将其置于 SMF 后，对称色散补偿的结构是 DCF-SMF-DCF，从而实现一种对称式的补偿结构。在仿真中，为保持一致性，只改变补偿结构，其他参数不变，仿真结构如图 8-4-1 所示，通过分析传输系统输出的最大 Q 值、BER 与眼图值，比较三种补偿机制性能优劣。

图 8-4-1 中，光发射部分选用伪随机序列、BiNRZ Pulse Generator（双极性不归零码脉冲产生器）、CW Laser（连续波激光器）、Mach-Zehnder Modulator（马赫-曾德尔调制器）。Optical Fiber（传输部分选用光纤）、Loop Control（环路控制器）、EDFA、DCF。接收部分选用 Photodetector PIN（光电探测器）和 Low Pass Bessel Filter（低通滤波器）。本书将用 EDA（眼图分析器）和 BER Analyzer（误码率分析器）来观察分析所得数据。

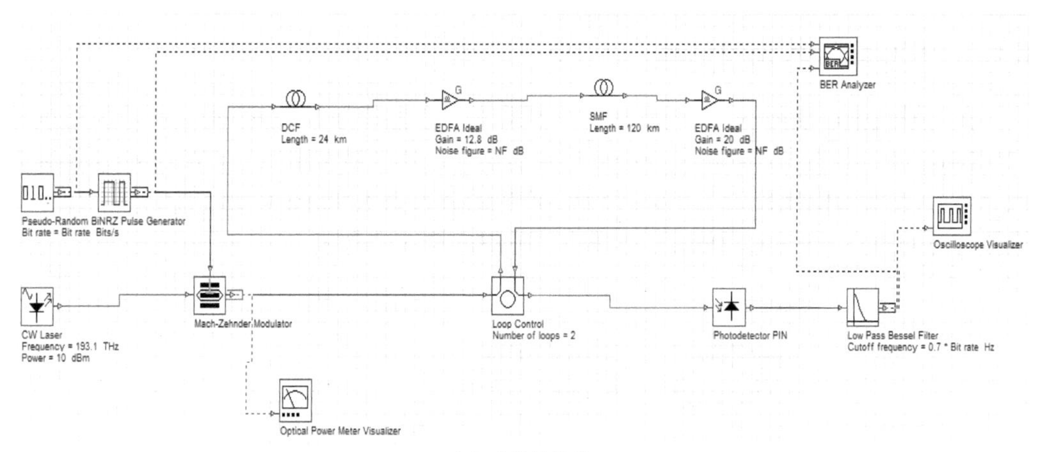

（a）前色散补偿

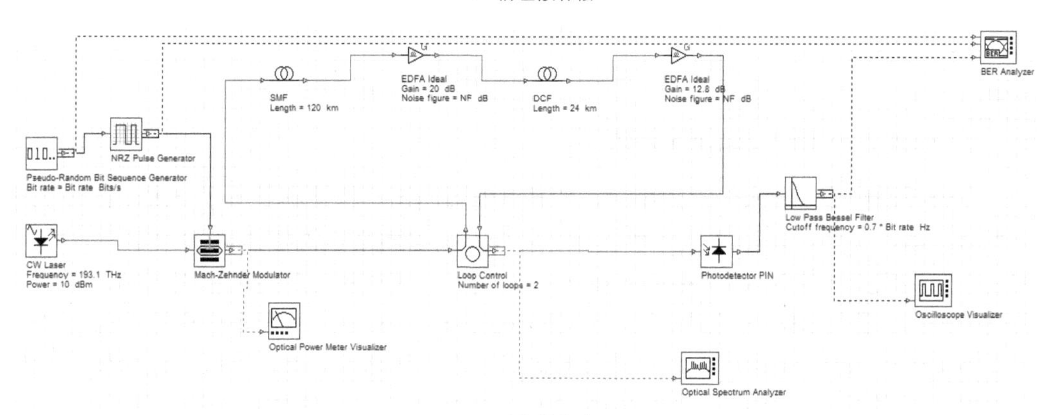

（b）后色散补偿

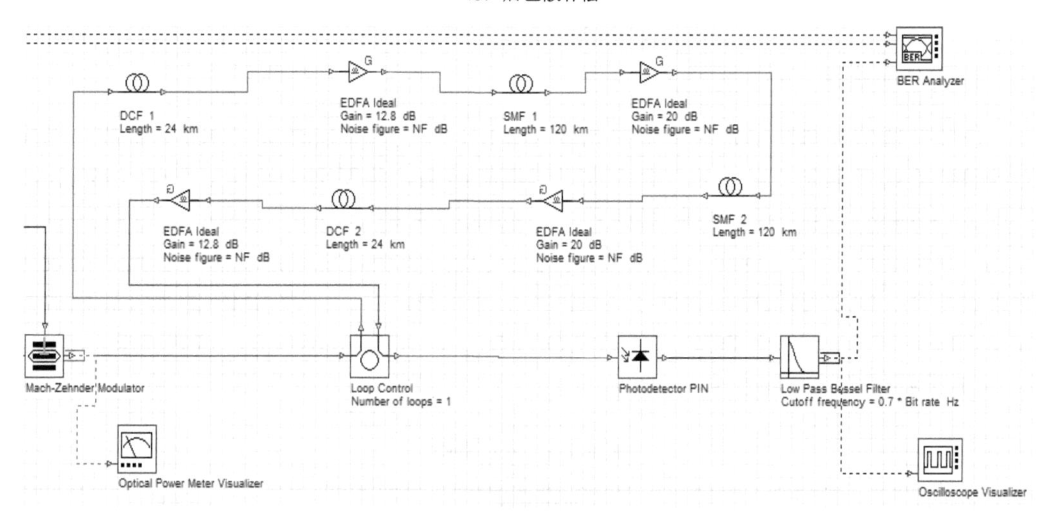

（c）对称色散补偿

图 8-4-1　基于 DCF 的色散补偿配置方式

8.4.2 10Gbit/s 系统的仿真

在此模式中，使用 NRZ 调变形式。当系统传输速率为 10Gbit/s 时，接收灵敏度是-25dBm。激光器为光纤通信系统中最重要的器件，其中最常用的为 CW Laser（连续波激光器），在实验中参数如图 8-4-2 所示，产生的波长为 1550nm（193.1THz），功率分别设置为-10dBm、-5dBm、0dBm、5dBm、10dBm 这 5 个数值。

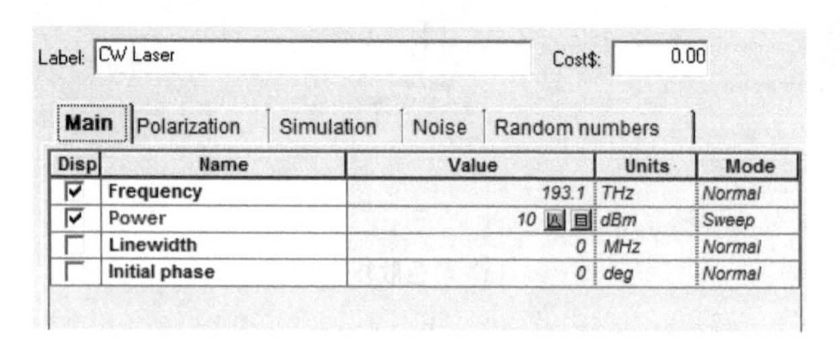

图 8-4-2 激光器参数

1. Mach-Zehnder Modulator 调试

在光纤通信系统要求较高速率时，半导体光源的调制特性满足不了要求，必须试用外部调制器。目前，在光纤通信系统试用的外调制器通常是铌酸锂电-光调制器，它采用了一个集成光学的 Mach-Zehnder Modulator 构形，实现对光信号的强度调制，因此，称这种外调制器为 MZ 强度调制器。Mach-Zehnder Modulator 由于不带有纤端反射镜，需要增加一个 3dB 分路器。MZ 干涉仪的优点是不带纤端反射镜，克服了迈克耳孙干涉仪回波干扰的缺点，因而在光纤传感技术领域得到了比迈克耳孙干涉仪更为广泛的应用。

2. 光纤的选择

色散补偿仿真系统中光纤由单模光纤（SMF）和色散补偿光纤（DCF）组成。单模光纤参数的选择是非常重要的，会大大影响模拟结果。此案例中光纤工作在 1550nm，长度为 120km，经过环形控制器两次，总传输距离是 240km。SMF 的色散系数为 $D_{\text{SMF}}=16\text{ps/(nm}\cdot\text{km)}$。DCF 相关参数的选定也极为重要，它关系到整个仿真系统设计的正确与否。DCF 的长度是相对于 SMF 的长度而确定的。因为 SMF 的光纤总色散为 $16\times120=1920\text{ps/nm}$，而 DCF 的色散系数为 $D_{\text{DCF}}=-80\text{ps/(nm}\cdot\text{km)}$，这就要求用 24km 的 DCF 来补偿色散，如表 8-4-1 所示。

表 8-4-1 光纤参数

	SMF 参数	DCF 参数
工作波长	1550nm	1550nm
长度	120km	24km
损耗	0.2dB/km	0.6dB/km
色散系数	16ps/(nm·km)	-80ps/(nm·km)
色散斜率	0.08ps/(nm²·km)	0.21ps/(nm²·km)

3. 仿真结果的初步比较

该仿真系统运行后，三种补偿方案对应输出的 Q 值如表 8-4-2 所示。容易看出，功率在-5dBm 左右时，Q 值达到 6 左右，符合通信系统的标准。功率在-10dBm 至 5dBm 时，三种方案的 Q 值都在增加，功率在到达 5dBm 左右时 Q 值达到 25 左右，0 至 5dBm 增加速率最快。功率在 5dBm 至 10dBm 之间的某一点三种方案的 Q 值开始下降，所以这个范围内 Q 值存在最大值。

表 8-4-2　三种色散补偿方案的 Q 值

功率/dBm	前色散补偿	后色散补偿	对称色散补偿
−10	2.44128	2.84245	2.74734
−5	6.06049	6.93008	6.72391
0	12.9427	14.6859	14.2286
5	22.7375	27.0178	25.8758
10	17.0448	19.2767	22.4781

接下来，通过细化注入功率值来寻找最大 Q 值。将激光器的功率设置为 5dBm、6dBm、7dBm、8dBm、9dBm 这 5 个值并运行，对应的 Q 值如图 8-4-3 所示。根据所得结果，三种方案的功率在 7dBm 至 8dBm 时，对应的 Q 值达到最大。前色散补偿方案中，Q 的最大值是 24.4，后色散补偿方案中的最大值是 29.8，对称色散补偿方案中的最大值是 30.7。当功率加到 8dBm 后，三种方案的 Q 值开始下降，7～8dBm 对应三种方案的 Q 值都比较大，因此最优注入功率可在这个范围内选取。同时从图 8-4-3 中的 Q 值曲线可以看出，对称色散补偿的曲线大多位于其他两种方式的曲线之上。所以能得出初步的结论：对称色散补偿的性能是最好的。

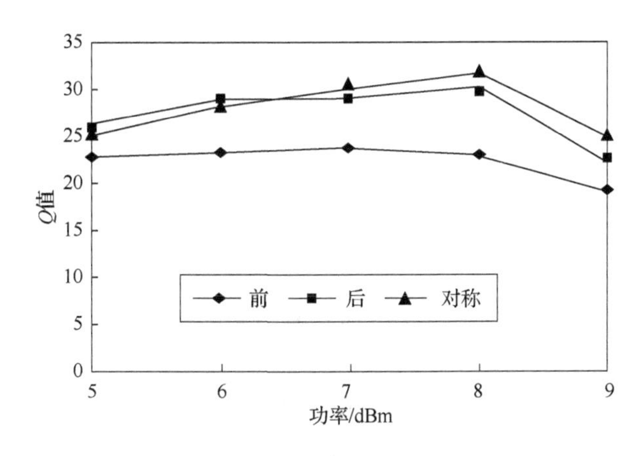

图 8-4-3　功率为 5～9dBm 时三种色散补偿方案的 Q 值对比

4. 仿真结果的再次比对

从前文虽然可以看出对称结构的性能是最好的，但是覆盖范围较小，而且优劣不明显、说服力不强。所以要将功率数据进行改进，使功率的范围进一步扩大，从而得出清晰明显、具有说服力的数据曲线。将激光器功率设置为−16dBm、−11dBm、−6dBm、−1dBm、4dBm、9dBm、14dBm 这 7 个值，保持其他参数不变，将得到相应的 Q 值绘成图 8-4-4。

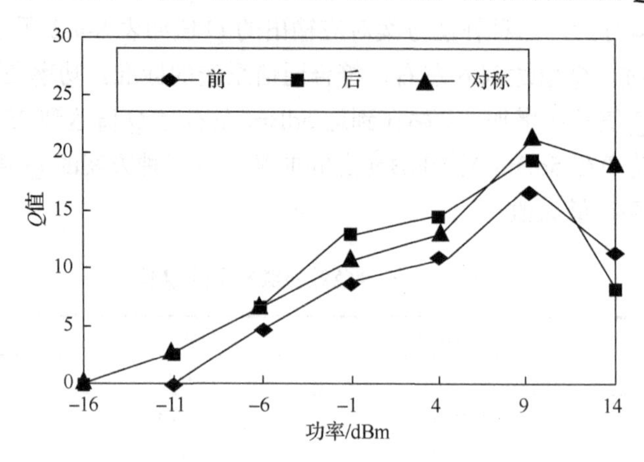

图 8-4-4　功率为−16～14dBm 时三种色散补偿方案的 Q 值对比

从图 8-4-4 中可以看出，在初始功率−16dBm 时，三种补偿方案的 Q 值都为 0。随着功率的增加，对称色散补偿的 Q 值最大达到 21.9，后色散补偿的 Q 值最大达到 20.7，前色散补偿的 Q 值最大达到 17.6。最大 Q 值的功率出现在 9dBm 左右，从此值之后 Q 值开始下降，其中对称色散补偿曲线下降最缓慢，后色散补偿下降最大。从图 8-4-4 中可以清楚地看出，对称色散补偿的 Q 值曲线无论在上升区间还是下降区间大多高于后色散补偿与前色散补偿，后色散补偿次之，前色散补偿最差。

仿真得到前、后、对称三种色散补偿方式的 BER 如表 8-4-3 所示。

表 8-4-3　三种色散补偿方式的 BER

功率/dBm	前色散补偿	后色散补偿	对称色散补偿
−16	1	1	1
−11	1	0.00992717	0.0131653
−6	1.51×10^{-7}	2.09×10^{-9}	6.04×10^{-9}
−1	1.11×10^{-29}	1.39×10^{-37}	1.67×10^{-35}
4	1.95×10^{-36}	1.48×10^{-47}	2.48×10^{-44}
9	5.73×10^{-70}	2.27×10^{-95}	8.91×10^{-107}
14	1.96×10^{-21}	3.44×10^{-14}	1.48×10^{-66}

从表 8-4-3 中可以看出，在−16dBm 时三种方式的 BER 都为 1；后色散补偿与对称色散补偿系统在−6dBm 时，BER 达到 10^{-9} 左右，系统达到标准；在功率达到 9dBm 时，三种色散补偿方式 BER 最小，前色散补偿为 10^{-70}，后色散补偿为 10^{-95}，对称色散补偿为 10^{-107}。此时系统性能达到最优，其中对称色散补偿方案误码率最小。得到的结论与 Q 值一致，仿真得到的眼图为图 8-4-5。在对于一个眼图进行好和坏的评估时，通常都有一些常见的衡量指标，比如眼睛张角、眼宽、图线重叠度等。通过对眼睛不同部位的表征，可以快速地判断和定性信号的问题。从图中可以看出：对称色散补偿的眼图眼睛张角最大，眼睛最端正，图线重叠度最高，噪声最小。因此可以得出：对称色散补偿的色散补偿效果最明显。综合 Q 值、BER 与眼图的比较可以得出结论：在 10Gbit/s 的系

统中，“对称色散补偿”的补偿机制性能最优越，“后色散补偿”次之，“前色散补偿”的效果最差。

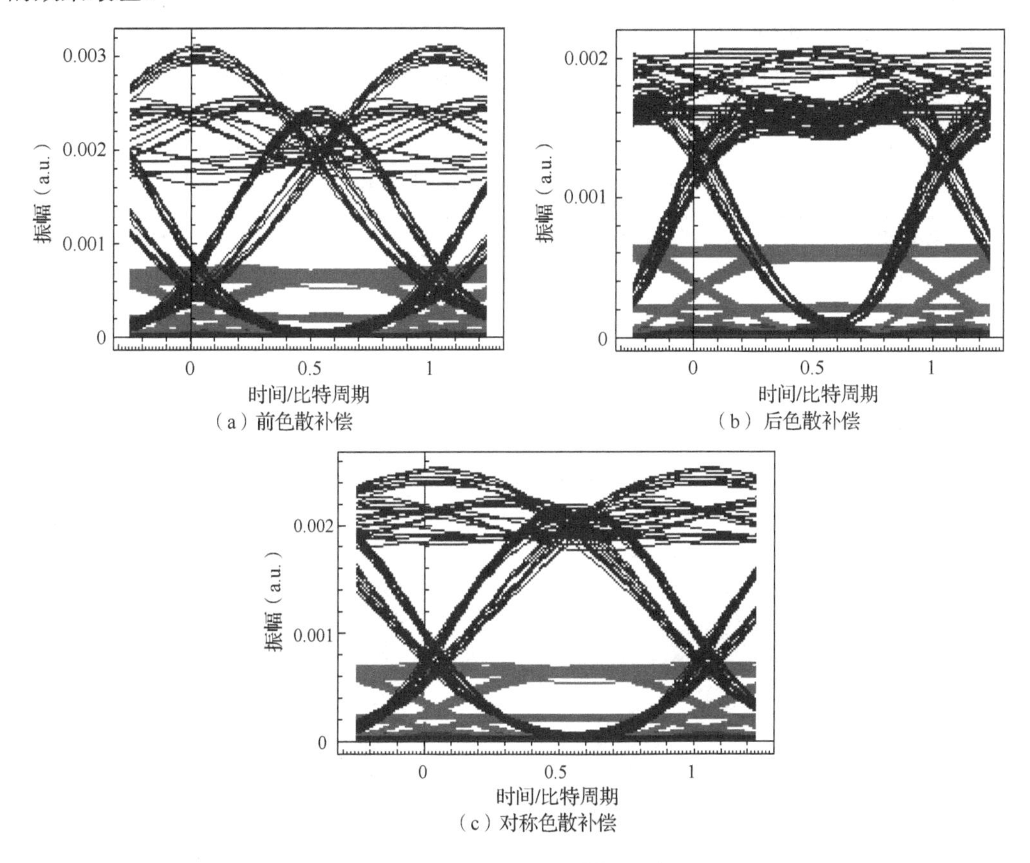

（a）前色散补偿　（b）后色散补偿　（c）对称色散补偿

图 8-4-5　10Gbit/s 系统眼图

8.4.3　40Gbit/s 系统的仿真

在本小节中，将 10Gbit/s 的系统提升到 40Gbit/s，保持结构不变，并保持其他参数不变。再对前、后、对称三种色散补偿方式的性能做比较，得出哪种补偿机制最优。经过软件的仿真，得到相关 Q 值的数据如表 8-4-4。

表 8-4-4　40Gbit/s 系统三种色散补偿方案的 Q 值对比

功率/dBm	前色散补偿	后色散补偿	对称色散补偿
−16	0	0	0
−11	0	0	0
−6	0	2.32824	2.24807
−1	4.75957	5.41413	5.27299
4	5.57111	6.2627	6.17327
9	7.80202	9.95294	9.97027
14	2.57001	4.88295	4.23109

三种色散补偿方式的 Q 值在−16dBm 至 9dBm 范围内，随功率的增加而增加，在

9dBm 时 Q 值达到最大值。在功率为 4dBm 时，三种色散补偿方式的 Q 值为 6 左右。对称色散补偿 Q 值的最大值为 9.97，大于前色散补偿的 9.95 与后色散补偿 7.80，为三者最大值。功率达到 9dBm 后，三种色散补偿方式的 Q 值开始下降，后色散补偿降至 4.88，略高于对称色散补偿的 4.23。综合比较，对称色散补偿性能更为优越。系统的 BER 与眼图分别如表 8-4-5 与图 8-4-6 所示。

表 8-4-5　40Gbit/s 系统的 BER

功率/dBm	前色散补偿	后色散补偿	对称色散补偿
−16	1	1	1
−11	1	1	1
−6	1	0.00972547	0.0120101
−1	9.06×10^{-7}	2.85×10^{-8}	6.23×10^{-8}
4	1.15×10^{-8}	1.69×10^{-10}	3.00×10^{-10}
9	2.32×10^{-15}	9.58×10^{-24}	8.19×10^{-24}
14	0.00392194	4.66×10^{-7}	9.56×10^{-6}

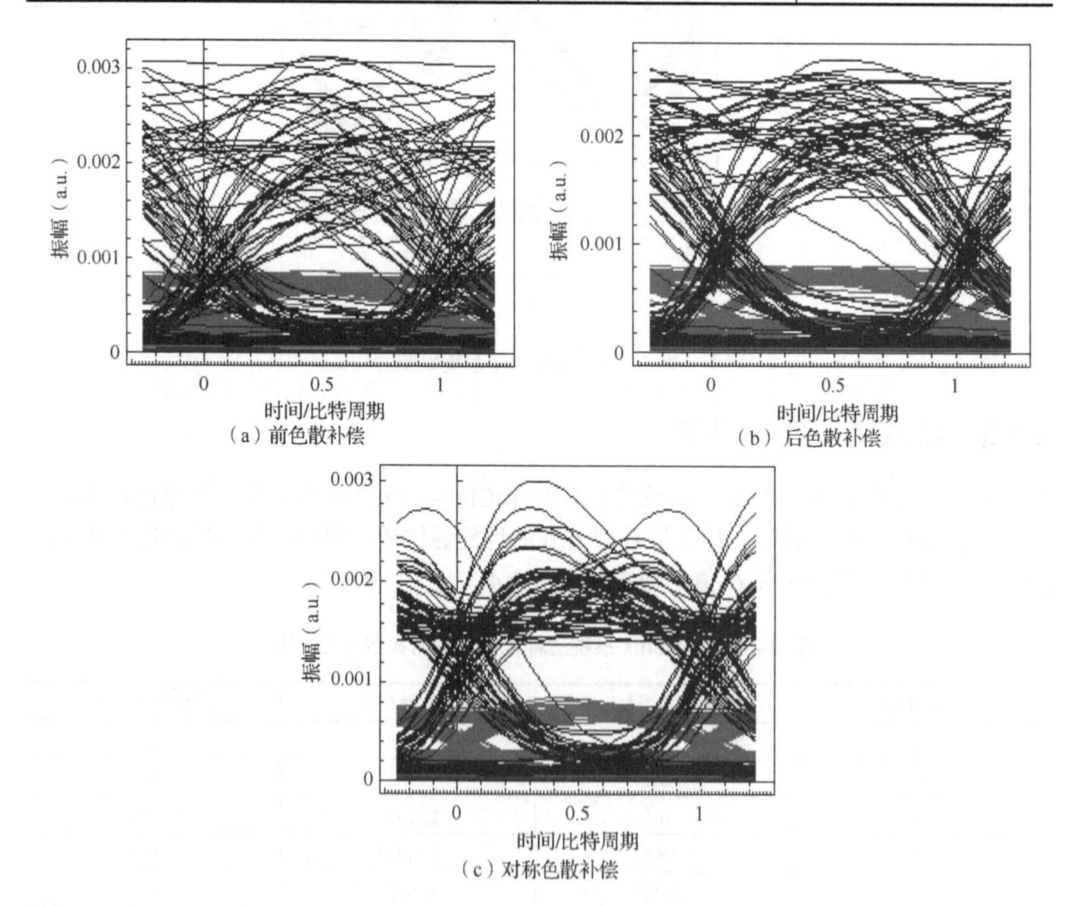

（a）前色散补偿　（b）后色散补偿　（c）对称色散补偿

图 8-4-6　40Gbit/s 系统眼图

比较三种色散补偿系统的 BER，在选定的功率范围内，对称色散补偿系统的 BER 为三种色散补偿方式中最小。从眼图可以看出，前色散补偿与后色散补偿的图线非常杂乱，几乎不成图形。只有对称色散补偿的图线最为清晰，且开口最大。所以在 40Gbit/s 系统中，对称色散补偿效果最好，对系统性能的提升最大。

再进一步比较 10Gbit/s 与 40Gbit/s 系统，可以得出：①在选定功率范围内，10Gbit/s 系统的前、后、对称色散补偿的 Q 值分别为 17.6、20.6、21.9，明显高于 40Gbit/s 系统的 7.80、9.95、9.97。②10Gbit/s 系统三种色散补偿方案的眼图整体图线清晰，眼睛开口大。40Gbit/s 系统三种色散补偿方案的眼图清晰度明显低于 10Gbit/s 系统。

综上，在 10Gbit/s 和 40Gbit/s 通信系统中，对于色散的补偿，对称色散补偿之性能最好，最坏的情况是前色散补偿。但是，由于系统传输速度的提高，系统引入的噪声、色散等不确定因素会更大，受这些因素的影响，系统的性能会大幅降低，色散补偿的效果也会随之降低。所以，对于高速传输的通信系统，要想性能得到提高，有必要对系统进行改进。

8.4.4　40Gbit/s 系统的改进

将系统的接收部分再添加一个贝塞尔光学滤波器。贝塞尔滤波器的带宽选择较大，为 160GHz。低通滤波器的截止频率为 $0.75 \times 40\text{GHz} = 30\text{GHz}$。图 8-4-7 为 40Gbit/s 系统改进后的结构，图 8-4-8 为贝塞尔光学滤波器参数。

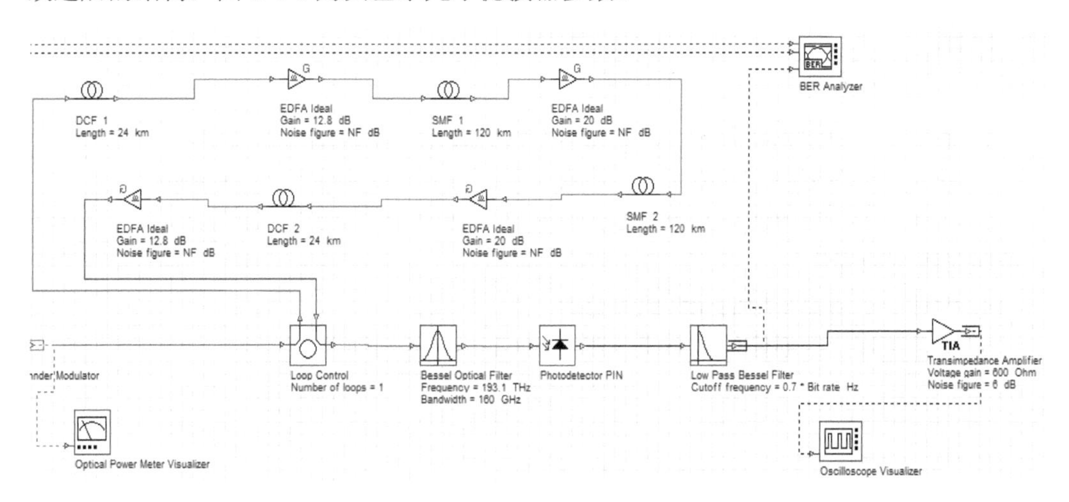

图 8-4-7　40Gbit/s 系统改进后的结构

Main | Simulation | Noise

Disp	Name	Value	Units	Mode
☑	Frequency	193.1	THz	Normal
☑	Bandwidth	160	GHz	Normal
☐	Insertion loss	0	dB	Normal
☐	Depth	100	dB	Normal
☐	Order	1		Normal

图 8-4-8　贝塞尔光学滤波器参数

40Gbit/s 系统改进前后 Q 值对比图如图 8-4-9 所示，图中实线为改进后的三种色散补偿方案的 Q 值，虚线为没改进的三种色散补偿方案的 Q 值。可以看出，系统经过改进，前、后、对称三种色散补偿方式所对应的 Q 值都明显地得到了提高，系统的性能得到了提升。前色散补偿的最大 Q 值从 7.80202 增加到 7.80855，涨幅很小；后色散补偿的最大 Q 值从 9.95 增加到 11.9；对称色散补偿的最大 Q 值从 9.97 增加到 10.15。后色散补偿方式经过改进后，系统的性能提升程度最大。

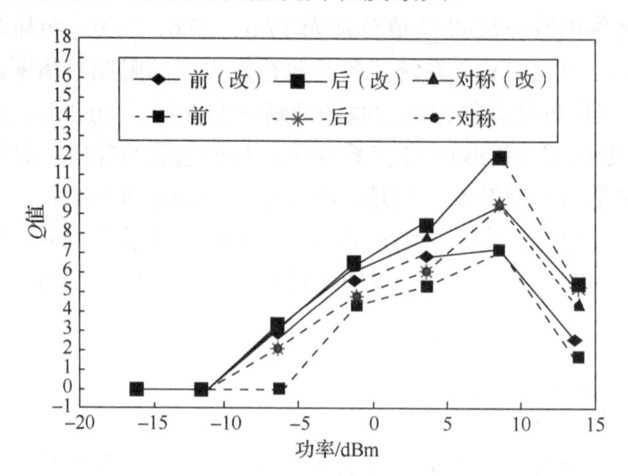

图 8-4-9　40Gbit/s 系统改进前后 Q 值对比图

■ 习题

1. 搭建一个线腔光纤激光器，获得多个波长输出，给出输出光谱图。

2. 搭建一个环形腔光纤激光器，自选一种滤波器，输出波长 1545.06nm。

3. 搭建一个八通道波分复用系统，给出速率 10Gbit/s 的眼图，调节衰减器，叙述不同损耗时眼图的变化。

4. 设计一个增益平坦的光纤放大器。

5. 搭建高速光纤通信传输系统，速率 40Gbit/s，给出眼图。

参考文献

郭建强，高晓蓉，王泽勇，2013．光纤通信原理与仿真[M]．成都：西南交通大学出版社．

林学煌，1998．光无源器件[M]．北京：人民邮电出版社．

袁国良，李元元，2006．光纤通信简明教程[M]．北京：清华大学出版社．

张伟刚，2008．光纤光学原理及应用[M]．天津：南开大学出版社．

赵梓森，1994．光纤通信工程（修订本）[M]．2 版．北京：人民邮电出版社．

朱勇，王江平，卢麟，2011．光通信原理与技术[M]．北京：科学出版社．

Keiser G, 2002．光纤通信 [M]．3 版．李玉权，崔敏，蒲涛，等译．北京：电子工业出版社．

Bird D M, Armitage J R, Kashyap R M A, et al., 1991. Narrow line semiconductor laser using fiber rating[J].Electron Letters, 27(13):1115-1116.

Claude H, Alain L, 1991. New multiplexing technique using polarization of light[J]. Applied Optics, 2(30):222-230.

Evangelides Jr S G, Mollenauer L F, Gordon J P , et al., 1992. Polarization multiplexing with solitons[J]. Journal of Lightwave Technology, 10(1):28-35.

Hill K O, Fujii Y, Johnson D C, et al., 1978. Photosensitivity in optical fiber waveguides: application to reflection filter fabrication[J]. Applied Physics Letters, 32(10):647-649.

Hill K O, Malo B, Bilodeau F, et al., 1993. Bragg gratings fabricated in monomode photosensitive optical fiber by UV exposure through a phase mask[J]. Applied Physics Letters, 62(10):1035-1037.

Hill P M, Olshansky R, Burns W K, 1992. Optical polarization division multiplexing at 4Gbit/s[J]. Photonics Technology Letters, 4(5): 500-502.

Meltz G, Morey W W, Glenn W H, 1989. Formation of Bragg gratings in optical fibers by a transverse holographic method[J]. Optics Letters, 14(15):823-825.

Nagarajan R, Rahn J, Kato M, 2011. 10 channel, 45.6Gb/s per channel polarization-multiplexed DQPSK, InPreceiver photonic integrated circuit[J]. Journal of Lightwave Technology, 29(4):386-393.

Savory S J, Gavioli G, Killey R I, et al., 2007. Transmission of 42.8Gbit/s polarization multiplexed NRZ-QPSK over 6400km of standard fiber with no optical dispersion compensation[C]. Optical Fiber Communication and the National Fiber Optic Engineers Conference, Anaheim.

Tipsuwannakul E, Galili M, Bougi-oukos M, 2010. 0.87Tbit/s 160 Gbaud dual polarization D8PSK OTDM transmission over 110km[J]. IEEE Photonics Technology Letters, 6(4):19-23.

Wree C, Bhandare S, Joshi A, 2008. Linear electrical dispersion compensation of 40Gb/s polarization multiplex DQPSK using coherent detection[C]. IEEE/LEOS Summer Topical Meetings, Acapulco, Mexico.

附录　英文缩写表

英文缩写	英文全称	中文全称
ADM	add-drop multiplexer	分插复用器
AF	adaptation function	适配功能
AFG	apodized fiber grating	切趾光纤光栅
AGC	automatic gain control	自动增益控制
AIS	alarm indication signal	告警指示信号
AN	access network	接入网
AON	active optical network	有源光网络
AOTF	audible optical tunable filter	声光可调谐滤波器
APC	angled physical contact	角度紧密接角
APD	avalanche photodiode	雪崩光电二极管
APON	ATM passive optical network	异步传输模式无源光网络
APS	automatic protection switched	自动保护倒换
ATM	asynchronous transfer mode	异步传输模式
AT&T	American Telephone & Telegraph	美国电话电报公司
AU	administrative unit	管理单元
AUG	administrative unit group	管理单元组
AU-PTR	administrative unit pointer	管理单元指针
BBER	background block error ratio	背景误块比
BC	biconic connector	双锥连接器
BCP	brust control packet	电控制分组
BER	bit error rate	误码率
B-ISDN	broadband integrated services digital network	宽带综合业务数字网
BITS	building-integrated timing supply	大楼综合定时供给
BML	business management layer	商务管理层
BPON	broadband passive optical network	宽带无源光网络
CDM	code division multiplexing	码分复用
CDMA	code division multiple access	码分多址
CFG	chirped fiber grating	啁啾光纤光栅
CI	cascade indication	级联指示
CMI	coded mark inversion	传号反转码
CN	core network	核心网
CNR	carrier to noise Ratio	载噪比

续表

英文缩写	英文全称	中文全称
CO	central office	中心机房
CW Laser	continuous wavelength Laser	连续波激光器
CWDM	coarse wavelength division multiplexing	粗波分复用
DBR	distributed Bragg reflector	分布布拉格反射
DCC	data communication channel	数据通信通路
DCF	dispersion compensating fiber	色散补偿光纤
DCFA	double-clad fiber amplifier	双包层光纤放大器
DFB	distributed feedback	分布反馈
DG	differential gain	微分增益
DM	degrade minute	劣化分
DP	differential phase	微分相位
DSF	dispersion-shifted fiber	色散位移光纤
DWDM	dense wavelength division multiplexing	密集波分复用
DXC	digital cross connect equipment	数字交叉连接器
EBS	errored block second	误块秒
EBSR	errored block second ratio	误块秒比
ECC	embedded control path	嵌入控制通路
EDF	erbium-doped fiber	掺铒光纤
EDFA	erbium-doped fiber amplifier	掺铒光纤放大器
EFM	Ethernet in the First Mile	第一英里以太网
EFMA	Ethernet in the First Mile Alliance	第一英里以太网联盟
EML	element management level	网元管理层
EOTF	electric optical tunable filter	电光可调滤波器
EPON	Ethernet passive optical network	以太网无源光网络
ES	errored seconds	误码秒
FBG	fiber Bragg grating	光纤布拉格光栅
FBT	fused biconical taper	熔融拉锥
FDM	frequency division multiplexing	频分复用
FM-IM	frequency modulation-intensity modulation	调频-强度调制
FP	Fabry-Perot	法布里-珀罗
FSAN	Full Service Access Network	全业务接入网
FSR	free spectrum range	自由光谱区
FTTB	fiber to the building	光纤到楼
FTTC	fiber to the curb	光纤到路边
FTTH	fiber to the home	光纤到家

续表

英文缩写	英文全称	中文全称
FTTO	fiber to the office	光纤到办公室
FTTR	fiber to the rural	光纤到远端
FWHM	full wide of half maximum	最高谱带的半高宽
GE	gigabit Ethernet	千兆以太网
GFF	gain flattening filters	增益均衡器件
GIF	graded-index fiber	渐变型光纤
GPON	gigabit-capable passive optical network	千兆级无源光网络
GPS	global positioning system	全球定位系统
HDB3C	high density bipolar of order 3 code	三阶高密度双极性码
HP-APS	higher order path automatic protection switched	高阶通道自动保护倒换
HP-EXC	higher order path excessive errors	高阶通道误码率越限
HPOH	higher order path overhead	高阶通道开销
HP-RDI	higher order path remote defect indication	高阶通道远端缺陷指示
HP-REI	higher order path remote error indication	高阶通道远端差错指示
HP-SLM	higher order path signal label mismatch	高阶通道信号标记失配
HP-TIM	higher order path trace identification mismatch	高阶通道踪迹标识失配
HRDS	hypothetical reference digital section	参考数字段
IBT	inside band terminator	带内终止
IEC	International Electrotechnical Commission	国际电工委员会
IEEE	Institute of Electrical and Electronics Engineers	电气电子工程师协会
IM-DD	Intensity modulation-direct detection	强度调制直接检波
ITU	International Telecommunication Union	国际电信联盟
ITU-T	International Telecommunication Union-Telecommunication Standardization Sector	国际电信联盟电信标准部
JB	junction box	分线盒
JET	just enough time	恰量时间
JIT	just-in-time	即时
LAN	local area network	局域网
LC	Lucent connector	朗讯连接器
LCN	local communication network	本地通信网
LD	laser diode	激光二极管
LEAF	large effective area fiber	大有效面积光纤
LOF	loss-of-frame	帧丢失
LPFG	long period fiber grating	长周期光纤光栅
LPOH	lower order path overhead	低阶通道开销
LPR	local primary reference	区域基准钟

续表

英文缩写	英文全称	中文全称
MAC	media access control	媒体访问控制
MCVD	modified chemical vapor deposition	化学气相沉积法
MEMS	micro-electromechanical system	微电子机械系统
MIB	management information base	管理信息库
MS-AIS	multiplex segment alarm indication signal	复用段告警指示信号
MS-APS	multiplex section-automatic protection switched	复用段自动保护倒换
MS-EXC	multiplex section excessive errors	复用段误码率越限
MSOH	multiplex segment overhead	复用段开销
MS-RDI	multiplex segment remote defect indication	复用段远端缺陷指示
MS-REI	multiplex section remote error indication	复用段远端差错指示
MZ	Mach-Zehnder	马赫-曾德尔
NA	numerical Aperture	数值孔径
NDFA	neodymium doped fiber amplifier	掺钕光纤放大器
NE	network element	网元
NEL	network element layer	网元层
NF	noise figure	噪声系数
NML	network management layer	网络管理层
NNI	network node interface	网络节点接口
NRZC	nonreturn to zero code	非归零码
NTT	Nippon Telegraph & Telephone	日本电报电话公司
NZDF	non-zero dispersion fiber	非零色散光纤
NZ-DSF	no-zero dispersion shifted fiber	非零色散位移光纤
OADM	optical add-drop multiplexer	光分插复用器
OAM	operation administration and maintenance	操作维护管理
OAN	optical access network	光接入网
OATM	optical asynchronous transfer mode	光异步传输模式
OBS	optical burst switching	光突发交换
OCDM	optical code division multiple	光码分多址
OCS	optical circuit switching	光电路交换
ODN	optical distribution network	光分配网络
OLT	optical line terminal	光线路终端
ONU	optical network unit	光网络单元
OPS	optical packet switching	光分组交换
OTDR	Optical Time Domain Visualizer	光时域反射计
OXC	optical cross-connect	光交叉连接

续表

英文缩写	英文全称	中文全称
PAM	pulse amplitude modulation	脉冲幅度调制
PC	physical contact	紧密接角
PCE	power conversion efficiency	功率转换效率
PCM	pulse code modulation	脉冲编码调制
PDFA	praseodymium doped fiber amplifier	掺镨光纤放大器
PDH	plesiochronous digital hierarchy	准同步数字系列
PDM	polarization division multiplexing	偏振复用
PFM-IM	puls frequency modulation-intensity modulation	脉冲调频-强度调制
PIC	photonic integrated circuit	光子集成
PMF	polarization maintaining fiber	保偏光纤
P2MP	point to multipoint	点到多点
PON	passive optical network	无源光网络
POS	passive optical splitter	无源光合/分路器
PRC	primary reference clock	基准主时钟
PS	protection switching	保护倒换
QoS	quality of service	服务质量
RCE	resonant cavity enhanced	谐振腔增强型
RCE-APD	resonant cavity enhanced avalanche photodiode	谐振腔增强型雪崩光电二极管
RDFA	rare-earth doped fiber amplifier	掺稀土元素光纤放大器
REG	regenerative repeater	再生中继器
RF	radio frequency	预调射频
RFA	Raman fiber amplifier	拉曼光纤放大器
RFD	reserved fixed delay	固定预留
RIN	relative intensity noise	相对强度噪声
RLD	reserve a limited duration	保留有限时间
RP	remote pump	遥泵
RSOH	regeneration section overhead	再生段开销
RTT	round-trip time	往返时间
SAGCM-APD	separate absorption, grading,charge and multiplication avalanche photodiode	吸收区、定级区、电荷区和倍增区分置雪崩光电二极管
SAGM-APD	separate absorption, grading and multiplication avalanche photodiode	吸收区、定级区和倍增区分置雪崩光电二极管
SAM-APD	separate absorption and multiplication avalanche photodiode	吸收区和倍增区分置雪崩光电二极管
SAW	surface acoustic wave	表面声波

续表

英文缩写	英文全称	中文全称
SC	square connector	方型连接器
SCM	subcarrier multiplexing	副载波复用
SDH	synchronous digital hierarchy	同步数字系列
SDH-NE	SDH network element	SDH 网元
SDXC	synchronous digital cross connect equipment	同步数字交叉连接器
SEBSR	severely errored block second ratio	严重误块秒比
SEC	SDH element clock	SDH 网元时钟
SES	severely errored seconds	严重误码秒
SETS	synchronous equipment timing source	同步设备定时源
SFG	sampled fiber grating	取样光纤光栅
SHR	self-healing ring	自愈环
SIF	step-index fiber	阶跃型光纤
SMA	sub miniature A	超小 A 型
SMF	single mode fiber	单模光纤
SML	service management layer	业务管理层
SMN	SDH management network	SDH 管理网
SMS	SDH management subnet	SDH 管理子网
SNR	signal to noise ratio	信噪比
SOA	semiconductor optical amplifier	半导体光放大器
SOH	section overhead	段开销
SONET	synchronous optical network	同步光纤网
SPC	super physical contact	超紧密接角
SRS	stimulated Raman scattering	受激拉曼散射
SSM	synchronization status message	同步状态信息
ST	straight tip	直通式
STM	synchronous transmission module	同步传输模块
SWFM-IM	square wave pulse frequency modulation-intensity modulation	方波脉冲调频-强度调制
SWP	spatial walk-off polarizer	空间离分偏振器
TAG	tell and go	通知并走
TAW	tell and wait	通知等待
TB	transfer box	交接箱
TCM	tandem connection monitor	串联连接监视
TDM	time division multiplexing	时分复用
TM	terminal multiplexer	终端复用器
TMN	telecommunication management network	电信管理网

续表

英文缩写	英文全称	中文全称
TU	tributary unit	支路单元
TUG	tributary unit group	支路单元组
TU-PTR	tributary unit pointer	支路单元指针
TV	television	电视
TW-SOA	travelling wave-semiconductor optical amplifier	行波半导体光放大器
UFG	uniform fiber grating	均匀光纤光栅
UPC	ultra physical contact	超巨紧密接角
VC	virtual container	虚容器
WBS	waveband switching	波带交换
WDM	wavelength division multiplexing	波分复用
WG-APD	waveguide avalanche photodiode	波导雪崩光电二极管